农林废弃物燃料燃烧设备设计与试验

NONGLIN FEIQIWU RANLIAO RANSHAO SHEBEI
SHEJI YU SHIYAN

刘圣勇　张　品　等　著

U0395052

中国农业出版社
北　京

著 者 委 员 会

主任委员：刘圣勇　张　品

委　　员：贺　超　王振中　青春耀　孙英合　马江东
　　　　　孙中仁　秦立臣　黄　黎　陶红歌　冯　坤

著　　者（按姓名笔画排序）：

马江东	王　炯	王洪泉	王振中	王鹏晓
王　毅	孔令晨	田利英	冯少华	冯　坤
任天宝	任常忠	刘圣勇	刘进军	刘春雨
刘　亮	刘洪福	刘婷婷	孙中仁	孙英合
沈连峰	张　品	张　涛	张舒晴	青春耀
赵向南	贺　超	秦立臣	贾卓娅	夏许宁
徐如军	陶红歌	黄　黎	鲁　杰	温　萍
管泽运	翟万里	翟顺才	Nadeem Tahir	

目　　录

目　录

1 绪 论

随着经济社会发展，世界各国对能源的需求激增，化石能源的不可再生性决定其终将走向枯竭，可再生能源的开发迫在眉睫。世界各国都对可再生能源的开发与研究十分重视，预计到 2040 年，可再生能源将成为全球最大的发电来源，主要包括风能、太阳能、地热能和生物质能。

生物质能指的是通过光合作用，将太阳能转化为化学能的形式储存在生物质内的能量。世界生物质能每年总产量能达到 2 000 亿 t 左右，在世界能源消费总量中居第四位，仅次于煤炭、石油和天然气。生物质能在整个能源系统中占有重要地位，若能加以有效利用，必将在世界能源问题的解决中发挥重要作用。与煤、石油等传统燃料相比，生物质能具有以下优势：

（1）储量巨大，可再生性。数据显示，世界生物质能潜在可开发能量达到 350EJ/年，折合约 82.12 亿 t 标准油，相当于 2009 年世界能源消耗量的 73%。在传统能源日渐枯竭的背景下，生物质能作为唯一可再生的能源，也是唯一可以转化为气、液、固 3 种形态的可再生能源，可作为理想的替代能源。

（2）环保性。生物质能是一种清洁、低碳能源，燃料中硫元素、氮元素及灰分的含量较低，燃烧后产生的 SO_2 和 NO_x 及烟尘含量均比较理想，生物质能转换利用过程中 CO_2 的零排放也对减轻温室效应贡献显著。

生物质能的高效利用已成为世界能源重大课题之一，受到世界各国政府及社会各界的广泛关注。2015 年全球可再生能源现状报告统计显示，2014 年全球生物质能装机容量新增 5GW，总装机容量达到 93GW，其中，美国 16.1GW，中国 10GW，欧盟 28 国 36GW；2014 年新型生物质供热装机容量新增 9GW，总装机容量达到 305GW；生物质能发电量达到 433TW·h，生物乙醇年产量达到 940 亿 L，生物柴油年产量达到 297 亿 L，氢化植物油年产量达到 4 亿 L，生物质液体燃料的研究已经收到一定成效。全球实行生物燃料强制或责任制的国家达到 64 个；2014 年全球生物质燃料投资额新增 51 亿美元，生物质能和垃圾发电投资额新增 84 亿美元；生物质能发电、供热、生物质燃料及沼气共提供就业人数约 290 万人。

中国作为世界农业大国，生物质能储量极其丰富，农作物秸秆每年产量超过 7.5 亿 t，薪柴和林业加工废弃物每年的开发量超过 6 亿 t。据统计，21 世纪初期，平均每年在田间焚烧的无法处理的农作物秸秆高达 2 亿 t，这不仅会严重污染环境，还造成生物质能源的极大浪费，寻找高效利用生物质能源的途径刻不容缓。我国主要生物质能源所占比例如图 1-1 所示。

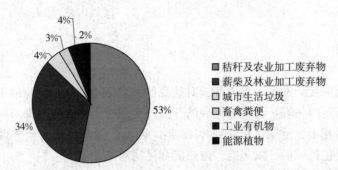

图 1-1　我国主要生物质能源所占比例

为推动生物质能源的开发与利用研究，我国政府出台了多项相关政策与制度。《中华人民共和国可再生能源法》于 2006 年 1 月正式实施，针对生物质能源的利用制定了多项规范及实施准则，并相继出台各项配套措施，为生物质能源的发展创造了有利条件。2007 年，国家发展和改革委员会制订的《中国应对气候变化国家方案》确认，2010 年后中国每年要通过发展生物质能源减少温室气体排放 0.3t CO_2 当量。我国政府高度重视生物质能源产业的发展，已经连续四个五年计划将生物质能的开发与研究列为重点科技攻关项目，国家有关部委、各级地方政府也相继制定了多项有关生物质能源的规划、政策及条例，以确保生物质能源产业健康发展。这些政策表明，中国政府已经在各方面确立了生物质能在现代能源中的重要地位，并在相关政策上给予支持与鼓励，我国生物质能源的发展前景非常广阔。目前，生物质能利用技术，是将生物质燃料通过一定途径转化为固态、液态或气态燃料加以高效利用（表 1-1），广泛应用于发电、供热、运输等多个领域。

表 1-1　生物质能源主要利用技术

原料	来源	技术类型	产品	用途
农林废弃物	农林作物生产	直燃发电技术	电力	发电、供热
		混合燃烧发电技术		
		气化集中供气技术	生物质燃气	发电、炊事、采暖
		沼气技术	沼气	

(续)

原料	来源	技术类型	产品	用途
畜禽粪便	养殖	农村户用沼气技术	沼气	炊事
		养殖场沼气工程技术	沼气、电力	炊事、发电、运输
能源作物	农业副产物、油料作物	发酵法、水解法	燃料乙醇	运输
	大豆、油菜籽等油料作物	化学法	生物柴油	
有机垃圾	城市生活、畜禽粪便、污泥、农产品加工废弃物等	有机垃圾能源化处理技术	电力、肥料和饲料	发电、种植和养殖

生物质能的利用主要通过以下 4 种途径：①热化学转换技术，获得可燃气体、焦油等高品位能源产品；②生物化学转换技术，生物质通过微生物的发酵生成沼气、乙醇等能源产品；③利用生物质油料作物获得生物油；④直接燃烧技术，包括炉灶燃烧、锅炉燃烧、垃圾焚烧和生物质燃烧器燃烧等。生物质作为燃料直接燃烧是目前主要利用方式之一。秸秆等生物质燃料可以制成生物质成型燃料、打捆燃料和粉体燃料等环保燃料进行燃烧利用。

$\mathcal{2}$ 生物质成型燃料

2.1 国外生物质成型燃料燃烧设备发展现状

随着社会经济的发展与人们生活水平的提高，木材下脚料、植物秸秆的剩余量越来越大，由于这些废弃物都是密度小、体积膨松，大量堆积，销毁处理不但需要一定的人力、物力，且污染环境，因此世界各国都在探索解决这一问题的有效途径。

美国在 20 世纪 30 年代就开始研究压缩成型燃料技术及燃烧技术，并研制了螺旋压缩机及相应的燃烧设备 (Groraver et al.，1995)。日本在 20 世纪 30 年代开始研究机械活塞式成型技术处理木材废弃物，1954 年研制成棒状燃料成型机及相关的燃烧设备，1983 年前后从美国引进颗粒成型燃料成型技术及相应燃烧设备，并发展成了日本压缩成型及燃烧的工业体系，到 1987 年有十几个颗粒成型工厂投入运行，年产生物颗粒燃料十几万吨，并相继建立了一批专业燃烧设备厂 (Dogherty et al.，1994)。70 年代后期，由于出现世界能源危机，石油价格上涨，西欧许多国家如芬兰、比利时、法国、德国、意大利等国家也开始重视压缩成型技术及燃烧技术的研究，各国先后有了各类成型机及配套的燃烧设备。法国起初用秸秆的压缩粒作为奶牛饲料，随后开始研究压缩块燃料及燃烧设备，并进入应用阶段 (Osobov，1967)。研制成功的有比利时"T117"螺旋压块机、联邦德国 KAHL 系列压粒机、块状燃料炉 (Neale，1987)。意大利的阿基普公司开发出一种类似于玉米联合收割机那样的大型秸秆收获、致密成型的大型机械，能够在田间将秸秆收割、切碎、榨汁、烘干、成型，生产出瓦楞状固体成型燃料，其生产率可达 $1hm^2/h$，并研制出简易型燃烧炉具 (Dogherty，1989)。

20 世纪 80 年代亚洲除日本外，泰国、印度、菲律宾、韩国、马来西亚已建了不少固化、碳化专业生产厂，并已研制出相关的燃烧设备。国外成型的主要设备有颗粒成型机 (pellet)、螺旋式成型机 (extruder press)、机械驱动冲压成型机（piston presses with mechanical drive）和液压驱动冲压式成型机（piston presses with hydraulic drive）（Demiras and Sahin，1998）。

20世纪90年代日本、美国及欧洲一些国家生物质成型燃料燃烧设备已经定型，并实现产业化，在加热、供暖、干燥、发电等领域已普遍推广应用。按其规范可分为小型炉（small scale）、大型锅炉（large boilers）和热电联产锅炉（combined heat and power boilers）（Taylor et al.，1991），按用途与燃料品种可分为木材炉（wood stove）、壁炉（fireplace）、颗粒燃料炉（pellet stove）、薪柴锅炉（boiler for firewood）、木片锅炉（boiler for wood chips）、颗粒燃料锅炉（boiler for pellets and grain）、秸秆锅炉（boiler for straw）、其他燃料锅炉（boiler for other fuels）（Thomas，1999），按燃烧形式可分为片烧炉（chip-fired boilers or cutting string-fired boilers）、捆烧炉（batch-fired boilers or small bale-fired boilers）、颗粒层燃炉（pellet-fired boilers etc）等（Faborade et al.，1986）。这些国家生物质成型燃料燃烧设备具有加工工艺合理、专业化程度高、操作自动化程度好、热效率高、排烟污染小等优点。但对于我国，存在着价格高、使用燃料品种单一、易结渣、电耗高等缺点，不适合引进。东南亚一些国家生物质成型燃料燃烧设备大多数为碳化炉与焦炭燃烧炉，直接燃用生物质成型燃料的设备较少，同时这些燃烧设备存在着加工工艺差、专业化程度低、热效率低、排烟污染严重、劳动强度大等缺点，燃烧设备还未定型，还需进一步研究、实验与开发，这些国家生物质成型燃料燃烧设备也不适合引进我国。随着全球性大气污染的进一步加剧，减少 CO_2 等有害气体净排放量已成为世界各国解决能源与环境问题的焦点。由于生物质成型燃料燃烧 CO_2 的净排放量基本为零，NO_x 排放量为燃煤的 $1/5$，SO_2 的排放量仅为燃煤的 $1/10$，因此生物质成型燃料直接燃用是世界范围解决生物质高效、洁净化利用的一个有效途径。

2.2 我国生物质成型燃料燃烧设备发展现状

20世纪80年代，由于能源危机，生物压块作为一种可再生能源又得到人们的重视，我国便开始生物质固化成型研究。"七五"期间，中国林业科学研究院林产化学工业研究所通过对引进的样机消化吸收，系统地进行了成型工艺条件实验，完成了木质成型设备的试制，并建成了年产1 000t棒状燃料生产线。其后西北农业大学对该技术的工艺做了进一步的研究和探讨，先后研制出了 X-7.5、JX-11、SZJ-80A 三种型号的秸秆燃料成型机。"八五"期间，作为国家重点攻关项目，中国农业机械化科学研究院、辽宁省能源研究所、中国林业科学研究院林产化学工业研究所、中国农业工程研究设计院，对生物质冲压挤压式压块技术装置进行了攻关，推进了我国对固化成型的研究工作。随着生物质致密技术和碳化技术的研究成果出现，我国生物质致密成型产业也有一定的发展。20世纪90年代以来，我国部分省市能源部门、乡镇企业及个体生产者积极引进成型技术，创办生产企业，全国先后40多个中小型企业开展了这方面的工作，并进行了产业化生产，形成了固化成型的良好势头。我国发展的压缩成型机可分为2种：螺旋挤压式成型（extruder）和液压冲压式成型机（piston presses with hydraulic drive）（张百良等，1999），国内螺旋挤压成型机曾有800多台，单台生产能力多为$100\sim200kg/h$，电机功率$7.5\sim18kW$，电加热效率$2\sim4kW$，生产的成型燃料多为棒状，直径为$50\sim70mm$，单位产品电耗$70\sim100kW\cdot h/t$，但目前有部分产品由于多方面因素影响而停产了。由此可看出，国产成型加工设备在引进及设计制造过程中都不同程度地存在这样或那样的技术与工艺方面的问题：以木屑为原料的市场和资源的针对性差，成本高；螺旋挤压设备磨损严重，寿命短（$60\sim80h$），耗电高，成型设备单台生产率低（$100\sim980kg/h$），规模小，不能满足商业化的要求；对秸秆压缩成型基础理论方面的研究很薄弱，无法满足生物质压缩成型设备开发与生产的需要，关键技术难以解决；对秸秆成型燃料燃烧理论及燃烧特性方面的研究不够深入，先进的秸秆成型燃料专用燃烧设备少，限制了秸秆成型燃料的大量生产，严重制约了秸秆成型行业的发展。这就有待于人们去深入研究、开发，逐渐解决秸秆在成型方面的问题。

由于我国秸秆成型原料丰富，成型后的燃料体积小，密度大，储运方便；成型燃料致密，无碎屑飞扬，使用方便、卫生；燃烧持续稳定、周期长；燃烧效率高；燃烧后的灰渣及烟气中污染物含量小，是清洁能源，有利于环境保护，因此生物质成型燃料是高效洁净能源，可替代矿物能源用于生产与生活领域。成型燃料的竞争力也会随着矿物能源价格上涨、对环境污染程度增加，以及生物质成型燃料技术水平提高、规模增大、成本降低而不断增大，在我国未来的能源消耗中将占有越来越大的比重，应用领域及范围也逐步扩大。

对生物质成型燃料燃烧的理论研究和技术研究是推动生物质成型燃料推广应用的一个重要因素。20世纪以来，北京万发炉业中心从欧洲（荷兰、芬兰、比利时）引进、吸收、消化生物质颗粒微型炉（壁炉、水暖炉、炊事炉具）。这些炉具适应燃料范围窄，只适于木材制成的颗粒成型燃料，不适于以秸秆、野草为原料的块状成型燃料，原因是秸秆、野草含有较多的钾、钙、铁、硅、铝等成分，极易形成结渣而影响燃烧，同时价格也比较高，这种炉具不适合我国国情。在我国一些单位为燃用生物质成型燃料，在未弄清生物质成型燃料燃烧理论及设计参数的情况下，盲目把原有的燃烧设备改为生物质成型燃料燃烧设备，但改造后的燃烧设备仍存在着空气流动场分布、炉膛温度场分布、浓度场分布、过量空气系数大小、受热面布置等不合理问题，严重影响了生物质成型燃料燃烧正常速度与正常状况，致使改造后的燃烧设备存在着热效率低、排烟中的污染物含量高、易结渣等问题。

为了使生物质成型燃料能稳定、充分直接燃烧，以解决上述问题，根据生物质成型燃料燃烧理论、规律及主要设计参数重新设计与研究生物质成型燃料专用燃烧设备是非常重要的，也是非常紧迫的。

3 生物质成型燃料燃烧特性理论分析

生物质成型燃料燃烧特性是设计生物质成型燃料燃烧设备的基础，生物质成型燃料燃烧特性与木块、煤的燃烧特性有一定差别，为了使生物质成型燃料燃烧设备主要设计参数确定得更加合理、准确，设计出的燃烧设备能够有较高的燃烧效率与较小的污染，必须对生物质成型燃料燃烧特性加以认真研究与分析。根据国内外文献检索，关于生物质成型燃烧层状燃烧的点火理论、燃烧机理、动力学特性的报道很少。世界上研究重点放在生物质颗粒燃烧上，对大块生物质成型燃料的燃烧理论研究及应用进行的更少。为此本章在前人研究的基础上对生物质成型燃料点火理论、燃烧机理、动力学特性进行系统、全面的分析与总结，获得了生物质成型燃料燃烧特性与规律，为生物质成型燃料燃烧设备的设计、改造及运行的燃烧控制提供了科学依据。

3.1 生物质成型燃料点火理论分析

3.1.1 点火理论分析

生物质成型燃料的点火过程是指生物质成型燃料与氧分子接触、混合后，从开始反应到温度升高至激烈的燃烧反应前一段过程。实现生物质成型燃料的点火必须满足：生物质成型燃料表面析出一定浓度的挥发物，挥发物周围要有适量的空气，并且具有足够高的温度。生物质成型燃料的点火过程是：①在热源的作用下，水分被逐渐蒸发溢出生物质成型燃料表面；②随后生物质成型燃料表面层燃料颗粒中有机质开始分解，在其过程中有一部分挥发物可燃气态物质分解析出；③局部表面达到一定浓度的挥发物遇到适量的空气并达到一定温度，便开始局部着火燃烧；④随后点火面渐渐扩大，同时也有其他局部表面不断点火；⑤点火面迅速达到生物质成型燃料的整体火焰出现；⑥点火区域逐渐深入生物质成型燃料表面一定深度，完成整个稳定点火过程（Koufopamos et al.，1989）。点火过程可形象地用图 3-1 表示。

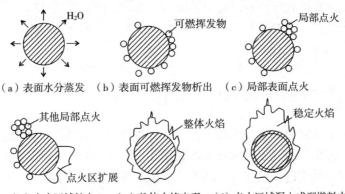

（a）表面水分蒸发 （b）表面可燃挥发物析出 （c）局部表面点火

（d）点火区域扩大 （e）整体火焰出现 （f）点火区域深入成型燃料内

图 3-1 生物质成型燃料点火模型

3.1.2 影响点火的因素

（1）点火温度。 对相同燃点的成型燃料来讲，点火温度越高，点火时间越短，点火越容易（Goldstein，1997）。

（2）生物质种类。 不同种类的生物质，其燃点、挥发分多少、水分高低不同，其点火的难易程度也不同（Williams et al.，1994）。

（3）外界的空气条件。 成型燃料的点火也是燃烧过程，除燃料自身条件外，还需一定的外界空气条件，点火时属低速燃烧过程，燃烧处于动力区，只需少量外界空气量，空气量太大、太小都不利于成型燃料的点火（Naude，2005）。

（4）生物质成型密度。 生物质成型密度越大，挥发分从里向外逸出速度及氧气从外向里的扩散速度减小，其点火性能越差；反之，点火容易（Williams et al.，1994）。

（5）生物质成型燃料含水率。 生物质成型燃料的含水率越高，水的汽化消耗的热量越多，点火能量消耗越大，其点火性能变差；反之，点火容易（Bamford，1946）。

（6）生物质成型燃料的几何尺寸。 生物质成型燃料的几何尺寸越大，其单位质量生物质的表面积越小，挥发分与氧气接触面积减少，反应速度越慢，点火越难；反之，点火容易（Stamm et al.，1956）。

3.1.3 点火特性

生物质成型燃料一般是由高挥发分的生物质在一定温度下挤压而成。在高压成型的生物质燃料中，其组织结构限定了挥发分由内向外的析出速度及热量由外向内的传播速度，且点火所需的氧气比原生物质有所减少，因此生物质成型燃料的点火性能比原生物质有所降低（Roberts et al.，1963），但远远高于型煤的点火性能。从总体趋势分析，生物质成型燃料的点火特性更趋于生物质点火特性（Tinney，1965）。

3.2 生物质成型燃料燃烧机理分析

生物质成型燃料燃烧机理的实质是静态渗透式扩散燃烧，燃烧过程就从着火后开始：①生物质成型燃料表面可燃挥发物燃烧，进行可燃气体和氧气的放热化学反应，形成橙黄色火焰。②除了生物质成型燃料表面部分可燃挥发物燃烧外，成型燃料表层部分的碳处于过渡燃烧区形成橙红色较长火焰。③生物质成型燃料表面仍有较少的挥发分燃烧，更主要的是燃烧向成型燃料更深层渗透。焦炭的扩散燃烧，燃烧产物 CO_2、CO 及其他气体向外扩散，行进中 CO 不断与 O_2 结合生成 CO_2，成型燃料表层生成薄灰壳，外层包围着淡蓝色短火焰。④生物质成型燃料进一步向更深层发展，在层内主要进行碳燃烧（即 C+O_2→CO），在球表面进行一氧化碳的燃烧（即 CO+O_2→CO_2），形成比较厚的灰壳，由于生物质的燃尽和热膨胀，灰层中呈现微孔组织或空隙通道甚至裂缝，较少的短火焰包围着成型块。⑤燃尽灰壳不断加厚，可燃物基本燃尽，在没有强烈干扰的情况下，形成整体的灰球，灰球表面几乎看不出火焰，而且会变成暗红色，至此完成了生物质成型燃料的整个燃烧过程（Hajaligol et al.，1982）。燃烧过程可形象地用图 3-2 表示。

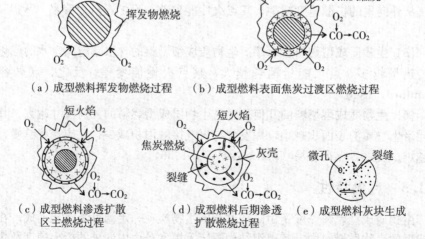

（a）成型燃料挥发物燃烧过程　　（b）成型燃料表面焦炭过渡区燃烧过程

（c）成型燃料渗透扩散区主燃烧过程　　（d）成型燃料后期渗透扩散燃烧过程　　（e）成型燃料灰块生成

图 3-2　生物质成型燃料燃烧模型

3.3　生物质成型燃料燃烧动力学方程分析

3.3.1　生物质成型燃料燃烧动力学方程

生物质成型燃料燃烧动力学是研究生物质成型燃料燃烧过程中化学反应推动力的科学，具体来说，是研究影响生物质成型燃料燃烧化学反应速度的因素以及它们是怎样影响生物质成型燃料燃烧化学反应速度的，从而揭示生物质成型燃料燃烧动力学规律，为燃烧设备的设计及实际燃烧运行奠定理论基础。当生物质成型燃料受热时，表面或渗在空隙里的水分首先蒸发而变成干燥的生物质成型燃料，接着就是挥发分的逐渐析出，当外界温度较高又有足够的氧气时，析出的挥发分（气态烃）就会燃烧起来，最后才是固定碳的着火和燃烧。因为生物质自身具有挥发分含量高和碳含量低的特点，这就决定了其燃烧过程主要是挥发分的燃烧过程，挥发分的析出过程制约着生物质成型燃料的燃烧过程。因此动力学分析重点应放在差热 TG 曲线的第二区域，因为该区是生物质成型燃料挥发物迅速析出的阶段，也是原料燃烧速度最快和绝大多数原料被燃烧的过程（Everett et al.，2001）。

生物质成型燃料挥发分析出过程实际上就是热分解反应过程，具有热分解反应过程的基本特征，主要受化学动力学因素影响，属一级反应，它的析出速度、温度和时间的相关关系符合质量作用定律和阿累尼乌斯定律（Arrhenius）（Solazazar et al.，1983），可表示为

$$dm/dt = k\ (m_0 - m) \tag{3-1}$$

式中　dm/dt——生物质成型燃料挥发分析出速度，即 DTG 曲线上的失重率（g/s）；

　　　　m_0——生物质成型燃料可析出的挥发分总质量（mg）；

　　　　m——生物质成型燃料在某时刻前析出的挥发分质量（mg）；

　　　　k——生物质成型燃料挥发分析出的反应速度常数，能反映生物质成型燃料进行燃烧化学反应难易的程度，它受温度的影响最为显著，两者之间的函数关系式可表示为

$$k = A\exp\ [-E/\ (RT)\ ] \tag{3-2}$$

或者　　　　　　　　$\ln k = \ln A - E/\ (RT) \tag{3-3}$

式中　A——频率因子常数；

　　　　E——生物质成型燃料挥发分析出反应的活化能（J/mol）；

　　　　R——适用气体常数 [8.31J/（mol·K）]；

　　　　T——绝对温度（K）。

联立式（3-1）、式（3-2）得

$$-\mathrm{d}m/\mathrm{d}t = A\exp\left[-E/(RT)\right](m_0-m) \qquad (3\text{-}4)$$

令 $w = m_0 - m$

则
$$-\mathrm{d}m/\mathrm{d}t = A\exp\left[-E/(RT)\right]w \qquad (3\text{-}5)$$

式中 w——挥发分剩余份数（mg）（图 3-3）。

根据 TG 和 DTG 曲线分别求出 m 和 $\mathrm{d}m/\mathrm{d}t$ 值，并依据国家标准（GB 212—2008）规定的挥发分测定方法确定出生物质成型燃料可析出的挥发分总质量 m_0，从式（3-1）中可计算出生物质成型燃料的反应速度常数 k 值，然后由式（3-2）用回归计算方法求出频率因子常数 A 和活化能 E 值，或利用式（3-3）的 $\ln k$ 与 $1/T$ 的直线关系作 $\ln k$—$1/T$ 曲线，常数 $\ln A$ 为纵轴的截距，而 $-E/R$ 即为直线的斜率，也可很方便地求出频率因子常数 A 和活化能 E 值，几种生物秸秆计算结果见表 3-1。

表 3-1 实验样品热失重动力学分析结果

试样编号	样品名称	升温速度/（℃/min）	样品粒度/mm	样品质量/mg	挥发分析出反应速度			差热峰面积 S/mm²
					E/（kJ/mol）	频率因子 A	相关系数 r	
1	玉米秆	10	<0.30	10	95.5395	1.3600×10^9	0.9793	2093.75
2	玉米秆	15	<0.30	10	82.9155	8.0571×10^7	0.9678	2237.50
3	玉米秆	20	<0.30	10	76.5167	2.7762×10^7	0.9779	2254.36
4	小麦秆	10	<0.30	10	105.2137	1.5723×10^{10}	0.9881	2073.75
5	小麦秆	15	<0.30	10	102.5826	8.0022×10^9	0.9803	2161.00
6	小麦秆	20	<0.30	10	86.4802	2.5822×10^8	0.9921	2171.25
7	稻秆	10	<0.30	10	87.4934	4.4458×10^8	0.8749	1782.59
8	稻秆	15	<0.30	10	66.5138	4.8952×10^6	0.8980	2041.25
9	稻秆	20	<0.30	10	53.2272	2.4773×10^5	0.9206	2109.38
10	稻秆	15	0.15~0.30	5.7	93.0225	1.1867×10^9	0.9683	1363.75
11	稻秆	15	0.15~0.30	14.1	114.9632	2.5620×10^{11}	0.9610	1608.75
12	稻秆	15	0.15~0.30	16.7	116.2351	4.2587×10^{11}	0.9813	1933.00
13	稻秆	10	0.15~0.30	10	96.1879	1.9298×10^9	0.9619	1713.20
14	稻秆	10	0.10~0.15	10	88.9195	4.5005×10^8	0.9677	1747.25
15	稻秆	10	0.07~0.10	10	87.0770	3.0850×10^8	0.9749	1796.25
16	稻秆	10	<0.07	10	86.3535	2.6075×10^8	0.9101	1804.25

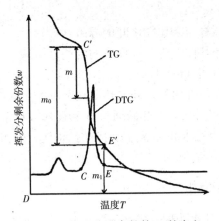

图 3-3　挥发分剩余份数 w 的定义

用表 3-1 中的动力学参数代入一级动力学方程，对玉米秸秆成型燃料燃烧动力学过程进行模拟，结果表明：相同的 w 值，实测值与模拟值的最大温度差是 15℃。因此可以认为该一级动力学方程较好地描述了玉米秸秆成型燃料 TG 曲线上（第二区的）的反应动力学。图 3-4 为升温速度为 10℃/min 的实验曲线与模拟曲线的比较。

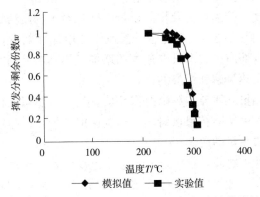

图 3-4　温度与挥发分剩余份数模拟曲线与实验曲线的比较

3.3.2　差热峰面积

为了评价差热有关参数对生物质成型燃料反应放热量的关系，有必要对差热峰面积进行讨论。根据差热分析理论可得表示反应放热量与差热峰面积关系的差热曲线方程（张全国等，1999）：

$$\Delta Q=\beta \int_c^{\infty}[\Delta T-(\Delta T)c]\,\mathrm{d}t=\beta S \qquad (3-6)$$

式中　ΔQ——反应放热量（J）；

　　　　β——比例常数，即试样和参比物与金属块之间的传热系数（J·

mm²）;

ΔT——试样与参比物之间的温差（℃）;

$(\Delta T)_c$——差热曲线与基线形成的温差（℃）;

t——时间（min）;

S——差热峰面积，即差热曲线和基线之间的面积（mm²）。

从式（3-6）可以看出，差热峰面积 S 和反应放热量 ΔQ 成正比。差热峰面积越大，生物质成型燃料的着火燃烧特性就越佳，生物质成型燃料燃烧放出的热量越多；反之放热量越少。

3.3.3 差热结果分析

对几种生物质成型燃料差热试验分析，其结果如表 3-1 所示。从结果可看出：

（1）各生物质成型燃料失重过程结果相似，实样的热失重过程都分 3 个区，并且呈现相同的特征：第一区段失重主要是由水分析出引起，大致发生在 30～150℃；第二区段主要是挥发分的析出和燃烧引起的，并在 200℃左右迅速加速，最大失重率温度在 280℃左右，相对的失重量占原料干重的 65％～70％；第三区段则是固定碳的燃烧，在 600℃左右结束。

（2）升温速度、样品粒度及样品质量的变化对生物质秸秆的活化能均有一定的影响。3 种生物质的活化能随着升温速度的增加而减少，随着样品粒度的减小和质量的减少而减少，即升温速度的增加、样品粒度的减小和样品质量的减少有利于生物质热裂解和燃烧的进行。

（3）反应放热量 ΔQ 与差热峰面积 S 成正比，差热峰面积越大生物质燃烧放出的热量越多。由实验结果可看出，升温速度增加、样品粒度减小和质量增加有利于生物质的热量的放出。

（4）对于各种生物质，在一定升温速度范围，发生迅速热裂解反应的温度范围为 180～350℃，这与生物质主要组成成分半纤维素、纤维素和木质素的热解温度范围相一致。

（5）随着升温速度的增加、样品粒度的减小和样品质量的增加，生物质的最大燃烧速度均有增加的趋势。但升温速度和样品质量对其最大燃烧速度有较明显影响，而样品粒度对生物质最大燃烧速度的影响很小。

3.4 生物质成型燃料燃烧速度及影响因素分析

3.4.1 生物质成型燃料燃烧速度表示方法

生物质成型燃料燃烧速度常用烧失量来表示。

（1）生物质成型燃料烧失量 Δm。在一定时间内，生物质成型燃料燃烧的失重量（g）。

$$\Delta m = m_1 - m_2 \qquad (3\text{-}7)$$

（2）生物质成型燃料平均燃烧速度 v_m。单位时间内生物质成型燃料的平均失重量（g/min）。

$$v_m = \frac{m_1 - m_2}{\tau_1 - \tau_2} \qquad (3\text{-}8)$$

（3）生物质成型燃料相对燃烧速度 r_m。在一定时间内，生物质成型燃料的烧失量与生物质成型燃料中可燃物质量的百分比（%）。

$$r_m = \frac{m_1 - m_2}{m_1 \left(1 - \dfrac{A_{ar}}{100}\right)} \qquad (3\text{-}9)$$

式中　　m_1——在 τ_1 时刻生物质成型燃料质量（g）；

$\qquad\quad m_2$——在 τ_2 时刻生物质成型燃料质量（g）；

$\qquad\quad \tau_1$——生物质成型燃料的开始燃烧时刻（min）；

$\qquad\quad \tau_2$——生物质成型燃料的燃烧终止时刻（min）；

$\qquad\quad A_{ar}$——生物质成型燃料的收到基灰分含量（%）。

3.4.2　生物质成型燃料燃烧速度影响因素分析

一般来说，影响生物质成型燃料燃烧速度的因素有生物质的种类、生物质的含水率、生物质成型燃料密度、生物质成型燃料几何尺寸、燃烧温度、燃烧时的风量等。其中前 4 种因素参数主要是为合理设计及经济运行成型机提供指导，而后 2 种因素参数主要是为合理设计和经济运行燃烧设备提供依据。

（1）生物质种类。实验表明，不同生物质成型燃料具有不同的燃烧速度，但呈现相似的变化规律。在燃烧前期燃烧速度较快，中期最快，后期燃烧速度最慢且趋于平稳（张松寿，1985）。这是因为燃烧前期主要是挥发分的燃烧，燃烧处于动力区与过渡区，燃烧速度取决于炉温而非挥发分浓度，燃烧前期燃料加热需耗热量，使燃料周围温度降低，限制燃烧速度，但随着燃烧进行，燃烧很快进入过渡区，燃烧速度很快增大。燃烧中期是挥发分和碳的混合燃烧，燃烧处于扩散区，该阶段挥发分浓度较大，较薄灰壳未阻碍挥发分向外溢出的速度；燃烧后期主要是碳和少量残余挥发分的燃烧，不断加厚的灰层使氧气向内渗透和燃烧产物的向外扩散明显受阻，降低了燃烧速度。在整个燃烧过程中，挥发分含量高的小麦秸秆和玉米秸秆成型燃料燃烧速度衰减较快，又由于小麦秸秆成型燃料的灰分小于玉米秸秆成型燃料，其燃烧过程中灰层的阻碍小于玉米秸秆成型燃料，因此小麦秸秆成型燃料的衰减速度略大于玉米秸秆成型燃料；而挥发分含量较低、灰分含量较高的稻秆燃烧速度衰减较慢。到后期 3 种秸秆成型燃料燃烧速度趋于平稳且基本燃尽（王玉如等，2001）。

(2) 生物质成型燃料含水率。实验表明，含水率不同的同类生物质成型燃料其燃烧速度大小不一样，含水率高的生物质成型燃料燃烧速度慢，含水率低的生物质成型燃料燃烧速度快，含水率高的生物质成型燃料前期的燃烧速度最慢，中后期逐渐正常（王玉如等，2001）。这是因为含水率高的生物质成型燃料在燃烧前期首先要吸收一定的热量使燃料的水分蒸发，从而使燃料本身温度下降，由外向里传热速度减慢，减缓燃烧化学反应进行，同时水分蒸发使燃料周围的挥发分浓度降低，减少燃料的燃烧化学反应速度，燃烧中期、后期基本汽化完毕，燃烧处于正常状态，燃料燃烧速度达到稳定一致。

(3) 生物质成型燃料密度。生物质成型燃料密度越大，其燃烧速度越小。这是因为随着成型燃料密度增大，氧气及热量由外向里扩散及传递量减少，同时燃烧产物由里向外扩散速度减慢，从而降低了燃料的化学反应速度。

(4) 生物质成型燃料几何尺寸。生物质成型燃料直径越大，氧气及热量从外向里扩散及传递阻力增大，燃烧产物由里向外扩散阻力也增大，从而减少了单位质量燃料与氧气的接触面积，减少了化学反应的有效碰撞。因此随着生物质成型燃料几何尺寸的增加，整个燃料燃烧速度降低，小粒径很快着透，而大粒径需要很长的时间才能燃完。

(5) 燃烧温度。实验表明，随着燃烧炉温增加，水分、挥发分析出速度增大，而达到燃烧所需的能量增加，燃料的化学反应速度增大，燃烧速度加快。特别是在燃烧初期，温度对燃烧速度影响较强，因为在燃烧初期，燃烧处于动力区，这时燃料的化学反应速度取决于炉温而非燃料挥发分浓度。因此为保证燃料可靠点火与稳定的燃烧，较高炉膛温度是很重要的。

(6) 供风量。生物质成型燃料在燃烧过程中需要适量的空气，空气供给量过大、过小都使燃烧速度降低。因为燃料燃烧主要是燃料中可燃物与氧气作用生成 CO_2 的过程，空气量小，燃料缺氧，燃料就会出现未完全燃烧，反应速度减慢；空气量大使炉温变低，燃烧速度降低，同时增大排烟热损失。因此在燃料燃烧每个阶段，根据不同需氧量供给合适风量是非常重要的。燃料初期供给较小风量，燃烧中间供给较大风量，燃烧后期供给较小风量。

3.5 生物质成型燃料燃烧特性分析

3.5.1 生物质燃料特性

参照 GB 212—2008《煤的工业分析方法》和 NY/T 12—1985《生物质燃料发热量测试方法》，对 3 种生物质工业分析和发热量进行测定，所得结果如表 3-2 所示。

表 3-2 生物质的工业分析及发热量

样品	百分含量/%									发热量 $Q_{net,ad}/$ (kJ/kg)
	C_{ad}	H_{ad}	N_{ad}	S_{ad}	O_{ad}	M_{ad}	A_{ad}	V_{ad}	F_{ad}	
玉米秆	42.57	3.82	0.73	0.12	37.86	8.00	6.90	70.70	14.40	15 840
小麦秆	40.68	5.91	0.65	0.35	35.05	7.13	10.40	63.90	18.57	15 740
稻秆	35.14	5.10	0.85	0.11	33.95	12.20	12.65	61.20	13.93	14 654

由表 3-2 可看出，生物质的挥发分远高于煤，灰分和含碳量远小于煤，其热值小于煤，生物质这种燃料特点就决定了它的燃烧具有一定的特征。

3.5.2 原生物质燃烧特性

（1）原生物质特别是秸秆类生物质密度小、体积大，其挥发分高达 60%～70%，点火温度低，易点火。同时热分解的温度又比较低，一般在 350℃就分解并释放出 80%左右的挥发分，燃烧速度快，燃烧开始不久后迅速由动力区进入扩散区，挥发分在短时期内迅速燃烧，放热量剧增，高温烟气来不及传热就跑到烟囱，因此造成大量的排烟热损失。另外挥发分剧烈燃烧所需要的氧量远远大于外界扩散所供应的氧量，供氧明显不足，而使较多的挥发分不能燃尽，形成大量 CO、H_2、CH_4 等中间产物，造成不能完全燃烧。

（2）挥发分燃烧完毕时，进入焦炭燃烧阶段，由于生物质焦炭的结构为散状，气流的扰动就可使其解体悬浮起来，脱离燃烧层，迅速进入炉膛的上方空间，经过烟道而进入烟囱，形成大量的固体未完全燃烧热损失。此时燃烧层剩下的焦炭量很少，形不成燃烧中心，使得燃烧后劲不足。这时如不严格控制进入空气量，将使空气大量过剩，不但降低炉温，而且增加排烟热损失。

总之生物质燃烧的速度忽快忽慢，燃烧所需的氧量与外界的供氧量极不匹配，燃烧呈波浪燃烧，燃烧过程不稳定。

3.5.3 生物质成型燃料燃烧特性

（1）生物质成型燃料是经过高压而形成的块状燃料，其密度远远大于原生物质，其结构与组织特征就决定了挥发分的溢出速度与传热速度都大大降低。点火温度有所升高，点火性能变差，但比型煤的点火性能要好，从点火性能考虑，仍不失生物质点火特性。燃烧开始时挥发分慢慢分解，燃烧处于动力区，随着挥发分燃烧逐渐进入过渡区与扩散区，燃烧速度适中能够使挥发分放出的热量及时传递给受热面，使排烟热损失降低。同时挥发分燃烧所需的氧与外界扩散的氧匹配较好，挥发分能够燃尽，又不过多地加入空气，炉温逐渐升高，减少了大量的气体未完全燃烧损失与排烟热损失。

（2）挥发分燃烧后，剩余的焦炭骨架结构紧密，像型煤焦炭骨架一样，运动的气流不能使骨架解体悬浮，保持层状燃烧，能够形成层状燃烧核心。这时炭的燃烧所需要的氧与静态渗透扩散的氧相当，燃烧稳定持续，炉温较高，从而减少了固体与排烟热损失。在燃烧过程中可以清楚地看到炭的燃烧过程，蓝色火焰包裹着明亮的炭块，燃烧时间明显延长。

总之，生物质成型燃料燃烧速度均匀适中，燃烧所需的氧量与外界渗透扩散的氧量能够较好地匹配，燃烧波浪较小，燃烧相对稳定。

3.6 本章小结

（1）根据前人研究成果，采用观察与实验方法，分析了单个生物质成型燃料燃烧模型，揭示了生物质成型燃料燃烧机理与点火机理，为生物质成型燃料燃烧动力学研究奠定基础。

（2）根据质量作用定律及阿累尼乌斯定律，采用微观差热分析法，依据前人研究成果，分析了生物质成型燃料燃烧动力学模型，揭示了生物质成型燃料燃烧动力学特性与规律，为宏观定量研究生物质成型燃料燃烧速度及影响因素提供理论依据。

（3）根据前人研究成果与实验，分析了生物质种类、含水率、成型密度、成型几何尺寸、燃烧温度、供风量对生物质成型燃料燃烧速度的影响。其中生物质种类、含水率、成型密度、成型几何尺寸参数主要是为成型机初步设计与运行提供依据，而燃烧温度、供风量参数主要是为燃烧设备初步设计与运行提供依据。

（4）根据生物质成型燃料燃烧特性，分析了生物质成型燃料燃烧总体特性，为生物质高效洁净化利用的方式与方法提供理论依据，为生物质成型机及燃烧设备研究与开发提供一定指导。

**Ⅰ型生物质成型燃料燃烧
设备的设计**

　　为了更好地研究生物质成型燃料燃烧空气动力场、结渣特性及主要设计
参数，必须采用适合生物质成型燃料燃烧的专用燃烧设备进行试验与研究，
得出规律性数据与理论，从而揭示一般生物质成型燃料燃烧设备空气动力场
特性、结渣特性及主要设计参数。根据调查与国内外文献检索，到目前为
止，国内外还没有专门燃用大块（30～130mm）的生物质成型燃料燃烧设
备。第一代大块生物质成型燃料燃烧设备大都是从燃煤锅炉改造过来的。从
运行情况看，设备存在着几个突出的问题：①燃烧不稳定，燃烧效率低，冒
黑烟，烟气中存在着大量的CO；②烟气中烟尘含量超标，污染环境；③结
渣现象严重，影响燃烧效果；④排烟温度高，热损失严重；⑤过量空气系数
大，风机电耗高（Obernberger，1998）。这些燃烧设备热性能差，且污染环
境，不能作为生物质成型燃料燃烧专用设备，因而生物质成型燃料专用燃烧
设备是非常重要的，也是非常必要的。为此笔者设计出第一代Ⅰ型生物质成
型燃料燃烧设备。

4.1　燃烧设备设计指导思想

　　（1）该设备能较好燃用生物质成型燃料，能反映出生物质成型燃料燃烧特
性，排烟符合环保要求。

　　（2）为试验安全方便起见，按照常压热水锅炉设计方法进行。

　　（3）燃烧设备设计参数尽量选用生物质成型燃料的，但在无生物质成型燃
料情况下，参考有关烟煤参数按经验选取。

　　（4）在该燃烧设备上进行生物质成型燃料燃烧热性能、空气动力场、热力
特性、结渣特性、主要设计参数等试验。

4.2 燃烧设备主要设计参数

当前，全世界每年由光合作用生成的生物质是巨大的，其作为能源消耗量仅排在煤炭、石油、天然气之后，称之为世界上第四大能源，它是洁净的可再生能源。我国生物质秸秆产量达 6 亿多 t，相当于 3 亿多 t 标准煤。其中玉米秸秆的产量最大，达到 2.24 亿 t，折合 1.18 亿 t 标准煤，成为生物质秸秆利用中的重中之重，在生物质能中占有较大比例，因此本设计以玉米秸秆成型燃料为例。燃烧设备设计主要参数见表 4-1。

表 4-1　燃烧设备主要设计参数

序号	主要设计参数	符号	单位	参数来源	参数值
一、燃料参数					
1	收到基碳含量	C_{ar}	%	燃料分析	42.89
2	收到基氢含量	H_{ar}	%	燃料分析	3.85
3	收到基氮含量	N_{ar}	%	燃料分析	0.74
4	收受到基硫含量	S_{ar}	%	燃料分析	0.12
5	收到基氧含量	O_{ar}	%	燃料分析	38.15
6	收到基水分含量	M_{ar}	%	燃料分析	7.3
7	收到基灰分含量	A_{ar}	%	燃料分析	6.95
8	收到基静发热量	$Q_{net,ar}$	%	燃料分析	15 658
二、锅炉参数					
9	锅炉出力	G	kg/h	设定	1 000
10	热水压力	P	MPa	设定	0.1
11	热水温度	t_{cs}	℃	设定	95
12	进水温度	t_{gs}	℃	设定	20
13	炉排有效面积热负荷	q_R	kW/m²	查表 9-14	450
14	炉排体积热负荷	q_V	kW/m³	查表 9-14	400
15	炉膛出口过剩空气系数	α''_L		查表 6-10	1.7
16	炉膛进口过剩空气系数	α'_L		查表 6-16	1.3
17	对流受热面漏风系数	$\Delta\alpha_1$		查表 6-17	0.4
18	后烟道总漏风系数	$\Delta\alpha_2$		查表 6-17	0.1
19	固体未完全燃烧损失	q_4	%	查表 7-3	5
20	气体未完全燃烧损失	q_3	%	查表 7-3	3
21	散热损失	q_5	%	查表 7-5	5
22	冷空气温度	t_{lk}	℃	给定	20
23	排烟温度	t_{py}	℃	给定	250

注：查表指查《锅炉计算手册》（宋贵良，1995）中的表。本章其他表格中未注明的查表均表示此意，不再重复说明。

4.3　生物质成型燃料燃烧设备设计

4.3.1　燃烧设备结构总体设计

设计的生物质成型燃料燃烧设备由上炉门、中炉门、下炉门、上炉排、辐射受热面、下炉排、风室、炉膛、降尘室、对流受热面、炉墙、排气管、烟道、烟囱等部分组成，其结构布置如图 4-1 所示。

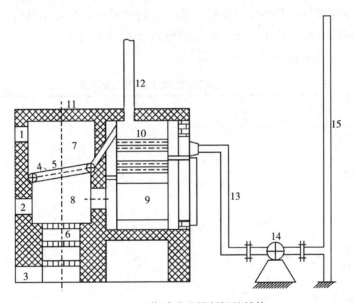

图 4-1　生物质成型燃料锅炉结构

1. 上炉门　2. 中炉门　3. 下炉门　4. 上炉排　5. 辐射受热面　6. 下炉排　7. 风室　8. 炉膛
9. 降尘室　10. 对流受热面　11. 炉墙　12. 排气管　13. 烟道　14. 引风机　15. 烟囱

该燃烧设备采用双层炉排结构即在手烧炉排一定高度另加一道水冷却的钢管式炉排。双层炉排的上炉门常开，作为投燃料与供应空气之用；中炉门用于调整下炉排上燃料的燃烧和清除灰渣，仅在点火及清渣时打开；下炉门用于排灰及供给少量空气，正常运行时微开，开度视下炉排上的燃烧情况而定。上炉排以上的空间相当于风室，上下炉排之间的空间为炉膛，其后墙上设有烟气出口。烟气出口不宜过高，以免烟气短路，影响可燃气体的燃烧和火焰充满炉膛；但也不宜过低，以保证下炉排有必要的灰渣层厚度（100~200mm）。

双层炉排生物质成型燃料燃烧设备的工作原理是，一定粒径生物质成型燃料经上炉门加在上炉排上进行下吸燃烧，上炉排漏下的生物质屑和灰渣到下炉排上继续燃烧和燃尽。生物质成型燃料在上炉排上燃烧后形成的烟气和部分可燃气体透过燃料层、灰渣层进入上、下炉排间的炉膛进行燃烧，并与下炉排上燃料产生的烟气一起，经两炉排间的出烟口流向降尘室和后面的对流受热面。这种燃烧方式实现了生物质成型燃料的分步燃烧，缓解生物质燃烧速度，达到燃烧需氧与供氧的匹配，使生物质成型燃料稳定、持续、完全燃烧，起到了消烟除尘作用。

4.3.2　燃烧设备热效率、燃料消耗量和保热系数计算

4.3.2.1　烟气量与烟气焓的计算

烟气量与烟气焓是燃烧设备热效率、燃料消耗量、保热系数计算的基础，为此对生物质成型燃料烟气量与烟气焓进行计算（宋贵良，1995），其计算项目、依据及结果见表 4-2 和表 4-3。

表 4-2　燃料完全燃烧生成烟气量计算

序号	项目	符号	单位	计算公式	数值		
1	过剩空气系数	α			1.3	1.7	2
2	二氧化物体积	V_{RO_2}	m³/kg	$0.018\,66\,(C_{ar}+0.375S_{ar})$	0.8	0.8	0.8
3	理论空气量	V_k^0	m³/kg	$0.088\,9\,(C_{ar}+0.375S_{ar})+0.265H_{ar}-0.333O_{ar}$	3.541	3.541	3.541
4	理论氮气体积	$V_{N_2}^0$	m³/kg	$0.008N_{ar}+0.79V_k^0$	2.8	2.8	2.8
5	理论水蒸气体积	$V_{H_2O}^0$	m³/kg	$0.111H_{ar}+0.124M_{ar}+0.016\,1V_k^0$	0.58	0.58	0.58
6	理论烟气量	V_y^0	m³/kg	$V_{RO_2}+V_{N_2}^0+V_{H_2O}^0$	4.18	4.18	4.18
7	实际烟气量	V_y	m³/kg	$V_y^0+1.016\,1\,(\alpha-1)\,V_k^0$	5.26	6.70	7.78

表 4-3　烟气的焓温表

烟气温度 $\theta/℃$	氧化物焓 I_{RO_2} V_{RO_2} $(c\theta)_{RO_2}$	氧气焓 I_{N_2} V_{N_2} $(c\theta)_{N_2}$	水蒸气焓 I_{H_2O} V_{H_2O} $(c\theta)_{H_2O}$	理论烟气焓 I_y^0 $I_{RO_2}+I_{N_2}+I_{H_2O}$	理论空气焓 I_k^0 $V_k^0(c\theta)_k$	实际烟气焓 $I_y=I_y^0+(\alpha-1)\,I_k^0$		
						$d=1.70$	$d=1.85$	$d=2.00$
100	136.02	362.82	75.04	574.26	468.93	902.51	972.85	10 43.19
200	285.97	727.78	176.59	1 190.34	943.18	1 850.57	1 992.04	2 133.52
300	447.05	1 097.63	268.38	1 813.06	1 425.93	2 811.21	3 025.10	3 238.99
400	617.47	1 474.26	363.17	2 454.90	1 918.37	3 797.76	4 085.51	4 373.27
500	795.48	1 858.64	461.01	3 115.13	2 422.58	4 810.94	5 174.32	5 537.71

（续）

烟气温度	氧化物焓	氧气焓	水蒸气焓	理论烟气焓	理论空气焓	实际烟气焓		
θ/℃	I_{RO_2}	I_{N_2}	I_{H_2O}	I_y^0	I_k^0	$I_y = I_y^0 + (\alpha-1)$		I_k^0
V_{RO_2}	V_{RO_2}	V_{N_2}	V_{H_2O}	$I_{RO_2}+$				
$(c\theta)_{RO_2}$	$(c\theta)_{RO_2}$	$(c\theta)_{N_2}$	$(c\theta)_{H_2O}$	$I_{N_2}+I_{H_2O}$	$V_k^0 (c\theta)_k$	$d=1.70$	$d=1.85$	$d=2.00$
600	909.73	2 251.54	561.95	3 793.22	2 938.11	5 849.90	6 290.61	6 731.33
700	1 169.45	2 653.06	666.33	4 468.84	3 464.23	6 913.80	7 433.44	7 953.07
800	1 363.90	3 062.08	773.95	5 199.93	3 998.21	7 998.68	8 598.41	9 198.14
900	1 561.82	3 476.59	885.16	5 923.57	4 540.70	9 102.06	9 783.17	10 464.27
1 000	1 762.80	3 896.76	999.28	6 658.84	5 089.48	10 221.48	10 984.90	1 748.32
1 100	1 966.71	4 322.47	1 116.56	7 405.74	5 647.51	11 359.00	12 206.12	13 053.25
1 200	2 173.25	4 752.05	1 236.72	8 162.02	6 208.93	12 508.27	13 439.61	14 370.95
1 300	2 381.39	5 187.73	1 359.31	8 928.43	6 778.36	13 673.28	14 690.04	15 706.79
1 400	2 591.23	5 624.42	1 484.34	9 699.99	7 351.82	14 846.26	15 949.04	17 051.81
1 500	2 802.48	6 064.8	1 611.85	10 479.13	7 927.95	16 028.70	17 217.89	18 407.08

注：$1\,000 \cdot \alpha_{fh} \cdot A_{ar}/Q_{net,ar} = 1\,000 \times 0.2 \times 6.95/15\,658 = 0.089 < 1.43$，所以烟气焓未计算飞灰焓 I_{fh}。

4.3.2.2　燃烧设备热效率、燃料消耗量和保热系数计算

燃烧设备热效率、燃料消耗量及保热系数是炉膛设计的基础，为此对燃烧设备的热效率、燃料消耗量和保热系数进行计算，其计算结果见表 4-4。

表 4-4　燃烧设备的热效率、燃料消耗量和保热系数计算

序号	项目	符号	数据来源	数值	单位
1	燃料收到基单位发热量	$Q_{net,ar}$	表 4-1	15 658	kJ/kg
2	冷空气温度	t_{lk}	表 4-1	20	℃
3	冷空气理论焓	I_{lk}^0	$V_{lk}^0 (ct)_{lk}$	93.48	kJ/kg
4	排烟温度	t_{py}	表 4-1	200	℃
5	排烟焓	I_{py}	表 4-3	2 686.26	kJ/kg
6	固体未完全燃烧热损失	q_4	表 4-1	5	%
7	排烟热损失	q_2	$100(I_{py}-\alpha_{py}I_{lk}^0)$ $(1-q_4/100)/Q_{net,ar}$	16	%
8	气体未完全燃烧损失	q_3	表 4-1	3	%
9	散热损失	q_5	表 4-1	5	%
10	灰渣温度	Q_{h2}	选取	300	℃
11	灰渣焓	$(ct)_{hz}$	查表 4-21	264	kJ/kg
12	排渣率	α_{hz}	查表 7-6	80	%
13	燃料收到基灰分	A_{ar}	表 4-1	6.95	%

（续）

序号	项目	符号	数据来源	数值	单位
14	灰渣物理热损失	q_6	$100\alpha_{hz}(ct)_{hz}A_{ar}/Q_{net,ar}$	0.1	%
15	锅炉总热损失	Σq	$q_2+q_3+q_4+q_5+q_6$	29.1	%
16	锅炉热效率	η	$100-\Sigma q$	70.9	%
17	热水焓	h_{cs}	查表2-51	397.1	kJ/kg
18	给水焓	h_{gs}	查表2-51	83.6	kJ/kg
19	锅炉有效利用热量	Q_{gl}	$D(i_{cs}+i_{gs})$	313 500	kJ/h
20	燃料消耗量	B	$100Q_{gl}/3\,600Q_{net,ar}\eta$	0.007 5	kJ/s
21	计算燃料消耗量	B_j	$B(1-q_4/100)$	0.007 3	kJ/s
22	保热系数	Q	$1-q_5/(\eta+q_5)$	0.934	

4.3.3 炉排及炉膛的设计

炉排尺寸和炉膛尺寸是燃烧设备的两组主要参数，它们的大小直接关系着燃料燃烧的温度场、浓度场及空气流动场分布，直接影响着燃料的燃烧状况，其炉排结构见图4-2和图4-3，炉膛结构见图4-4。其设计计算见表4-5和表4-6。

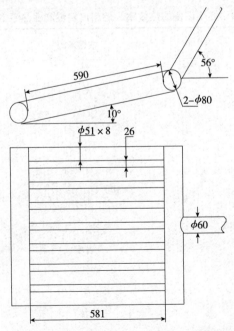

图4-2　生物质成型燃料燃烧设备上炉排结构

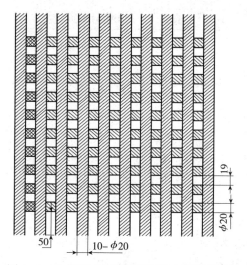

图 4-3 生物质成型燃料燃烧设备下炉排结构

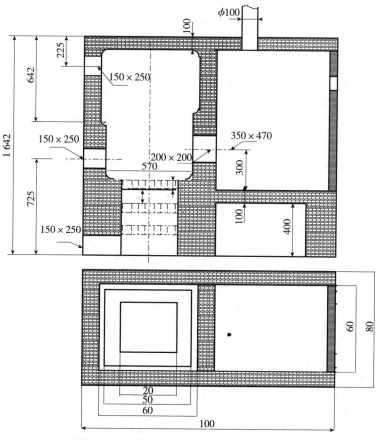

图 4-4 生物质成型燃料燃烧设备炉膛结构

表4-5 炉排设计计算

序号	项目	符号	数据来源	数值	单位
		(一) 炉排尺寸计算			
1	燃料的消耗量	B	由热平衡计算得出	0.0075	kg/s
2	燃料收到基低位发热量	$Q_{net,ar}$	由热值测试仪得出	15 658	kJ/kg
3	炉排面积热强度	q_R	查表9-14	350	kW/m²
4	炉排燃烧率	q_r	查表9-14	80	kg/(m²·h)
5	炉排面积	R	$BQ_{net,ar}/q_R$	0.34	m²
			$3\,600B/q_r$	0.34	m²
6	炉排与水平面夹角	α	$>8°$	10	°
7	倾斜炉排的实际面积	R'	$R/\cos\alpha$	0.345	m²
8	炉排有效长度	L_p	$\sqrt{0.345}$	590	mm
9	炉排有效宽度	B_p	查表9-17选取	590	mm
		(二) 炉排通风截面积计算			
10	燃烧实际需空气量	V_K	$(1.3+1.7)V_k^0/2$	5.3	m³/kg
11	空气通过炉排间隙流速	W_K	$2\sim4$	2	m/s
12	炉排通风截面积	R_{tf}	BV_K/W_K	0.0212	m²
13	炉排通风截面积比	f_{tf}	$100R_{tf}/R$	6.24	%
		(三) 炉排片冷却计算			
14	炉排片高度	h	选取	51	mm
15	炉排片宽度	b	选取	51	mm
16	炉排片冷却度	w	$2h/b$	2	
		(四) 煤层阻力计算			
17	系数	M	$10\sim20$	15	
18	包括炉排在内的阻力	ΔH_m	$M(q_r)^2/10^3$	96	Pa
19	煤层厚度	H_m	$150\sim300$	300	mm

表4-6 炉膛设计计算

序号	项目	符号	数据来源	数值	单位
1	燃料消耗量	B	表4-4	0.0075	kg/s
2	燃料收到基静发热量	$Q_{net,ar}$	表4-1	15 658	kJ/kg
3	炉膛容积热强度	q_V	查表9-14	348	kW/m³
4	煤气发生强度	k	$80\sim120$	85	kg/(m²·h)
5	炉膛容积	V_L	$BQ_{net,ar}/q_V$ 或 $360B/k$	0.34	m³

（续）

序号	项目	符号	数据来源	数值	单位
6	炉膛有效高度	H_{lg}	V_L/R	1	m
7	上炉膛有效高度	H_{lg1}	灰渣层＋燃料层＋空间	0.60	m
8	下炉膛有效高度	H_{lg2}	$H_{lg}-H_{lg1}$	0.40	m
9	下炉膛面积	R_2	$R/3$	0.11	m²
10	下炉排有效宽度	B_{p2}	查表 9-17	370	mm
11	下炉排有效长度	L_{p2}	查表 9-17	370	mm

4.3.4 辐射受热面的设计

燃烧设备中以辐射为主的受热面称为辐射受热面，辐射受热面又称为水冷壁。为了维持生物质成型燃料燃烧设备炉温，保证生物质成型燃料的充分燃烧，在炉膛中只把上炉排布置为辐射受热面，见图4-1。其辐射受热面的大小和布置形式与燃料种类、燃烧设备形式、燃烧空气动力场等因素有关。其计算方法见表4-7，结构见图4-2。

表4-7 辐射受热面的计算

序号	项目	符号	数据来源	数值	单位
一、假定热空气温度 t_{rk}，计算理论燃烧温度 θ_{II}					
1	冷空气温度	t_{lk}	给定	20	℃
2	热空气温度	t_{rk}	给定	20	℃
3	炉膛出口过量空气系	α''_L	燃料计算中选取	1.7	
4	燃料系数	e	查表 10-16 选取	0.2	
5	燃质系数	N	查表 10-17 选取	2 700	
6	理论燃烧温度	θ_{II}	$N/(\alpha''_1+e)$	1 421	℃
二、假定炉膛出口烟温和锅炉排烟温度 θ''_{lj}、θ_{py}，计算辐射受热面吸热量 Q_f					
7	锅炉有效利用热量	Q_{gl}	由热平衡计算得出	87	kW
8	固体未完全燃烧损失	q_4	由表 4-1 得出	3	%
9	锅炉热效率	η	由表 4-4 得出	74	%
10	系数	K_0	查表 10-18 选取	1.1	
11	热空气带入炉内热量	Q_{rk}	$0.32K_0\alpha''_{gl}\theta_{gl}(t_{rk}-t_{lk})(1-q_4/100)/1\,000$	0	kW
12	炉膛出口烟温	θ''_{lj}	假定	900	℃

（续）

序号	项目	符号	数据来源	数值	单位
13	排烟温度	θ_{py}	表 4 - 1	250	℃
14	辐射受热面吸热量	Q_f	$(\theta_{\text{II}} - \theta''_{lj})\, Q_{gl}/(\theta_{\text{II}} - \theta_{py})$	38.7	kW
三、查取辐射受热面热强度 q_f，计算有效辐射受热面积 H_f					
15	辐射受热面热强度	q_f	查表 10 - 19	70	kW/m²
16	有效辐射受热面	H_f	Q_f/q_f	0.53	m²
17	受热面的布置		根据 R' 和 H_f 对辐射受热面进行布置		
18	辐射受热面利用率	Y	查表 10 - 20 选取 s/d	0.76	%
19	辐射受热面实际表面积	H_s	H_f/Y	0.70	m²
四、校核计算根据辐射受热面积 H_f 计算辐射受热面热强度 q_f，查得炉膛出口烟温 θ''_l 进行校核					
20	实际有效辐射受热面	H'_s	根据实际布置计算	0.8	m²
21	实际受热面的布置		中间 $\phi 51 \times 8 \times 590$，两端 $\phi 80 \times 2 \times 590$，见图 4 - 2		
22	实际辐射受热面利用率	Y'	查表 10 - 20 选取	0.76	%
23	实际有效辐射面	H'_f	$H'_s Y'$	0.61	m²
24	辐射受热面热强度	q'_f	Q_f/H'_f	60.8	kW/m²
25	炉膛出口烟温	θ''_L	查表 10 - 19	850	℃
26	炉膛出口烟温校核	$\theta''_1 - \theta''_{lj}$		∣ -50 ∣ <100 辐射受热面布置合理	℃
27	实际辐射受热面吸热量	Q_f	$(\theta_{\text{II}} - \theta''_1)\, Q_{gl}/(\theta_{\text{II}} - \theta_{py})$	42.4	kW

4.3.5　对流受热面的设计

燃烧设备中以对流形式为主的换热面称为对流受热面，又称为对流管束。对流受热面可分为降尘对流受热面和降温对流受热面。降尘对流受热面采用圆弧矩形布置，降温对流受热面采用烟管并联布置，见图 4 - 1，其对流受热面的大小可由详细热工计算，见表 4 - 8，其结构见图 4 - 5。

表 4 - 8　对流受热面传热计算

序号	项目	符号	数据来源	数值	单位
一、计算各对流受热面吸热量 Q_d 及对流受热面前后的烟气温度和工质温度					
1	进口温度	θ'	表 4 - 7	850	℃
2	出口温度	θ''	表 4 - 1	250	℃

（续）

序号	项目	符号	数据来源	数值	单位
3	理论燃烧温度	θ_{II}	表 4 - 7	1 421	℃
4	炉膛出口烟温	θ''_{L}	表 4 - 7	850	℃
5	排烟温度	θ_{py}	表 4 - 1	250	℃
6	锅炉热水量	D	表 4 - 1	0.28	kg/s
7	锅炉有效利用热量	Q_{gl}	表 4 - 7	87	kW
8	热空气带入热量	Q_{rk}	表 4 - 7	0	kW
9	锅炉烟管束吸热量	Q_{gs}	$(\theta'-\theta'')\theta_{\mathrm{gl}}/(\theta_{\mathrm{II}}-\theta_{\mathrm{py}})$	44.6	kW
10	工质进口温度	t'	表 4 - 1	20	℃
11	工质出口温度	t''	表 4 - 1	95	℃
	二、计算平均温差 Δt				
12	最大温差	$\Delta t_{\max}$	受热面两端温差中较大值	830	℃
13	最小温差	$\Delta t_{\min}$	受热面两端温差中较小值	155	℃
14	温差修正系数	ψ_t	按 $\Delta t_{\max}/\Delta t_{\min}$ 查表 10 - 74	0.484	
15	平均温差	Δt	$\psi_t \Delta t_{\max}$	401.7	℃
	三、计算烟气流量 V_y、空气流量和烟气流速 W_y、空气流速 W_k				
16	工质平均温度	t_{pj}	$(t'+t'')/2$	57.5	℃
17	烟气平均温度	θ_{pj}	$t_{\mathrm{pj}}+\Delta t$	459.2	℃
18	系数	K_0	查表 10 - 18	1.1	
19	系数	b	查表 10 - 63	0.04	
20	受热面内平均量空气系数	α_{pj}	表 4 - 1	1.85	
21	锅炉热效率	η	表 4 - 4	74.0	%
22	烟气流量	V_{yi}	$\dfrac{0.239K_0(\alpha_{\mathrm{pj}}+b)(Q_{\mathrm{gl}}+Q_{\mathrm{rk}})}{[(Q_{\mathrm{pj}}+273)/273](1-q_4/100)/1\,000\eta}$	0.15	m³/s
23	烟气流通截面积	A_y	按结构计算	0.020 4	m²
24	烟气流速	W_y	V_y/A_y	7.4	m/s
25	空气流量	V_k	$\dfrac{0.239K_0\alpha''_1(Q_{\mathrm{gl}}+Q_{\mathrm{ky}})}{[(t_{\mathrm{pj}}+273)/273](1-q_4/100)1\,000\eta}$	0.06	m²/s
26	空气流速	W_k	V_k/A_k	2.9	m/s
	四、计算传热系数				
27	与烟气流速有关系数	K_1	查表 10 - 75 选取		
			$4W_y+6$	35.5	

（续）

序号	项目	符号	数据来源	数值	单位
28	管径系数	K_2	$[1.27(S_1/d)$ $(S_2/d)-1]d\times10^3$	0.988	
29	冲刷系数	K_3	查表 10-63	1	
30	传热系数	K	$k_1k_2k_3\times1.163\times10^{-3}$	0.041	$kW/(m^2\cdot℃)$
31	受热面积	H	$Q_{gs}/K\Delta t$	2.7	m^2
32	每个回程受热面长度	L	$H/\pi d\times10^3$	0.53	m
五、对流受热面校核计算					
33	实际布置受热面面积	H'	$3\times0.8\times10\pi d$	4.1	m^2
34	考虑烟管污染传热系数	K'	$k_1k_2k_3k_4\times1.163\times10^{-3}$	0.027 5	
35	对流受热面吸热量	Q'_{gs}	$K'H'\Delta t$	45.29	kW
36	对流受热面吸热量误差	δQ	$(Q_{gs}-Q'_{gs})/Q_{gs}$	1.6<2	%
对流受热面布置合理					

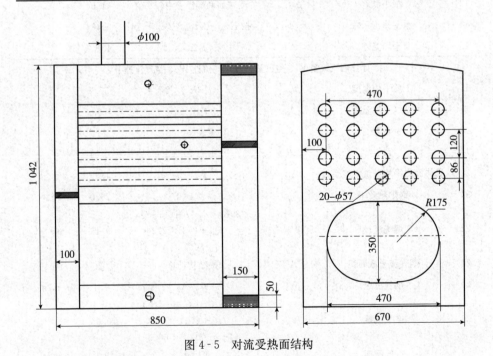

图 4-5　对流受热面结构

4.3.6　燃烧设备引风机选型

　　由于该燃烧设备采用双层炉排燃烧，燃烧方式采用下吸式层状燃烧，为了满足这种燃烧方式，整个系统只布置引风机。引风机由于需克服烟道与风道阻力，依据计算的烟道烟气量和全压降选择风机。由于风机运行与计算条件之间有所差别，为了安全起见，在选择风机时应考虑一定的储备（用储备系数修正），风机选型中风机风量与风压的计算见表4-9。

由表4-9中风机风量与风压知，根据风机制造厂产品目录选择出了风机型号为Y5-47，规格2.80、风量1 828m³/h、风压887Pa、转速2 900r/min；根据风机型号选用电机型号为Y90.S-2，功率1.5kW、电流3.4A、转速2 840r/min。其安装位置如图4-1所示。

表4-9 风机风压与风量的计算

序号	项目	符号	计算依据	数值	单位
			一、烟道的流动阻力计算		
1	炉膛出口负压	$\Delta h''_L$	烟气出口在炉膛后部时 $(20\sim40)+0.95H''g$	40.25	Pa
2	烟管沿程阻力	Δh_{mc}	$\lambda_l \rho w^2/2d_{dl}$	5.3	Pa
3	烟气密度	ρ	$(1-0.01A_{ar}+1.306\alpha V^0)/V_y 273/(273+t_y)$	0.43	kg/m³
4	烟气流速	w	计算	7.4	m/s
5	阻力系数	λ	·查表13-8	0.02	
6	烟管长度	L	实际布置	2.4	m
7	烟管当量直径	d_{dl}	计算	10.6	mm
8	烟管局部阻力	Δh_{jb}	$\sum\xi_{jb}\rho w^2/2$	145	Pa
9	烟管局部阻力系数	$\sum\xi_{jb}$	查表13-11	01.63	
10	烟管总阻力为	Δh_{gs}	$\Delta h_{mc}+\Delta h_{jb}$	150.3	Pa
11	烟道阻力	Δh_{yd}	$(\lambda L/d_n+\xi_{yd})\rho w^2/2$	75	Pa
12	烟囱阻力	Δh_{yc}	$\rho_y W^2/2$	12.7	Pa
13	烟气平均压力	b_y	查表13-15	101 325	Pa
14	烟气中飞灰质量浓度	μ	$\alpha_{fh}A_{ar}/100\rho_y^0\times V_{ypi}$	0.24	
15	烟道的总阻力	Δh_{lz}	$\Delta h_{lz}[\sum\Delta h (1+\mu)]$ $(\rho_y^0/1.293)\times101 325/b_y$	333	Pa
			二、风道总阻力的计算		
16	燃料层阻力	ΔH^k_{lz} (Δ_{hr})	查表9-14	180	Pa
17	空气入口处炉膛负压	$\Delta h'_L$		40	Pa
18	风道的全压降	ΔH_k	$\Delta H^k_{lz}-\Delta h'_L$	140	Pa
			三、引风机的选择		
19	烟囱自生抽风力	S_y	$H_{yt}g[273\rho_k^0/(t_{lk}+273)$ $-273\rho_y^0/(Q_{yt}+273)]$ 或查表13-26	24.6	Pa

（续）

序号	项目	符号	计算依据	数值	单位
20	引风机总压降	$\sum \Delta h_y$	$\Delta H_{lz} + \Delta H_k$	473	Pa
21	风机入口烟温	t_y	表4-1	250	℃
22	当地大气压力	b	实测	0.98	bar
23	烟气标准状况下密度	ρ_y^0	计算	1.41	kg/m³
24	引风机压头储备系数	β_1	查表13-23	1.2	
25	引风机压头	H_{yf}	$\beta_1 (\Delta h_y - S_y)$ $(273+t_y) / (273+200)$	595	Pa
26	风机流量储备系数	β_2	查表13-23	1.1	
27	引风机风量	V_{yf}	$\beta_2 V_j (V_{py} + \Delta a V_k^0)$ $[(t_y+273)/273] \times 101\,325/b$	0.165	m³/s
28	烟囱中烟气流速	w_c	查表13-34	7.4	m/s
29	烟囱的内径	d_n	$0.018\,8\sqrt{V_{yt}/w_c}$	0.161	m(取160mm)

注：此表中查表指查《锅炉及锅炉房设备》（第二版）（同济大学，1986）中的表。

4.4　本章小结

（1）根据生物质成型燃料的燃烧特性设计出生物成型燃料专用燃烧试验设备，其组装如图4-6所示。

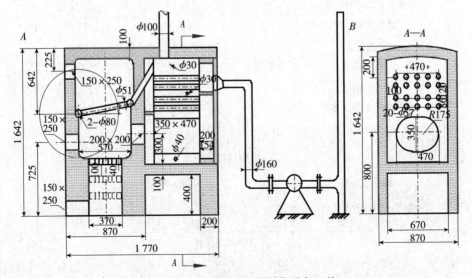

图4-6　生物质成型燃料燃烧设备组装

（2）根据锅炉的加工工艺，制造出生物质成型燃料燃烧设备，如图 4-7 所示，从而为生物质成型燃料燃烧设备热性能试验、空气动力场特性、结渣特性、确定主要设计参数等试验奠定基础。

图 4-7　生物质成型燃料燃烧设备

5 Ⅰ型生物质成型燃料燃烧设备热性能试验与分析

为了说明该燃烧设备能够适用于生物质成型燃料，确实能代表生物质成型燃料专用燃烧设备的水平，且使试验得出空气动力场特性、结渣特性及主要设计参数具有一定的可靠性与合理性，必须对该燃烧设备进行热平衡试验。

5.1 试验目的

（1）测试燃烧设备出力及状态参数，以判断燃烧设备设计与运行水平。

（2）测定燃烧设备各项损失，提出降低损失、提高效率、进一步优化设计的方向。

5.2 试验方法及使用仪器

5.2.1 试验方法

根据 GB/T 15317—2009《燃煤工业锅炉节能监测》、GB 5468—1991《锅炉烟尘测试方法》及 GB 13271—2014《锅炉大气污染物排放标准》，对笔者设计的双层炉排、单层炉排生物质成型燃料燃烧设备按 4 种工况进行热性能及环保指标对比试验。双层炉排与单层炉排燃烧按供风量大小可分为 4 种工况：工况 1 风量最小，工况 2 风量较小（燃烧设备效率最高），工况 3 风量较大（燃烧设备出力最大），工况 4 风量最大。其实际热平衡如图 5-1 所示，该燃烧设备热平衡试验是在热工况稳定下进行的，其燃烧设备热平衡模型如图 5-2 所示。

5.2.1.1 燃烧设备正平衡试验法

直接测量燃烧设备的工质流量、参数（压力与温度）及燃料消耗量、发热量等，利用式（5-1）计算燃烧设备热效率：

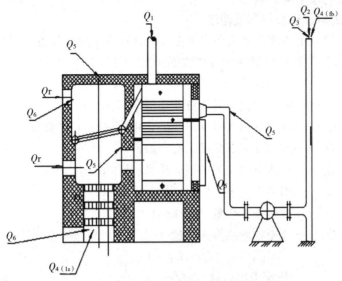

图 5-1　生物质成型燃料燃烧设备热平衡示意

Q_r. 燃料输入锅炉热量（kJ/kg）　　Q_1. 有效利用热量（kJ/kg）

Q_2. 排烟损失的热量（kJ/kg）　　Q_3. 气体未完全燃烧损失热量（kJ/kg）

Q_4. 固体未完全燃烧损失热量（$Q_4 = Q_{4lz} + Q_{4fh}$）（kJ/kg）

$Q_{4(lz)}$. 炉渣热损失（kJ/kg）　　$Q_{4(fh)}$. 飞灰热损失（kJ/kg）

Q_5. 散热损失（kJ/kg）　　Q_6. 灰渣物理热损失（kJ/kg）

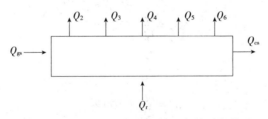

图 5-2　生物质成型燃料燃烧设备热平衡模型

$$\eta_z = \frac{G(h_{cs} h_{gs})}{B Q_{net,ar}} \times 100\% \qquad (5\text{-}1)$$

式中　G——燃烧设备生产热水量（kg/h）；

　　　h_{cs}——燃烧设备出水焓（kJ/h）；

　　　h_{gs}——燃烧设备进水焓（kJ/kg）；

　　　B——燃料的消耗量（kg/h）；

　　$Q_{net,ar}$——生物质成型燃料收到基净发热量（kJ/kg）。

燃烧设备正平衡法只能求出燃烧设备效率，用于判断燃烧设备设计及运行水平，不能得出各项热损失，找出改进燃烧设备优化设计的方法，为此必须对燃烧设备进行反平衡试验。

5.2.1.2 燃烧设备反平衡试验法

测出燃烧设备各项热损失中有关参数，计算得出燃烧设备各项热损失，再利用式（5-2）计算得出燃烧设备热效率：

$$Q_r = Q_1 + Q_2 + Q_3 + Q_4 + Q_5 + Q_6 \qquad (5\text{-}2)$$

式中　Q_r——随燃料投入燃烧设备热量（kJ/kg）；

　　　Q_1——有效利用热量（kJ/kg），由式（5-3）计算得出；

　　　Q_2——排烟损失的热量（kJ/kg）；

　　　Q_3——气体未完全燃烧损失热量（kJ/kg）；

　　　Q_4——固体未完全燃烧损失热量（kJ/kg）；

　　　Q_5——散热损失热量（kJ/kg）；

　　　Q_6——灰渣物理热损失热量（kJ/kg）。

$$Q_1 = Q_{cs} - Q_{gs} \qquad (5\text{-}3)$$

式中　Q_{cs}——热水带出热量（kJ/kg）；

　　　Q_{gs}——冷水带入热量（kJ/kg）。

将式（5-2）各项除以 Q_r 乘以 100%，则热平衡方程式为

$$q_1 + q_2 + q_3 + q_4 + q_5 + q_6 = 100\% \qquad (5\text{-}4)$$

式（5-4）中，

$$q_1 = \frac{Q_1}{Q_r} \times 100\% \qquad (5\text{-}5)$$

$$q_2 = \frac{Q_2}{Q_r} \times 100\% \qquad (5\text{-}6)$$

$$q_3 = \frac{Q_3}{Q_r} \times 100\% \qquad (5\text{-}7)$$

$$q_4 = \frac{Q_4}{Q_r} \times 100\% \qquad (5\text{-}8)$$

$$q_5 = \frac{Q_5}{Q_r} \times 100\% \qquad (5\text{-}9)$$

$$q_6 = \frac{Q_6}{Q_r} \times 100\% \qquad (5\text{-}10)$$

在式（5-5）至式（5-10）中，q_1 为燃烧设备有效利用热量占燃料输入热量的百分数（%），数值与燃烧设备热效率 η 相等；q_2、q_3、q_4、q_5、q_6 为燃烧设备各项热损失的热量占燃料输入热量的百分数（%）。

反平衡试验不仅可得出燃烧设备效率，了解燃烧设备经济性好坏，而且可得出各项损失的大小，找出减少损失、提高效率的途径，从而为燃烧设备改进及优化设计提供科学依据。

5.2.2 试验所用仪表

(1) KM9106 综合燃烧分析仪，其各指标的测量精度分别为 O_2 浓度 -0.1% 和 $+0.2\%$、CO 浓度 $\pm20\mu L/L$、CO_2 浓度 $\pm5\%$、效率 $\pm1\%$、排烟温度 $\pm0.3\%$。

(2) IRT-2000A 手持式快速红外测温仪，测量精度为 1% 读数值 $\pm1℃$。

(3) SWJ 精密数字热电偶温度计，精度为 $\pm0.3\%$。

(4) 3012H 型自动烟尘（气）测试仪，精度为 $\pm0.5\%$。

(5) C 型压力表，精度为 1.0 级。

(6) 大气压力计，精度为 1.0 级。

(7) 磅秤、米尺、秒表、水银温度计、水表。

(8) XRY-ⅠA 数显氧弹式量热计，精度为 $\pm0.2\%$。

(9) CLCH-Ⅰ型全自动碳氢元素分析仪，精度为 $\pm0.5\%$。

(10) 烘干箱、马弗炉、林格曼黑度图。

(11) 热成像仪。

5.3 试验结果与分析

试验燃料为液压成型玉米秸秆，粒度为 $\phi130mm$ 圆粒，密度为 $0.919t/m^3$，收到基净发热量为 15 658kJ/kg，含水率为 7%，环境温度为 11℃，大气压力为 0.98bar。对双层炉排及单层炉排生物质成型燃料燃烧设备分别按 4 种工况进行对比热性能试验，所得结果如表 5-1、表 5-2 所示。

表 5-1 双层炉排生物质成型燃料燃烧设备热平衡结果

序号	项目	符号	单位	数据来源或计算公式	数值			
					工况 1	工况 2	工况 3	工况 4
一、燃料特性								
1	收到基元素碳	C_{ar}	%	燃料化验结果	42.89			
2	收到基元素氢	H_{ar}	%	燃料化验结果	3.85			
3	收到基元素氧	O_{ar}	%	燃料化验结果	38.15			
4	收到基元素氮	N_{ar}	%	燃料化验结果	0.74			
5	收到基元素硫	S_{ar}	%	燃料化验结果	0.12			
6	收到基灰分	A_{ar}	%	燃料化验结果	6.95			
7	收到基水分	W_{ar}	%	燃料化验结果	7.3			
8	收到基净热量	$Q_{net,ar}$	kJ/kg	燃料化验结果	15 658			

（续）

序号	项目	符号	单位	数据来源或计算公式	数值			
					工况1	工况2	工况3	工况4
二、燃烧设备正平衡								
9	平均热水量	D	kg/h	实测	329.29	1 050	1 185.6	776.5
10	热水温度	T_{cs}	℃	实测	73	82.55	76.4	79.8
11	热水压力	P	bar	实测	1.031	1.031	1.031	1.031
12	热水焓值	h_{cs}	kJ/kg	查表	301.17	341.11	315.38	329.60
13	给水温度	T_{gs}	℃	实测	11	11	11	11
14	给水焓	h_{gs}	kJ/kg	查表	42.01	42.01	42.01	42.01
15	平均每小时燃料量	B	kg/h	称量计算	10.18	27	31.95	27.45
16	锅炉正平衡效率	η	%	$100D(h_{cs}-h_{gs})/BQ_{net,ar}$	53.54	74.39	64.78	51.60
三、燃烧设备反平衡								
17	平均每小时炉渣质量	G_{lz}	kg/h	实测	1.1	1.58	1.86	1.6
18	炉渣中可燃物含量	C_{lz}	%	取样化验结果	10.92	7.3	7.58	12.65
19	飞灰中可燃物含量	C_{fh}	%	取样化验结果	14.65	11.2	11.56	16.3
20	炉渣百分比	α_{lz}	%	$100G_{lz}(100-C_{lz})/(BA_{ar})$	97	92.54	89.93	85.09
21	飞灰百分比	α_{fh}	%	$100-\alpha_{lz}$	3	7.458	10.07	14.91
22	固体未完全燃烧损失	q_4	%	$78.3\times4.18A_{ar}[\alpha_{lz}\times C_{lz}/(100-C_{lz})+\alpha_{fh}\times C_{fh}/(100-C_{fh})]$	1.9	1.275	1.35	2.36
23	排烟中三原子气体容积百分比	RO_2	%	烟气分析	11.4	8.6	5.9	3.9
24	排烟中氧气容积百分比	O_2	%	烟气分析	8.359	11.69	14.53	16.48
25	排烟中CO容积百分比	CO	%	烟气分析	0.113	0.051	0.267	0.51
26	排烟处过剩空气系数	α_{py}		$21/\{21-79[(O_2-0.5CO)/(100-RO_2-O_2-CO)]\}$	1.6	2.2	3.16	4.41
27	理论空气需要量	V^0	m³/kg	$0.088\,9C_{ar}+0.265H_{ar}-0.033\,3(O_{ar}-S_{ar})$	3.56	3.56	3.56	3.56
28	三原子气体容积	V_{RO_2}	m³/kg	$0.018\,66(C_{ar}+0.375S_{ar})$	0.8	0.8	0.8	0.8

（续）

序号	项目	符号	单位	数据来源或计算公式	数值			
					工况 1	工况 2	工况 3	工况 4
29	理论氮气容积	$V_{N_2}^0$	m³/kg	$0.79V^0+0.8N_{ar}/100$	2.82	2.82	2.82	2.82
30	理论水蒸气容积	$V_{H_2O}^0$	m³/kg	$0.111H_{ar}+0.012\,4W_{ar}+0.0161V^0$	0.58	0.58	0.58	0.58
31	排烟温度	T_{py}	℃	实测	87.27	265.7	246.5	238.1
32	三原子气体焓	$(ct)_{RO_2}$	kJ/m³	查表	149.11	492	541.8	436
33	氮气焓	$(ct)_{N_2}$	kJ/m³	查表	114	349.3	211.4	313
34	水蒸气焓	$(ct)_{H_2O}$	kJ/m³	查表	131.9	409.5	2 45.3	365.5
35	湿空气焓	$(ct)_k$	kJ/m³	查表	114.1	352	211.8	314
36	1kg 燃料理论烟气量焓	I_y^0	kJ/kg	$V_{RO_2}(ct)_{RO_2}+V_{N_2}^0(ct)_{N_2}+V_{H_2O}^0(ct)_{H_2O}$	1 148.6	1 616	1 504.6	1 443.5
37	1kg 燃料理论空气量焓	I_k^0	kJ/kg	$V^0(ct)_k$	902.1	1 254	1 183.53	1 117.84
38	排烟焓	I_{py}	kJ/kg	$I_y^0+(\alpha_{py}-1)I_k^0$	1 689.86	3 120	4 061.02	5 255.33
39	冷空气温度	T_{lk}	℃	实测	13	13	13	13
40	冷空气焓	$(ct)_{lk}$	kJ/m³	查表	16.9	16.9	16.9	16.9
41	1kg 燃料冷空气焓	I_{lk}	kJ/kg	$\alpha_{py}V^0(ct)_{lk}$	96.26	132.4	190.12	265.32
42	排烟热损失	q_2	%	$(I_{py}-I_{lk})(100-q_4)/Q_r$	10.65	20.09	26.01	33.18
43	干烟气容积	V_{gy}	m³/kg	$V_{RO_2}+V_{N_2}^0+(\alpha_{py}-1)V^0$	5.76	7.892	11.31	15.76
44	气体未完全燃烧损失	q_3	%	$30.2V_{gy}CO(100-q_4)/Q_r$	1.12	0.522	0.842	1.267
45	散热损失	q_5	%	$(Q_{ls}+Q_{lz}+Q_{ly}+Q_{lh}+Q_{lq}+Q_{lg}+Q_{lf})/BQ_{net}$	33.28	7.9	7.73	7.64
46	灰的比热和温度乘积	$(ct)_{H_2O}$	kJ/kg	查表	175.5	175.5	175.5	175.5
47	灰渣物理热损失	q_6	%	$A_{ar}\alpha_{lz}(ct)_h/[Q_r/(100-C_{lz})]$	0.091	0.083	0.081	0.081
48	锅炉反平衡效率	η_f	%	$100-(q_2+q_3+q_4+q_5+q_6)$	52.96	70.13	63.99	55.47
49	锅炉正反平衡效率偏差	$\Delta\eta$	%	$\eta-\eta_f$	0.577	4.257	0.21	3.87

表 5‑2　单层炉排生物质成型燃料燃烧设备热平衡结果

序号	项目	符号	单位	数据来源或计算公式	数值			
					工况 1	工况 2	工况 3	工况 4
				一、燃料特性				
1	收到基元素碳	C_{ar}	%	燃料化验结果	42.89			
2	收到基元素氢	H_{ar}	%	燃料化验结果	3.85			

（续）

序号	项目	符号	单位	数据来源或计算公式	数值			
					工况 1	工况 2	工况 3	工况 4
3	收到基元素氧	O_{ar}	%	燃料化验结果	38.15			
4	收到基元素氮	N_{ar}	%	燃料化验结果	0.74			
5	收到基元素硫	S_{ar}	%	燃料化验结果	0.12			
6	收到基灰分	A_{ar}	%	燃料化验结果	6.95			
7	收到基水分	W_{ar}	%	燃料化验结果	7.3			
8	收到基净热量	$Q_{net,ar}$	kJ/kg	燃料化验结果	15 658			
			二、燃烧设备正平衡					
9	平均热水量	D	kg/h	实测	342.8	523.1	556.4	230.8
10	热水温度	T_{cs}	℃	实测	75.5	74.9	77.5	74.58
11	热水压力	P	bar	实测	1.031	1.031	1.031	1.031
12	热水焓值	h_{cs}	kJ/kg	查表	310.25	307.74	318.61	306.4
13	给水温度	T_{gs}	℃	实测	13	13	13	13
14	给水焓	h_{gs}	kJ/kg	查表	49	49	49	49
15	平均每小时料量	B	kg/h	称量计算	11.8	13.77	17.7	8.5
16	锅炉正平衡效率	η	%	$100D\ (h_{cs}-h_{gs})\ /\ BQ_{net,ar}$	48.404	62.79	54.06	44.52
			三、燃烧设备反平衡					
17	平均每小时炉渣质量	G_{lz}	kg/h	实测	0.92	0.94	1.14	0.58
18	炉渣中可燃物含量	C_{lz}	%	取样化验结果	29.8	24.5	26.4	35
19	飞灰中可燃物含量	C_{fh}	%	取样化验结果	18.8	20.73	14.14	12.75
20	炉渣百分比	α_{lz}	%	$100G_{lz}\ (100-C_{lz})\ /BA_{ar}$	96.66	91.369 5	83.139	78.50
21	飞灰百分比	α_{fh}	%	$100-\alpha_{lz}$	3.341	8.635	16.86	21.497
22	固体未完全燃烧损失	q_4		$78.3\times4.18A_{ar}\ [\alpha_{lz}C_{lz}/\ (100-C_{lz})\ +\ \alpha_{fh}C_{fh}/\ (100-C_{fh})\ ]$	6.476	4.943	5.050	7.035
23	排烟三原子气体容积百分比	RO_2	%	烟气分析	6.5	5.7	3.4	2.2
24	排烟中氧气容积百分比	O_2	%	烟气分析	13.96	15.04	17.04	18.48
25	排烟中 CO 容积百分比	CO	%	烟气分析	1.24	0.564	0.657	0.913
26	排烟处过剩空气系数	α_{py}		$21/\ \{21-79\ [\ (O_2-0.5CO)\ /\ (100-RO_2-O_2-CO)\ ]\ \}$	2.8	3.4	5	7.4

(续)

序号	项目	符号	单位	数据来源或计算公式	数值			
					工况 1	工况 2	工况 3	工况 4
27	理论空气需要量	V^0	m³/kg	$0.0889C_{ar}+0.265H_{ar}$ $-0.0333(O_{ar}-S_{ar})$	3.56	3.56	3.56	3.56
28	三原子气体容积	V_{RO_2}	m³/kg	$0.01866(C_{ar}+$ $0.375S_{ar})$	0.8	0.8	0.8	0.8
29	理论氮气容积	$V_{N_2}^0$	m³/kg	$0.79V^0+0.8N_{ar}/100$	2.82	2.82	2.82	2.82
30	理论水蒸气容积	$V_{H_2O}^0$	m³/kg	$0.111H_{ar}+0.0124W_{ar}$ $+0.0161V^0$	0.58	0.58	0.58	0.58
31	排烟温度	T_{py}	℃	实测	138	176	164	131
32	三原子气体焓	$(ct)_{RO_2}$	kJ/m³	查表	242.04	314.31	291.23	228.99
33	氮气焓	$(ct)_{N_2}$	kJ/m³	查表	180.48	230.46	214.66	171.28
34	水蒸气焓	$(ct)_{H_2O}$	kJ/m³	查表	209.54	268.36	249.73	198.75
35	湿空气焓	$(ct)_k$	kJ/m³	查表	181.06	231.19	215.35	171.83
36	1kg 燃料理论烟气量焓	I_y^0	kJ/kg	$V_{RO_2}(ct)_{RO_2}+V_{N_2}^0$ $(ct)_{N_2}+V_{H_2O}^0(ct)_{H_2O}$	824.11	1056.97	983.16	781.49
37	1kg 燃料理论空气量焓	I_k^0	kJ/kg	$V^0(ct)_k$	644.56	823.04	766.63	611.73
38	排烟焓	I_{py}	kJ/kg	$I_y^0+(\alpha_{py}-1)I_k^0$	1984.31	3032.28	4049.69	4696.53
39	冷空气温度	T_{lk}	℃	实测	13	13	13	13
40	冷空气焓	$(ct)_{lk}$	kJ/m³	查表	16.9	16.9	16.9	16.9
41	1kg 燃料冷空气焓	I_{lk}	kJ/kg	$\alpha_{py}V^0(ct)_{lk}$	168.46	204.56	300.82	445.21
42	排烟热损失	q_2	%	$(I_{py}-I_{lk})(100-q_4)/$ Q_r	11.57	18.31	24.24	26.92
43	干烟气容积	V_{gy}	m³/kg	$V_{RO_2}+V_{N_2}^0+$ $(\alpha_{py}-1)V^0$	10.03	12.16	17.86	26.40
44	气体未完全燃烧损失	q_3	%	$30.2V_{gy}CO(100-$ $q_4)/Q_r$	2.39	1.35	2.29	4.61
45	散热损失	q_5	%	$(Q_{ls}+Q_{lz}+Q_{ly}+Q_{lh}+$ $Q_{lq}+Q_{lg}+Q_{lf})/BQ_{net}$	26.3	12.4	12	11.9
46	灰的比热和温度乘积	$(ct)_{H_2O}$	kJ/kg	查表	263.34	263.34	263.34	263.34
47	灰渣物理热损失	q_6	%	$A_{ar}\alpha_{lz}(ct)_h/$ $[Q_r/(100-C_{lz})]$	0.11	0.101	0.09	0.12
48	锅炉反平衡效率	η_f	%	$100-(q_2+q_3+q_4+$ $q_5+q_6)$	53.15	62.91	56.32	49.42

(续)

序号	项目	符号	单位	数据来源或计算公式	数值			
					工况 1	工况 2	工况 3	工况 4
49	锅炉正反平衡效率偏差	$\Delta\eta$	%	$\eta - \eta_f$	4.748	0.124	2.260	4.90

5.3.1 过剩空气系数与生成 CO 浓度的关系

从双层炉排燃烧及单层炉排燃烧来看，生成 CO 与排烟处过剩空气系数 α_{py} 的关系如图 5-3、图 5-4 所示。

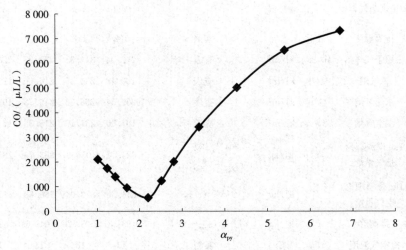

图 5-3　双层炉排燃烧生成 CO 与排烟处过剩空气系数关系

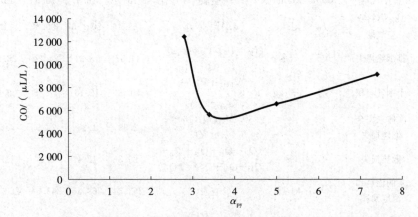

图 5-4　单层炉排燃烧生成 CO 与排烟处过剩空气系数关系

(1) 从图 5-3 与图 5-4 可知，双层炉排燃烧与单层炉排燃烧生成的 CO 随排烟处过剩空气系数 α_{py} 变化规律相似，随着 α_{py} 增加 CO 生成量先是从大到小，α_{py}到达一定数值，CO 生成达到一个最小值，α_{py}继续增加 CO 生成量又逐渐增大。这主要是因为当α_{py}较小时，燃烧室内的过剩空气系数α_1也较小，炉膛中空气量不足，空气与燃料混合得不均匀，易生成一定量的 CO，而出现一定量的气体未完全燃烧损失；α_{py}较大时，则炉膛内温度偏低，燃料与氧接触将形成较多的 CO 中间产物，从而使烟气中 CO 含量增大；当α_{py}达到一定量时，CO 有一个最低值，双层炉排燃烧 $\alpha_{py}=2.2$ 时，CO 含量最低值为 $500\mu L/L$，单层炉排燃烧$\alpha_{py}=3.3$ 时，CO 含量最低值为 6 000$\mu L/L$。这时炉内工况达到最佳，氧量既能保证与燃料充分燃烧，又不会降低炉膛内的温度，以达到一个最佳状态。

（2）从图 5-3 与图 5-4 可知，与单层炉排燃烧相比，对于相似工况来说，双层炉排燃烧生成 CO 含量较小，这主要是燃烧方式决定了 CO 生成。当燃烧设备以双层炉排燃烧时，燃烧分步燃烧，空气与燃料混合较好，在一定空气量条件下，燃料在上炉膛气化生成 CO、H_2、CH_4等。而中间产物在下炉膛继续燃烧，使中间产物变为 CO_2 和 H_2O，从而使烟气中 CO 含量降低；当燃烧设备以单层炉排燃烧时，空气与燃料混合不好，空气利用率低，在相似工况条件下，炉膛过剩空气系数大，使炉温降低便产生较多的 CO 中间产物，从而使排烟中 CO 含量较大。这也是双层炉排具有消烟作用的原因。

5.3.2 过剩空气系数与生成三原子气体 RO_2 浓度的关系

根据表 5-1 和表 5-2 中数据，得出双层炉排燃烧及单层炉排燃烧生成 CO_2、SO_2与排烟处过剩空气系数 α_{py}的关系，如图 5-5 至图 5-8 所示。

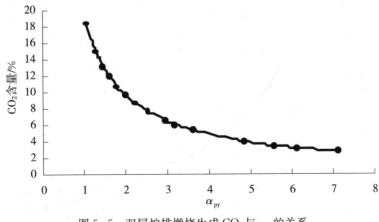

图 5-5 双层炉排燃烧生成 CO_2 与 α_{py}的关系

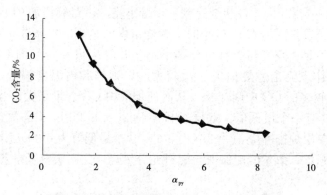

图 5-6 单层炉排燃烧生成 CO_2 与 α_{py} 的关系

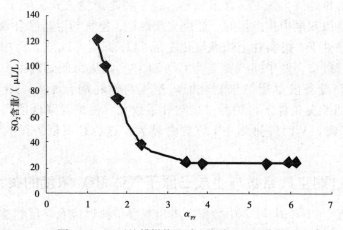

图 5-7 双层炉排燃烧生成 SO_2 与 α_{py} 的关系

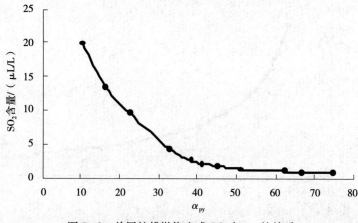

图 5-8 单层炉排燃烧生成 SO_2 与 α_{py} 的关系

(1) 从图 5‑5 至图 5‑8 可看出，随着 α_{py} 增加双层炉排与单层炉排燃烧所生成的 CO_2、SO_2 气体逐渐减少，所呈现的变化规律相似。但相似工况下双层炉排燃烧时 CO_2、SO_2 浓度高，这主要是由于燃烧时炉温高，氧气与碳原子、硫原子混合得好。单层炉排燃烧时，生成的 CO_2、SO_2 浓度较低。

(2) 由所得数据可知，排烟中三原子气体体积中生成 CO_2 体积占主导地位，而 SO_2 体积所占比例很少。这主要是由燃料成分来决定的，因为生物质成型燃料中碳的含量较大，而硫的含量很小，燃烧后所生成的 CO_2 浓度较大，而 SO_2 浓度很小。这就是生物质成型燃料燃烧可减轻对环境污染的重要原因之一。

5.3.3 过剩空气系数与生成 NO_x 浓度的关系

根据试验结果，所得双层炉排燃烧与单层炉排燃烧排烟处过剩空气系数与生成 NO_x 浓度关系如图 5‑9 和图 5‑10 所示。

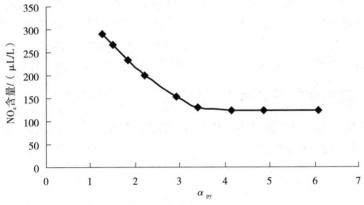

图 5‑9 双层炉排燃烧生成 NO_x 与 α_{py} 的关系

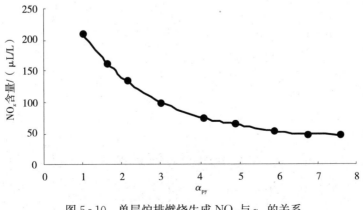

图 5‑10 单层炉排燃烧生成 NO_x 与 α_{py} 的关系

从图 5‑9 和图 5‑10 可知，随着 α_{py} 的增大生成 NO_x 浓度逐渐减少，双层炉排与单层炉排燃烧排烟中 NO_x 随着 α_{py} 变化规律相似。但对于双层炉排燃烧，随着 α_{py} 增大，NO_x 浓度逐渐减少，当 $\alpha_{py}=3.3$ 时，NO_x 浓度达到最小值 $125\mu L/L$；对于单层炉排燃烧，随着 α_{py} 增大，NO_x 浓度逐渐降低，当 $\alpha_{py}=6.8$ 时，NO_x 浓度达到最小值 $50\mu L/L$。由此可看出，对于相似工况，双层炉排燃烧比单层炉排燃烧排烟 NO_x 浓度稍高。这主要是 NO_x 形成不仅与燃料中氮的含量有关，还与空气中的氮含量有关，空气中氮在温度大于 $1\,400℃$ 才形成，燃料中的氮在低于 $1\,400℃$ 时就可形成，炉膛温度一般在 $1\,400℃$ 以下，排烟中的 NO_x 主要是由于燃料中的氮元素形成的。这些氮氧化物由大约 95% 的 NO 和 $5\%\,NO_2$ 组成，其形成主要受燃烧过程的影响，特别是受燃烧反应温度、氧气浓度及停留时间影响。燃烧温度越高、氧气浓度越大、氮与氧化合时停留时间越长，形成的 NO_x 就越多。对于双层炉排燃烧来说，由于炉温较高，氧气与氮元素混合得较好，对于相同燃料来说，在相似工况下，生成 NO_x 的速度快、浓度高。对于单层炉排燃烧，状况正好相反。但总体来说，排烟中 NO_x 含量无论是双层炉排燃烧还是单层炉排燃烧，由于受燃料中总氮的影响，其生成 NO_x 浓度都远远低于煤的燃烧所形成的 NO_x 浓度，这也是生物质成型燃料燃烧污染小于煤的另一个原因。

5.3.4　过剩空气系数 α_{py} 与烟尘含量 YC 的关系

由试验得出，双炉排燃烧与单炉排燃烧时排烟中烟尘含量随 α_{py} 变化关系如图 5‑11 和图 5‑12 所示。

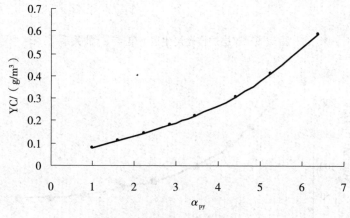

图 5‑11　双层炉排燃烧时烟尘含量 YC 与 α_{py} 的关系

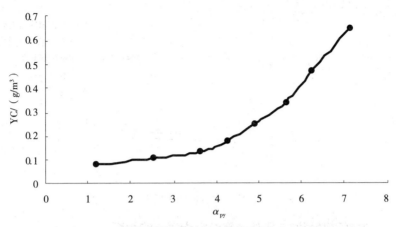

图 5-12　单层炉排燃烧时烟尘含量 YC 与 α_{py} 的关系

　　从图 5-11 和图 5-12 可看出，双层炉排燃烧与单层炉排燃烧时排烟中烟尘含量随着 α_{py} 增大呈现相似变化规律，即随着 α_{py} 增大，烟尘含量逐渐增大。但对于相似工况，单层炉排燃烧比双层炉排燃烧的烟尘含量要高。这是因为虽然双层炉排燃烧时，下面无燃料层阻碍灰，灰较易被烟气带走，但在相似工况下，炉膛中过剩空气系数较小，风速低，灰粒不易随排烟飘走，综合后排烟中飞灰含量有所降低。单层炉排燃烧时，上面有燃料层，阻碍飞灰的飞走，但在相似工况下，炉膛中过剩空气系数较大，炉膛中风速较大，易把灰粒带走，综合后排烟中飞灰含量较高。这也是双层炉排燃烧具有除尘效果的原因。

5.3.5　过剩空气系数与主要热损失的关系

　　根据测试结果，双层炉排燃烧与单层炉排燃烧各工况下锅炉各项热损失及效率随 α_{py} 变化规律如图 5-13 和图 5-14 所示。

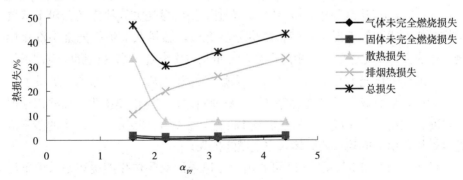

图 5-13　双层炉排燃烧各项热损失与 α_{py} 的关系

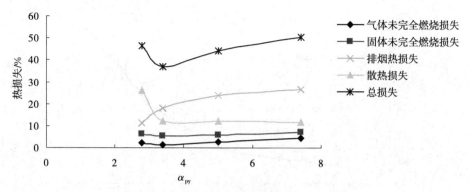

图 5-14　单层炉排燃烧各项热损失与 α_{py} 的关系

5.3.5.1　过剩空气系数与固体未完全燃烧损失的关系

（1）从图 5-13 与图 5-14 可知，生物质成型燃料采用双层炉排燃烧与单层炉排燃烧方式，其固体未完全燃烧损失随 α_{py} 增大而呈现相似变化规律，即随着 α_{py} 从小到大变化，q_4 逐渐减少，当 q_4 减少到一定值后，q_4 又随之增大。这是因为当 α_{py} 过小时，炉膛中空气量不足，燃料中有一部分碳不能与氧充分反应，产生一定的固体未完全燃烧热损失；当 α_{py} 等于一定值时，燃料燃烧需要的氧与空气供给的氧相当，氧气与燃料能充分燃烧，这时原有燃料基本都已燃烧掉，此时固有燃料未完全燃烧热损失达到最小；当 α_{py} 继续增大时，炉膛中空气量过剩，过剩空气不但降低炉温，使燃料不能与氧有效反应，造成一定量的固体未完全燃烧损失，而且使排烟热损失增加。

（2）从图 5-13 与图 5-14 可知，各工况下双层炉排燃烧的固体未完全燃烧损失小于单层炉排燃烧，且达到最小固体未完全燃烧损失时，α_{py} 值不一样：对于双层炉排燃烧 $\alpha_{py}=2.2$ 时，q_4 达到最小，$q_4=1.3\%$；对于单层炉排燃烧 $\alpha_{py}=3.4$ 时，q_4 达到最小，$q_4=5\%$。这主要是由燃烧方式决定的，对于双层炉排燃烧方式的各工况下，燃料燃烧分步进行，燃料在上炉膛先是半汽化燃烧，生成 CO、H_2、CH_4 等中间产物，下步是二次燃烧，当这些燃气经过下炉膛时，继续燃烧变为 CO_2 与 H_2O，当未燃尽的灰渣从上炉排掉到下炉排上后继续燃烧，从而减少了灰渣的含碳量，减少固体未完全燃烧损失。而采用单层炉排时，燃烧一步完成，供氧与需氧不匹配，燃烧条件变差，灰渣中的碳不能完全燃烧，而形成较多的固体未完全燃烧损失。

（3）从图 5-13 与图 5-14 可看出，无论采用双层炉排燃烧还是采用单层炉排燃烧方式，生物质成型燃料固体未完全燃烧损失均小于煤的固体未完全燃烧损失，这主要是由燃料特性所决定的。

5.3.5.2　过剩空气系数与气体未完全燃烧热损失的关系

（1）从图 5-13 与图 5-14 可知，生物质成型燃料采用双层炉排燃烧方式和单层炉排燃烧方式，其气体未完全燃烧热损失随 α_{py} 增大而呈相应变化规律，即随着 α_{py} 从小到大的变化，q_3 逐渐减小，当 q_3 减小到一定值时，随着 α_{py} 增大，q_3 又随之增大。这是因为当 α_{py} 过小时，炉膛中空气量不足，燃料燃烧时易形成较多的 CO、H_2、CH_4 等中间产物，从而使气体未完全燃烧损失增加；当 α_{py} 等于一定的值时，燃料燃烧所需要的氧与外界供给的空气中的氧相匹配时，燃料燃烧充分，减少中间产物 CO、H_2、CH_4 生成，从而使气体不完全燃烧损失的量达到最小值；当 α_{py} 继续增大时，炉膛中的炉温降低，从而减弱了反应程度，形成较多的 CO、H_2、CH_4 等中间产物，使 q_3 增大。

（2）从图 5-13 与图 5-14 可看出，各工况下双层炉排燃烧气体未完全燃烧热损失小于单层炉排燃烧气体未完全燃烧损失，且达到最小气体未完全燃烧损失时，α_{py} 值不一样：对于双层炉排燃烧 $\alpha_{py}=2.2$ 时，q_3 达到最小，$q_3=0.5\%$；对于单层炉排燃烧 $\alpha_{py}=3.4$ 时，q_3 达到最小，$q_3=1.3\%$。这主要是由燃烧方式所决定的，对于双层炉排燃烧方式的各工况下，燃料燃烧分步进行，燃料在上炉膛呈半汽化燃烧，形成大量的 CO、H_2、CH_4 气体，当这些中间产物经过下炉膛时再次燃烧生成 CO_2 与 H_2O，形成了供氧与需氧匹配，从而减少了排烟中中间产物存在，即减少了气体未完全燃烧热损失；对于单层炉排燃烧，燃料一次燃烧，供氧与需氧很不匹配，燃烧条件变差，会形成较多的中间产物，形成了较多的气体不完全燃烧热损失。

（3）从图 5-13 与图 5-14 可知，对于生物质成型燃料无论采用双层炉排燃烧方式还是单层炉排燃烧方式，生物质成型燃料的气体未完全燃烧损失都远远小于煤的气体未完全燃烧损失，这主要是由生物质成型燃料特性所决定的。

5.3.5.3　过剩空气系数与排烟热损失的关系

（1）从图 5-13 与图 5-14 可知，无论是双层炉排燃烧还是单层炉排燃烧，排烟热损失的大小主要由排烟量与排烟温度决定，当排烟温度变化不大的情况下，排烟热损失取决于排烟量，无论是双层炉排燃烧还是单层炉排燃烧，随着 α_{py} 增大，排烟量增大，排烟热损失增大。因此在保证燃烧情况下 α_{py} 愈小愈好。

（2）相似工况下，双层炉排的排烟热损失大于单层炉排，这主要是因为双层炉排燃烧时排烟温度高。

5.3.5.4　过剩空气系数与散热损失的关系

（1）由图 5-13 与图 5-14 可知，无论是双层炉排燃烧还是单层炉排燃烧，随着 α_{py} 增大，散热损失越来越小，小到一定程度散热损失保持不变。

（2）相似工况下，双层炉排的表面散热损失高于单层炉排。这是因为对于双层炉排燃烧来说，相似工况下，燃烧情况好，炉温水平高，而炉壁温度高，特别是上炉膛周围的炉壁温度较高，表面散热量大，同时通过上炉门向外热辐射热损失也大。双层炉排燃烧时，表面热损失会大一些。相应对于单层炉排而言，相似工况下，燃烧状况差一些，炉温水平低，炉壁温度低，表面散热损失会小一些。

5.3.5.5 过剩空气系数与总热损失的关系

（1）从图 5-13、图 5-14、图 5-15、图 5-16 可知双层炉排燃烧与单层炉排燃烧，其总损失随着 α_{py} 变化规律相似。即随着 α_{py} 增大，总损失越来越小（热效率越来越大）。当总损失减少到一定值后不再减少（热效率增大到一定值后不再增大），随着 α_{py} 继续增大，总损失逐渐增大（热效率逐渐减小）。在 α_{py} 较小阶段，总损失（热效率）主要取决于散热损失大小；α_{py} 较大阶段，总损失（热效率）主要取决于排烟热损失大小；α_{py} 中值阶段，总损失（热效率）主要取决于排烟热损失与散热损失。

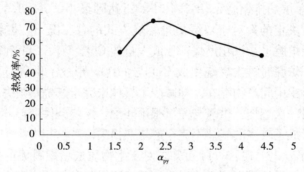

图 5-15 双层炉排燃烧各项热损失与 α_{py} 的关系

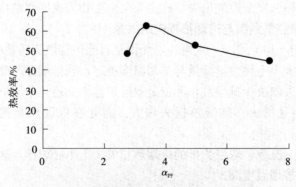

图 5-16 单层炉排燃烧各项热损失与 α_{py} 的关系

（2）相似工况下，双层炉排燃烧总损失（热效率）小于（大于）单层炉排总损失（热效率）。也就是说在所有工况下，双层炉排总损失（热效率）小于（大于）单层炉排总损失（热效率）。在最佳工况下，对于双层炉排 $\alpha_{py}=2.2$，总损失$\sum q = 29.0\%$（效率为71%）；对于单层炉排$\alpha_{py} = 3.4$，总损失$\sum q = 37.3\%$（效率为62.7%）。

（3）对于生物质燃料来讲，采用双层炉排燃烧效率为$96.81\% \sim 98.16\%$，采用单层炉排燃烧效率为$88\% \sim 93.48\%$，也就是说采用双层炉排比单层炉排可提高燃烧效率$4.68 \sim 8.81$个百分点，大大降低排烟中的CO、H_2、CH_4等中间产物，起到消烟作用。

5.4　本章小结

（1）由试验得出，根据生物质成型燃料的燃烧特性设计出的生物质成型燃料燃烧设备的热效率、热水流量、热负荷、水温等热性能参数达到了设计要求（在最佳工况下），证明了该设计方法的正确性和科学性。

（2）生物质成型燃料采用双层炉排燃烧比采用单层炉排燃烧的效率可提高$5\% \sim 9\%$，热效率可提高$4\% \sim 7\%$，大大降低排烟中CO等中间产物及烟尘含量，起到了消烟除尘作用，双层炉排将成为生物质成型燃料的主要炉型之一。因此在双层炉排上试验生物质成型燃料燃烧各种热力特性及空气动力场试验将具有一定的先进性与合理性。

（3）试验得出，锅炉排烟中NO_x、SO_2、烟尘浓度等环保指标远远低于燃煤锅炉，符合国家关于工业锅炉大气中污染物排放标准要求，且有较好的环保效益。

（4）该燃烧设备制造工艺简单，价格与同容量燃煤锅炉相当，试验时操作也比较容易，可大大提高生物质利用率，且有较高的经济效益与社会效益。

（5）从试验可看出，双层炉排生物质成型燃料锅炉运行参数与设计选用参数之间存在一定差别，这主要是由于国内外文献中还缺乏生物质成型燃料燃烧设备的具体设计参数，有些参数是按煤质或按经验确定的。这就向人们提出了要尽快试验确定出有关生物质成型燃料燃烧设备，特别是秸秆成型燃料燃烧设备主要设计参数，以提高生物质成型燃料燃烧设备设计精度。

（6）该燃烧设备试验后，经优化设计如能变为产品，必将推动我国秸秆成型业的大力发展，开辟秸秆利用新领域。这对于我国的秸秆替代煤炭，实现能源可持续发展具有重要现实意义和深远历史意义。

6 Ⅱ型生物质成型燃料燃烧设备改进设计

第一代Ⅰ型生物质成型燃料燃烧设备经试验及应用表明，采用双层炉排燃烧，实现了秸秆成型燃料的分步燃烧，缓解秸秆燃烧速度，达到燃烧需氧与供氧的匹配，使秸秆成型燃料稳定持续完全燃烧，起到了消烟除尘作用。燃烧效率、热效率高，排烟中 CO、NO_x、SO_2、烟尘含量符合国家有关锅炉污染物排放标准要求。Ⅰ型燃烧设备采用双层炉排半汽化燃烧方式，较好地解决了层燃生物质成型燃料燃烧设备冒黑烟、不易完全燃烧及易结渣的技术难题，实践证明，此种燃烧设备适合燃用生物质成型燃料。但是，在对双层炉排生物质成型燃料燃烧设备试验及以后的应用过程中发现，这种燃烧设备仍然存在着一些问题：

（1）辐射受热面设计布置不够合理，炉膛温度过高，特别是上炉膛，致使上炉门附近炉墙墙体过热，增加了锅炉的散热损失。

（2）对流受热面设计布置不够合理，烟道长度偏短，烟气与锅炉水箱里的水换热不够充分，使得排烟温度过高，增加了锅炉的排烟热损失。

（3）该锅炉无锅筒，水箱置于锅炉后部，水容量小，当烟气与水箱中的水换热不均时，会出现热水部分沸腾现象，增加了锅炉运行的不稳定因素。

为了解决上述问题，即减少设备的散热损失、排烟热损失，增强锅炉运行的稳定性，降低成本，在第一代Ⅰ型生物质成型燃料燃烧设备的基础上，设计并制造Ⅱ型生物质成型燃料燃烧设备并对其进行热性能试验。

6.1 生物质成型燃料的参数选取

第一代生物质成型燃料燃烧设备，以玉米秸秆为例，无形中缩小了锅炉的适应范围，考虑到玉米、小麦、水稻三种作物秸秆产量占我国秸秆产量近90%，Ⅱ型生物质成型燃料燃烧设备将以三者的各项参数的均值作为改进后的生物质成型燃料热水锅炉的设计依据，扩大锅炉对生物质成型燃料的适用范围。三种秸秆成型燃料元素分析及工业分析均值见表 6-1。

表 6-1　三种秸秆成型燃料元素分析及工业分析均值

百分含量/%							发热量
C_{ar}	H_{ar}	O_{ar}	N_{ar}	S_{ar}	W_{ar}	A_{ar}	$Q_{ar}/$ (J/kg)
39.38	4.93	35.55	0.74	0.14	9.3	9.96	15 380

　　为了定量分析玉米秸秆成型燃料、生物质成型燃料与煤的区别，本节分别对三者的理论空气量和理论烟气量进行计算，其中，选择工业锅炉设计用煤代表煤种中的褐煤、烟煤及无烟煤分别进行计算，分析其理论计算上的差距。理论空气量和理论烟气量的计算见式（6-1）至式（6-5），计算结果见表 6-2。

理论空气量
$$V_k^0 = 0.088\,9(C_{ar} + 0.375S_{ar}) + 0.265H_{ar} - 0.033\,3O_{ar} \tag{6-1}$$

二氧化物容积
$$V_{RO_2}^0 = 0.018\,66(C_{ar} - 0.375S_{ar}) \tag{6-2}$$

理论氮气容积
$$V_{N_2}^0 = 0.008N_{ar} + 0.79V_k^0 \tag{6-3}$$

理论水蒸气容积
$$V_{H_2O}^0 = 0.111H_{ar} + 0.012\,4M_{ar} + 0.016\,1V_k^0 \tag{6-4}$$

理论烟气量
$$V_y^0 = V_{RO_2}^0 + V_{N_2}^0 + V_{H_2O}^0 \tag{6-5}$$

表 6-2　煤、三种燃料理论空气量及理论烟气量计算结果

单位：m³/kg

项目	符号	生物质成型燃料	玉米秸秆成型燃料	褐煤	烟煤	无烟煤
理论空气量	V_k^0	3.63	3.56	3.36	5.88	6.45
二氧化物容积	V_{RO_2}	0.74	0.80	0.64	1.05	1.22
理论氮气容积	$V_{N_2}^0$	2.87	3.38	2.66	4.65	5.10
理论水蒸气容积	$V_{H_2O}^0$	0.72	0.59	0.74	0.63	0.50
理论烟气量	V_y^0	4.33	4.92	4.04	6.33	6.82

　　由表 6-2 可见：①对于理论空气量，生物质成型燃料略大于玉米秸秆成型燃料及褐煤，低于烟煤及无烟煤，从而在理论上证明生物质成型燃料的理论空气量远小于烟煤及无烟煤，可近似于褐煤；②对于理论烟气量，生物质成型燃料略小于玉米秸秆成型燃料，略大于褐煤，远低于烟煤及无烟煤，从而在理论上证明生物质成型燃料的理论烟气量远小于烟煤及无烟煤，可近似于褐煤；③对于二氧化物容积，生物质成型燃料略小于玉米秸秆成型燃料，略大于褐

煤，远小于烟煤及无烟煤，从而在理论上证明了生物质成型燃料的污染物排放量低于碳化程度深的烟煤及无烟煤，与褐煤相接近。

为改进设计，在第一代生物质成型燃烧设备对过量空气系数的选取及褐煤相关参数的基础上，编制设计空气平衡表，如表 6‑3 所示。

表 6‑3　空气平衡表

锅炉受热面	过量空气系数		漏风系数 $\Delta\alpha$
	进口 α'	出口 α''	
炉膛	1.0	1.3	0.3
锅炉管束	1.3	1.4	0.1
锅炉后烟道	1.4	1.41	0.1

根据生物质成型燃料的理论空气量及烟气量，查找烟气成分在不同温度下的焓值，即可得出生物质成型燃料理论上空气和烟气的焓，如表 6‑4 所示，为锅炉的改进设计提供依据。

表 6‑4　空气、烟气的焓温表

$\theta/℃$	H_{RO_2}	H_{N_2}	H_{H_2O}	H_y^0	H_k^0
	$V_{RO_2}(ct)_{RO_2}$	$V_{N_2}(ct)_{N_2}$	$V_{H_2O}(ct)_{H_2O}$	$I_{RO_2}+I_{N_2}+I_{H_2O}$	$V_k^0(ct)_k$
100	125.12	373.62	108.871	607.611	478.896
200	262.752	747.24	219.184	1 229.176	965.048
300	411.424	1 126.608	333.823	1 871.855	1 462.084
400	568.192	1 514.598	451.346	2 534.136	1 966.376
500	731.584	1 908.336	573.195	3 213.115	2 481.552
600	901.6	2 310.696	698.649	3 910.945	3 011.24
700	1 076.032	2 724.552	828.429	4 629.013	3 548.184
800	1 254.88	3 144.156	961.814	5 360.85	4 096.012
900	1 436.672	3 569.508	1 100.246	6 106.426	4 651.096
1 000	1 622.144	4 000.608	1 242.283	6 865.035	5 213.436

注：$1\,000 \cdot \alpha_{fh} \cdot A_{ar}/Q_{net,ar}=1\,000×0.2×6.95/15\,658=0.089<1.43$，所以烟气焓未计算飞灰焓 I_{fh}。实际烟气量可根据公式 $H_y=H_y^0+(\alpha-1)H_k^0$ 计算。

6.2　生物质成型燃料燃烧设备本体改进设计

改进后的生物质成型燃料燃烧设备结构如图 6‑1 所示，亦采用双层炉排，保留两个炉门，上炉门仍常开，作为投燃料与供应空气之用；把第一代的中炉门与下炉门合二为一，用于清除灰渣及供给少量空气，正常运行时微开，在清渣时打开；一方面保留了第一代的全部功能，另一方面减少了由于炉门多而造成的散热损失，具体各部分的改进设计见下面的详述，设计参数如表 6 - 5 所示。

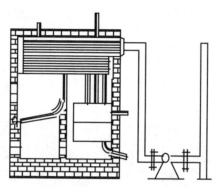

图 6 - 1　Ⅱ型生物质成型燃料燃烧设备结构

其工作过程与第一代生物质成型燃料燃烧设备基本相似：一定粒径秸秆成型燃料经上炉门加在炉排上，下吸燃烧，上炉排漏下的秸秆屑和灰渣到下炉膛底部继续燃烧并燃尽。秸秆成型燃料在上炉排上燃烧后形成的烟气和部分可燃气体透过燃料层、灰渣层进入下炉膛进行燃烧，并与下炉排上燃料产生的烟气一起，经出烟口流向后面的对流受热面。

表 6 - 5　第一代Ⅰ型生物质成型燃料燃烧设备及改进后的设计参数

序号	主要设计参数	第一代Ⅰ型		第二代Ⅱ型	
		参数来源	参数值	参数来源	参数值
1	锅炉出力 $G/$（kg/h）	设定	1 000	设定	480
2	热水压力 $P/$ MPa	设定	0.1	设定	0.1
3	热水温度 $t_{cs}/℃$	设定	95	设定	95
4	热水焓 $h_{cs}/$（kJ/kg）	查水蒸气表	397.1	查水蒸气表	398
5	进水温度 $t_{gs}/℃$	设定	20	设定	20
6	给水焓 $h_{gs}/$（kJ/kg）	查水蒸气表	83.6	查水蒸气表	83.6
7	炉排有效面积热负荷 $q_R/$（kW/m²）	查表 9 - 14	450	查表 9 - 14	350
8	炉排体积热负荷 $q_V/$（kW/m³）	查表 9 - 14	400	查表 9 - 14	348
9	炉膛出口过剩空气系数 α_1''	查表 6 - 10	1.7	查表 6 - 10	1.3

（续）

序号	主要设计参数	第一代Ⅰ型		第二代Ⅱ型	
		参数来源	参数值	参数来源	参数值
10	炉膛进口过剩空气系数 α'_L	查表 6-16	1.3	查表 6-16	1.0
11	对流受热面漏风系数 $\Delta\alpha_1$	查表 6-17	0.4	查表 6-17	0.4
12	后烟道总漏风系数 $\Delta\alpha_2$	查表 6-17	0.1	查表 6-17	0.01
13	固体未完全燃烧损失 q_4/%	查表 7-3	5	查表 7-3	3
14	气体未完全燃烧损失 q_3/%	查表 7-3	3	查表 7-3	2
15	散热损失 q_5/%	查表 7-5	5	查表 7-5	5
16	冷空气温度 t_{lk}/℃	给定	20	给定	10
17	冷空气理论焓 H^0_{lk}/（kJ/kg）	$V^0_{lk}(ct)_{lk}$	93.48	$V^0_{lk}(ct)_{lk}$	47.89
18	排烟温度 T_{py}/℃	给定	250	给定	200
19	排烟焓 H_{py}/（kJ/kg）	参表 4-4	2 686.26	参表 6-4	1 625
20	燃料收到基发热量 $Q_{net,ar}$/（kJ/kg）	参表 4-1	15 658	参表 6-1	15 380
21	排烟热损失 q_2/%	$100(H_{py}-\alpha_{py}H^0_{lk})(1-q_4/100)/Q_{net,ar}$	16	$100(H_{py}-\alpha_{py}H^0_{lk})(1-q_4/100)/Q_{net,ar}$	10
22	灰渣温度 t_{h2}/℃	选取	300	参博	300
23	灰渣焓 H_{hz}/（kJ/kg）	查表 2-21	264	参博	264
24	排渣率 α_{hz}/%	查表 7-6	80	参博	80
25	燃料收到基灰分 A_{ar}/%	查表 4-1	6.95	参表 6-1	9.96
26	灰渣物理热损失 q_6/%	$100\alpha_{hz}(ct)_{hz}A_{ar}/Q_{net,ar}$	0.1	$100\alpha_{hz}(ct)_{hz}A_{ar}/Q_{net,ar}$	0.137
27	锅炉总热损失 Σq/%	$q_2+q_3+q_4+q_5+q_6$	26.1	$q_2+q_3+q_4+q_5+q_6$	20
28	锅炉热效率 η/%	$100-\Sigma q$	74	$100-\Sigma q$	80
29	锅炉有效利用热量 Q_{gl}/（kJ/h）	$D(h_{cs}-h_{gs})$	313 500	$D(h_{cs}-h_{gs})$	151 200
30	燃料消耗量 B/（kg/s）	$\dfrac{100Q_{gl}/3\,600}{Q_{net,ar}\eta}$	0.007 5	$\dfrac{100Q_{gl}/3\,600}{Q_{net,ar}\eta}$	0.003 414

（续）

序号	主要设计参数	第一代Ⅰ型		第二代Ⅱ型	
		参数来源	参数值	参数来源	参数值
31	计算燃料消耗量 B_j/（kg/s）	$B(1-q_4/100)$	0.007 3	$B(1-q_4/100)$	0.003 312
32	保热系数 φ	$1-q_5/(\eta+q_5)$	0.925	$B(1-q_4/100)$	0.941

注：本章中，查表指查《锅炉手册》中的表。

6.3 生物质成型燃料燃烧设备炉膛及炉排的改进设计

炉膛和炉排是锅炉的重要组成部分，其尺寸的大小直接关系着燃料的燃烧状况。实践证明，第一代生物质成型燃料热水锅炉采用双层炉排燃烧收到良好的效果，因此，炉排的改进设计主要是在新设计参数的基础上确定其尺寸，由于改进设计时，原来的中炉门与下炉门合二为一，因此可省去下炉排，让未燃尽的燃料及灰渣落在下炉膛的底部，炉排仍采用水冷管，其设计计算过程见表6-6，改进后的炉排结构如图6-2所示。

表6-6 第一代Ⅰ型生物质成型燃料热水锅炉及改进后的炉排设计计算

序号	项目	第一代Ⅰ型		第二代Ⅱ型	
		数据来源	数值	数据来源	数值
		一、炉排尺寸计算			
1	炉排燃烧率 q_r/[kg/(m²·h)]	查表9-14	80	查表9-14	80
2	炉排面积 R/m²	$BQ_{net,ar}/q_R$	0.34	$BQ_{net,ar}/q_R$	0.15
3	炉排与水平面夹角 α/（°）	$>8°$	10	$>8°$	10
4	倾斜炉排的实际面积 R'/m²	$R/\cos\alpha$	0.345	$R/\cos\alpha$	0.152
5	炉排有效长度 L_p/mm		590		400
6	炉排有效宽度 B_p/mm		590		380
		二、炉排通风截面积计算			
7	燃烧实际空气量 V_k/（m³/kg）	$(1.0+1.3)$ $V_k^0/2$	5.3	$(1.0+1.3)$ $V_k^0/2$	4.172
8	空气通过炉排间隙流速 W_k/（m/s）	$2\sim4$	2	$2\sim4$	2
9	炉排通风截面积 R_{tf}/m²	BV_k/W_k	0.021 2	BV_k/W_k	0.007 122
10	炉排通风截面积比 f_{tf}/%	$100R_{tf}/R$	6.24	$100R_{tf}/R$	4.748
		三、炉排片冷却计算			
11	炉排片高度 h/mm	选取	51	选取	48

（续）

序号	项目	第一代 I 型		第二代 II 型	
		数据来源	数值	数据来源	数值
12	炉排片宽度 b/mm	选取	51	选取	48
13	炉排片冷却度 w	$2h/b$	2	$2h/b$	2
四、煤层阻力计算					
14	系数 M	$10\sim20$	15	$10\sim20$	16
15	包括炉排在内的阻力 H_m/Pa	$M(q_r)^2/10^3$	150	$M(q_r)^2/10^3$	102
16	煤层厚度 H_m/mm	$150\sim300$	300	$150\sim300$	200

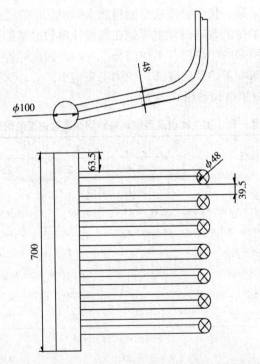

图 6-2　II 型生物质成型燃料燃烧设备炉排结构

由图 6-2 可见，第一代生物质成型燃料燃烧设备由于水冷炉排与水箱相连，所以有两个连箱；而改进后的水冷炉排与上方锅筒相连，因此直接做成弯管插入锅筒中。

第一代生物质成型燃料燃烧设备的炉膛与改进后在结构上差别不大，都是由上下两个炉膛组成，两者均可抽象表示为图 6-3，计算过程见表6-7。

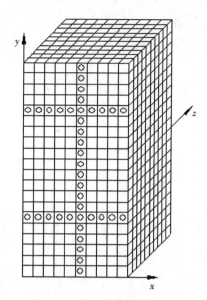

图 6-3　生物质成型燃料燃烧设备及改进后的炉膛抽象图

表 6-7　第一代Ⅰ型生物质成型燃料燃烧设备及改进后的炉膛设计计算

序号	项目	第一代		第二代	
		数据来源	数值	数据来源	数值
1	炉膛容积 V_L/m^3	$BQ_{net,ar}/q_V$	0.34	$BQ_{net,ar}/q_V$	0.154
2	炉膛有效高度 H_{lg}/m	V_L/R	1	V_L/R	1
3	上炉膛有效高度 H_{lg1}/m	灰渣层＋燃料层＋空间	0.60	灰渣层＋燃料层＋空间	0.60
4	下炉膛有效高度 H_{lg2}/m	$H_{lg}-H_{lg1}$	0.40	$H_{lg}-H_{lg1}$	0.40
5	下炉膛面积 R_2/m^2	$R/3$	0.10	$R/3$	0.160
6	下炉膛有效宽度 B_{p2}/mm	查表 9-17	370	查表 9-17	400
7	下炉排有效长度 L_{p2}/mm	查表 9-17	370	查表 9-17	400

6.4　生物质成型燃料燃烧设备辐射受热面改进设计

第一代生物质成型燃料燃烧设备的辐射受热面即水冷排的表面，其设计布置不够合理，使得炉膛温度过高，特别是上炉膛，致使上炉门附近炉墙墙体过热，增加了锅炉的散热损失，因此，在改进设计时把原来的水箱改为上下两个锅筒，上锅筒部分置于上炉膛上方，利用锅筒里的水吸收燃料燃烧在上炉膛的热量，从而增加辐射受热面积，起到降低上炉膛温度的目的，从而减少锅炉的散热损失。其结构亦与水冷排的相似，如图 6-2 所示，只是在上方多出一个辐射受热面，计算过程见表6-8。

表6-8 第一代生物质成型燃料燃烧设备及改进后的辐射受热面计算

序号	项目	第一代		第二代	
		数据来源	数值	数据来源	数值
一、计算理论燃烧温度 T_0					
1	燃料系数 e	按表10-16选取	0.2	按表10-16选取	0.3
2	燃质系数 N	按表10-17选取	2 700	按表10-17选取	2 400
3	理论燃烧温度 $T_0/℃$	$N/(\alpha''_1+e)$	1 421	$N/(\alpha''_1+e)$	1 500
二、假定炉膛出口烟温和锅炉排烟温度 T''_L，计算辐射受热面吸热量 Q_f					
4	锅炉有效利用热量 Q_{gl}/kW	由热平衡计算得出	87	由热平衡计算得出	42
5	系数 K_0	由表10-18选取	1.1	由表10-18选取	1.14
6	热空气带入炉内热量 Q_{rk}/kW	$0.32K''_0\alpha_1\theta_{gl}$ $(t_{rk}-t_{lk})(1-q_4/100)/1\,000$	0	$0.32K''_0\alpha_1\theta_{gl}$ $(t_{rk}-t_{lk})(1-q_4/100)/1\,000$	0
7	炉膛出口烟温 $T''_{lj}/℃$	假定	900	假定	900
8	辐射受热面吸热量 Q_f/kW	$Q_{gl}/\dfrac{(T'-T''_{lj})}{(T'-T_{py})}$	38.7	$Q_{gl}/\dfrac{(T'-T''_{lj})}{(T'-T_{py})}$	19.384 7
三、查取辐射受热面热强度 q_f，计算有效辐射受热面积 H_f					
9	辐射受热面热强度 $q_f/(kW/m^2)$	查表10-19	70	查表10-19	70
10	有效辐射受热面 H_f/m^2	Q_f/q_f	0.53	Q_f/q_f	0.276 9
11	受热面的布置	根据 R' 和 H_f 对辐射受热面进行布置			
12	辐射受热面利用率 $Y/\%$	按表10-20选取 s/d	76	按表10-20选取 s/d	81
13	辐射受热面实际表面积 H_S/m^2	H_f/Y	0.7	H_f/Y	0.341 9
四、校核计算根据辐射受热面积 H_f 计算辐射受热面热强度 q_f，查得炉膛出口烟温 θ''_{lj} 进行校核					
14	实际有效辐射受热面/H'_S	根据实际布置计算	0.8	根据实际布置计算	0.25
15	实际受热面的布置	中间 $\phi51\times8\times590$，两端 $\phi80\times2\times590$，见图4-2			
16	实际辐射受热面利用率/Y'	按表10-20选取	0.76	按表10-20选取	0.81

(续)

序号	项目	第一代		第二代	
		数据来源	数值	数据来源	数值
17	实际有效辐射面 H'_f	$H'_S Y'$	0.61	$H'_S Y'$	0.308 6
18	辐射受热面热强度 q'_f	Q_f/H'_f	60.8	同 Q_f/H'_f	62.807 4
19	炉膛出口烟温 T''_L	查表 10 - 19	850	查表 10 - 19	850
20	炉膛出口烟温校核 $T''_L - T''_{lj}$	|−50|＜100 辐射受热面布置合理			
21	实际辐射受热面吸热量 Q_f/kW	$(T'-T''_L) Q_{gl}/ (T'-T_{py})$	42.4	$(T'-T''_l) Q_{gl}/ (T'-T_{py})$	21

6.5 生物质成型燃料燃烧设备对流受热面改进设计

第一代生物质成型燃料燃烧设备的对流受热面分为两个部分，如图 6 - 4 左所示：降尘对流受热面和降温受热面，两个对流受热面均置于水箱内，水

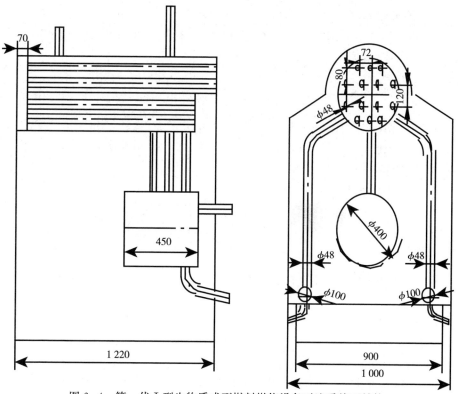

图 6 - 4 第一代Ⅰ型生物质成型燃料燃烧设备对流受热面结构

容量小，当烟气与水箱中的水换热不均时，会出现热水部分沸腾现象，增加了锅炉运行的不稳定因素，其设计布置不够合理，烟道长度有些偏短，烟气与锅炉水箱里的水换热不够充分，使得排烟温度过高，增加了锅炉的排烟热损失，因此，在改进设计时，降温对流受热面置于上锅筒内，利用锅炉后部的下锅筒及管路引起的烟气通道面积的变化起到降尘作用。其计算过程见表 6-9。

表 6-9　第一代生物质成型燃料燃烧设备及改进后的对流受热面传热计算

序号	项目	第一代		第二代	
		数据来源	数值	数据来源	数值
	一、计算平均温差 Δt				
1	最大温差 Δt_{max}/℃	受热面两端温差中较大值	830	受热面两端温差中较大值	780
2	最小温差 Δt_{min}/℃	受热面两端温差中较小值	115	受热面两端温差中较小值	105
3	温差修正系数 ψ_t/℃	按 $\Delta t_{max}/\Delta t_{min}$ 查表 10-74	0.484	按 $\Delta t_{max}/\Delta t_{min}$ 查表 10-74	0.432
4	平均温差 Δt/℃	$\psi_t \Delta t_{max}$	401.7	$\psi_t \Delta t_{max}$	336.96
	二、计算烟气流量 V_y、空气流量和烟气流速 W_y、空气流速 W_k				
5	工质平均温度 t_{pj}/℃	$(t'+t'')/2$	57.5	$(t'+t'')/2$	82.5
6	烟气平均温度 θ_{pj}/℃	$t_{pj}+\Delta t$	459.2	$t_{pj}+\Delta t$	419.5
7	系数 K_0	查表 10-18	1.1	查表 10-18	1.14
8	系数 b	查表 10-63	0.04	查表 10-63	0.16
9	受热面内平均过量空气系数 α_{pj}		1.85		1.2
10	烟气流量 V_{yi}/(m^3/s)	$\dfrac{0.239K_0 (\alpha_{pj}+b)(Q_{gl}+Q_{rk})}{[(Q_{pj}+273)/273](1-q_4/100)/1\,000\eta}$	0.15	$\dfrac{0.239K_0 (\alpha_{pj}+b)(Q_{gl}+Q_{rk})}{[(Q_{pj}+273)/273](1-q_4/100)/1\,000\eta}$	0.047 9
11	烟气流通截面积 A_y/m^2	按结构计算	0.020 4	按结构计算	0.023
12	烟气流速 W_y/(m/s)	V_y/A_y	7.4	V_y/A_y	2.35
13	空气流量 V_k/(m^2/s)	$\dfrac{0.239K_0\alpha''_L (Q_{gl}+Q_{ky})}{[(t_{pj}+273)/273](1-q_4/100)1\,000\eta}$	0.06	$\dfrac{0.239K_0\alpha''_1 (Q_{gl}+Q_{ky})}{[(t_{pj}+273)/273](1-q_4/100)1\,000\eta}$	0.021

（续）

序号	项目	第一代		第二代	
		数据来源	数值	数据来源	数值
14	空气流速 $W_k/$ (m/s)	V_k/A_k	2.9	V_k/A_k	1.039
三、计算传热系数					
15	与烟气流速有关系数/K_1	$4W_y+6$	35.5	$4W_y+6$	15.40
16	管径系数/K_2	查表 10-79	0.988	查表 10-79	1.129
17	冲刷系数/K_3	见表 10-63	1	见表 10-63	1
18	传热系数 $K/$ [kW/(m²·℃)]	$K_1K_2K_3\times$ 1.163×10^{-3}	0.041	$K_1K_2K_3\times$ 1.163×10^{-3}	0.020
19	受热面积 H/m^2	$Q_{gs}/K\Delta t$	2.7	$Q_{gs}/K\Delta t$	3.08
20	每个回程受热面长度 L/m	$H/16\pi d$	0.53	$H/16\pi d$	1.023
四、对流受热面校核计算					
21	实际布置受热面面积 H'/m^2	$16L\pi d$	4.1	$16L\pi d$	3.014
22	考虑烟管污染传热系数 K'	$k_1k_2k_3k_4\times$ 1.163×10^{-3}	0.027 5	$k_1k_2k_3k_4\times$ 1.163×10^{-3}	0.017
23	对流受热面吸热量 $Q'_{gs}/$ kW	$K'H'\Delta t$	45.29	$K'H'\Delta t$	17.453
24	对流受热面吸热量误差 $\delta_Q/\%$	$(Q_{gs}-Q'_{gs})/Q_{gs}$	1.6<2	$(Q_{gs}-Q'_{gs})/Q_{gs}$	1.7<2
					对流受热面布置合理

6.6 风机的选型

第一代生物质成型燃料燃烧设备根据下吸式燃烧方式选用风机，根据风机制造厂产品目录选择的风机型号为 Y5-47，规格为 2.80，风量为 1 828m³/h，风压为 887Pa，转速为 2 900r/min。根据风机型号选用电机型号为 Y90.S-2，功率为 1.5kW，电流为 3.4A，转速为 2 840r/min。存在的问题：当风门有微小变化时，燃烧状况变化很大，可见，风机型号选偏大，经过市场考察，此型号是最小的风机标准件，若要获得很小的风量及风压需定制非标引风机，为节约费用，仍选用同第一代一样的风机，但电机选用 0.5 kW 的，并将电机轴直径选成风机轴直径的一半，选用较窄皮带，从而起到降低风机转速、减少风量及风压的目的。风压及风量的计算过程见表 6‐10。

表 6‐10　第一代生物质成型燃料燃烧设备及改进后的风压与风量的计算

序号	项　目	第一代		第二代	
		数据来源	数值	数据来源	数值
一、烟道的流动阻力计算					
1	炉膛出口负压 $\Delta h''_L$/Pa	烟气出口在炉膛后部时（20～40）$+0.95H''_g$	40.25	烟气出口在炉膛后部时（20～40）$+0.95H''_g$	40.977
2	烟管沿程阻力 Δh_{mc}/Pa	$\lambda l\rho w^2/2d_{dl}$	5.3	$\lambda l\rho w^2/2d_{dl}$	4.1
3	烟气密度 ρ/(kg/m^3)	$[(1-0.01A_{ar}+1.306\,\alpha_{pj}V^0)/V_y]\cdot[273/(273+t_{pj})]$	0.43	$[(1-0.01A_{ar}+1.306\,\alpha_{pj}V^0)/V_y]\cdot[273/(273+t_{pj})]$	0.749
4	烟气流速 w/(m/s)	计算	7.4	计算	4.198
5	阻力系数/λ	查表 13‐8	0.02	查表 13‐8	0.02
6	烟管长度 L/m	实际布置	2.4	实际布置	1.5
7	烟管当量直径 d_{dl}/mm	计算	10.6	计算	48
8	烟管局部阻力 Δh_{jb}/Pa	$\sum\xi_{jb}\rho w^2/2$	145	$\sum\xi_{jb}\rho w^2/2$	64.669
9	烟管局部阻力系数 $\sum\xi_{jb}$	查 13‐11	10.63	查 13‐11	9.8
10	烟管总阻力 Δh_{gs}/Pa	$\Delta h_{mc}+\Delta h_{jb}$	150.3	$\Delta h_{mc}+\Delta h_{jb}$	68.769
11	烟道阻力 Δh_{yd}/Pa	$(\lambda L/d_n+\xi_{yd})\rho w^2/2$	75	$(\lambda L/d_n+\xi_{yd})\rho w^2/2$	19.797
12	烟囱阻力 Δh_{yc}/Pa	$(\lambda/8i+\xi_c)\rho_y W^2/2$	12.7	$(\lambda/8i+\xi_c)\rho_y W^2/2$	8.0837
13	烟气平均压力 b_y/Pa	查表 13‐15	101 325	查表 13‐15	101 325
14	烟气中飞灰质量浓度 μ	$\alpha_{fh}A_{ar}/100\rho_y^0\times V_{ypi}$	0.24	$\alpha_{fh}A_{ar}/100\rho_y^0\times V_{ypi}$	0
15	烟道的总阻力 Δh_{lz}/Pa	$[\sum\Delta h_1(1+\mu)+\sum\Delta h_2](\rho_y^0/1.293)\times101\,325/b_y$	333	$[\sum\Delta h_1(1+\mu)+\sum\Delta h_2](\rho_y^0/1.293)\times101\,325/b_y$	97.000
二、风道总阻力的计算					
16	燃料层阻力 ΔH_{lz}^k/Pa	查表 9‐14	180	查表 9‐14	180
17	空气入口炉膛负压 $\Delta h'_L$/Pa	$\Delta h''_L-0.95H_{lg}$	40	$\Delta h''_L-0.95H_{lg}$	36.443
18	风道的全压降 ΔH_k/Pa	$\Delta H_{lz}^k-\Delta h'_L$	140	$\Delta H_{lz}^k-\Delta h'_L$	143.557

（续）

序号	项目	第一代		第二代	
		数据来源	数值	数据来源	数值
	三、引风机的选择				
19	烟囱自生抽风力 S_y/Pa	查表 13-26	24.6	查表 13-26	23.25
20	引风机总压降 $\sum \Delta h_y$/Pa	$\Delta H_{lz}+\Delta H_k$	473	$\Delta H_{lz}+\Delta H_k$	240.557
21	风机入口烟温 t_y/℃	见表 4-1	250	见表 6-1	200
22	当地大气压力 b/bar	实测	0.98	实测	1.013 25
23	烟气标准状况下密度 ρ_y^0/（kg/m³）	计算	1.41	计算	1.297 7
24	引风机压头储备系数 β_1	查表 13-23	1.2	查表 13-23	1.2
25	引风机压头 H_{yf}/Pa	$\beta_1(\Delta h_y - S_y)$ $(273+t_y)/$ $(273+200)$	595	$\beta_1(\Delta h_y - S_y)$ $(273+t_y)/$ $(273+200)$	260.768
26	风机流量储备系数 β_2	查表 13-23	1.1	查表 13-23	1.1
27	引风机风量 V_y/（m³/h）	$\beta_2 V_y(V_{py}+\Delta\alpha V_k^0)$ $[(t_y+273)/$ $273]\times 101\,325/b$	594	$\beta_2 V_y(V_{py}+\Delta\alpha V_k^0)$ $[(t_y+273)/$ $273]\times 101\,325/b$	441.72

6.7 本章小结

第二代Ⅱ型生物质成型燃料燃烧设备以吸收第一代的优点、纠正缺点为改进设计的指导原则，然后针对第一代生物质成型燃料燃烧设备的不足，进行锅炉本体、炉排、辐射受热面及对流受热面改进设计，并选用合适的风机。改进设计后的锅炉如图 6-5 所示。

图 6-5 改进设计后的锅炉

7 Ⅱ型生物质成型燃料燃烧设备的热性能试验

7.1 试验目的

验证改进后的生物质成型燃料燃烧设备能否弥补第一代的不足。

7.2 试验依据

根据 GB/T 10180—2017《工业锅炉热工性能试验规程》、GB/T 15317—2009《燃煤工业锅炉节能监测》、GB 5468—91《锅炉烟尘测定方法》及 GB 13271—2014《锅炉大气污染物排放标准》，对改进后的生物质成型燃料燃烧设备同第一代一样按 4 种工况（进风量的不同）进行热性能及环保指标的试验。

7.3 试验仪器

(1) KM9106 综合燃烧分析仪，其各指标的测量精度分别为 CO_2 浓度－0.1%和 0.2%、CO 浓度$\pm 20\mu L/L$、CO_2 浓度$\pm 5\%$、效率$\pm 1\%$、排烟温度$\pm 0.3\%$。

(2) 3012H 型自动烟尘（气）测试仪，精度为$\pm 0.5\%$。

(3) 大气压力计，精度为 1.0 级。

(4) QF1901 奥氏气体分析仪。

(5) 蠕动泵。

(6) 磅秤、米尺、秒表、水银温度计、水表。

7.4　试验内容及结果分析

　　锅炉热性能试验是锅炉设备热工试验中最基本的试验内容。热性能试验可以按反平衡及正平衡两种方法进行。反平衡法是根据各项热损失求热效率,正平衡法是根据有效用热量求热效率。正平衡试验主要是为得出燃烧设备效率,用以判断燃烧设备设计及运行水平;反平衡试验主要是为得出各项热损失的大小,找出减少损失、提高效率的途径,为燃烧设备改进及优化设计提供科学依据。本章将对锅炉改进前后正平衡试验结果及反平衡试验结果进行比较,分析改进后的生物质成型燃料燃烧设备能否弥补第一代的不足。

7.4.1　正平衡试验结果比较

　　锅炉改进前后正平衡试验结果比较如表 7-1 所示。

表 7-1　改进前后锅炉正平衡试验结果比较

项目	工况 1		工况 2		工况 3		工况 4	
	前	后	前	后	前	后	前	后
1. 平均热水量 D/(kg/h)	329.29	646.5	1 050	513.5	1 185.6	401.7	776.5	405.8
2. 热水温度 t_{cs}/℃	73	74.66	82.55	87.21	76.4	75.98	79.8	77.2
3. 热水压力 P/bar	1.031	1.031	1.031	1.031	1.031	1.031	1.031	1.031
4. 热水焓 h_{cs}/(kJ/kg)	301.17	321.85	341.11	370.76	315.38	330.02	329.60	337.57
5. 给水温度 t_{gs}/℃	11	6	11	6	11	6	11	6
6. 给水焓 h_{gs}/(kJ/kg)	42.01	25.18	42.01	25.18	42.01	25.18	42.01	25.18
7. 平均燃料量 B/(kg/h)	10.18	15.9	27	14.2	31.95	11	27.45	12.9
8. 锅炉正平衡效率 η/%	53.54	78.43	74.39	81.25	64.78	72.38	51.60	63.89

　　其中平均热水量、热水温度、热水压力、给水温度、平均燃料量为实测,热水焓、给水焓查表得来,正平衡效率按公式 $\eta=\dfrac{100D(h_{cs}-h_{gs})}{BQ_{net,ar}}$ 计算。由表 7-1 可见,改进前锅炉热效率为 51.60%～74.39%,改进后锅炉热效率为 63.89%～81.25%,比第一代提高了 6.86～12.29 个百分点,工况 2 时的热效率为 81.25%,达到了改进设计时热效率 80% 的要求。

7.4.2　反平衡试验结果比较

　　锅炉改进前后反平衡试验结果比较如表 7-2 所示。

表 7-2 改进前后锅炉反平衡试验结果比较

项目	工况 1		工况 2		工况 3		工况 4	
	前	后	前	后	前	后	前	后
1. 平均炉渣质量 $G_{lz}/$ (kg/h)	1.1	0.8	1.58	1.26	1.86	1.52	1.6	1.31
2. 炉渣中可燃物含量 $C_{lz}/\%$	10.92	12.89	7.3	9.4	7.58	9.62	12.65	14.85
3. 飞灰中可燃物含量 $C_h/\%$	14.65	16.65	11.2	13.32	11.56	13.78	16.3	17.33
4. 炉渣百分比 $\alpha_{lz}/\%$	97	98	92.54	93.62	89.93	90.13	85.09	86.17
5. 飞灰百分比 $\alpha_h/\%$	3	2	7.46	6.38	10.07	9.87	14.91	13.83
6. 固体未完全燃烧损失 $q_4/\%$	1.9	4.23	1.275	3.26	1.35	3.39	2.36	4.44
7. 排烟中三原子气体容积百分比 $RO_2/\%$	8.6	7.4	11.4	9.8	5.9	5.4	3.9	3.3
8. 排烟中氧气容积百分比 $O_2/\%$	8.36	7.36	11.69	10.67	14.53	13.52	16.48	15.48
9. 排烟中 CO 容积百分比/%	0.113	0.6	0.051	0.33	0.267	0.43	0.51	0.53
10. 排烟处过剩空气系数 α_{py}	1.6	1.43	2.2	2.00	3.16	2.85	4.41	3.62
11. 理论空气需要量 $V_k^0/$ (m³/kg)	3.56	3.63	3.56	3.63	3.56	3.63	3.56	3.63
12. 三原子气体容积 $V_{RO_2}/$ (m³/kg)	0.8	0.74	0.8	0.74	0.8	0.74	0.8	0.74
13. 理论氮气容积 $V_{N_2}^0/$ (m³/kg)	2.82	2.87	2.82	2.87	2.82	2.87	2.82	2.87
14. 理论水蒸气容积 $V_{H_2O}^0/$ (m³/kg)	0.58	0.72	0.58	0.72	0.58	0.72	0.58	0.72
15. 排烟温度 $t_{py}/℃$	87.27	70.8	265.7	196.7	246.5	177.6	238.1	150.0
16. 燃料理论烟气量焓 $H_y^0/$ (kJ/kg)	1 148.6	435.13	1 616	1 208.89	1 504.6	1 091.51	1 443.5	921.88
17. 燃料理论空气量焓 $H_k^0/$ (kJ/kg)	902.1	341.63	1 254	949.12	1 183.53	856.96	1 117.84	723.79

（续）

项目	工况 1		工况 2		工况 3		工况 4	
	前	后	前	后	前	后	前	后
18. 排烟焓 H_{py}/（kJ/kg）	1 689.86	582.03	3 120	2 158.01	4 061.02	2 676.89	5 255.33	2 818.21
19. 冷空气温度 t_{lk}/℃	13	13	13	13	13	13	13	13
20. 冷空气焓 $(ct)_{lk}$/（kJ/m³）	16.9	62.26	16.9	62.26	16.9	62.26	16.9	62.26
21. 燃料冷空气焓 H_{lk}/（kJ/kg）	96.26	89.03	132.4	124.52	190.12	177.44	265.32	225.38
22. 排烟热损失 q_2/%	10.65	3.07	20.09	12.79	26.01	15.70	33.18	16.11
23. 气体未完全燃烧损失 q_3/%	1.12	4.35	0.522	1.90	0.842	4.31	1.267	8.00
24. 散热损失 q_5/%	33.28	10.56	7.64	1.11	7.73	3.63	7.9	7.32
25. 飞灰的焓 $(ct)_h$/（kJ/kg）	175.5	175.5	175.5	175.5	175.5	175.5	175.5	175.5
26. 飞灰渣物理热损失 q_6/%	0.091	0.139	0.083	0.133	0.081	0.133	0.081	0.139
27. 锅炉反平衡效率 η_f/%	52.96	77.65	70.13	80.81	63.99	72.84	55.47	63.99
28. 锅炉正反平衡效率偏差 $\Delta\eta$/%	0.577<5	0.78<5	4.26<5	0.44<5	0.21<5	0.46<5	3.87<5	0.1<5

表 7-2 中平均炉渣质量、炉渣中可燃物含量、飞灰中可燃物含量、排烟中三原子气体容积百分比、排烟中氧气容积百分比、排烟温度、冷空气温度由试验测得，其他项目由下列公式计算而得。

炉渣百分比计算公式为

$$\alpha_{lz}=\frac{G_{lz}\ (100\%-C_{lz})}{BA_{ar}}\times100\% \tag{7-1}$$

飞灰百分比计算公式为

$$\alpha_h=100\%-\alpha_{lz} \tag{7-2}$$

固体未完全燃烧热损失计算公式：

$$q_4=\frac{78.3\times4.18A_{ar}}{Q_r}\left(\frac{\alpha_{lz}C_{lz}}{100-C_{lz}}+\frac{\alpha_hC_h}{100-C_h}\right)\times100\% \tag{7-3}$$

排烟处过剩空气系数计算公式：

$$\alpha_{py} = \frac{21}{21 - 79 \dfrac{O_2 - 0.5CO}{100\% - RO_2 - O_2 - CO}} \qquad (7\text{-}4)$$

燃料冷空气焓计算公式：

$$H_{lk} = \alpha_{py} V_k^0 (ct)_{lk} \qquad (7\text{-}5)$$

排烟热损失计算公式：

$$q_2 = \frac{(H_{py} - H_{lk})(100\% - q_4)}{Q_r} \qquad (7\text{-}6)$$

气体未完全燃烧损失计算公式：

$$q_3 = \frac{236.14(C_{ar} + 0.375 S_{ar})}{Q_r} \frac{CO}{RO_2 + CO}(100\% - q_4) \qquad (7\text{-}7)$$

散热损失计算公式：

$$q_5 = \frac{(Q_{ls} + Q_{lz} + Q_{ly} + Q_{lh} + Q_{lq} + Q_{lg} + Q_{lf})}{BQ_{net,ar}} \qquad (7\text{-}8)$$

灰渣物理热损失计算公式：

$$q_6 = \frac{A_{ar}}{Q_r} \frac{\alpha_h (ct)_h}{100\% - C_h} \qquad (7\text{-}9)$$

锅炉反平衡效率计算公式：

$$\eta_f = 100\% - q_2 - q_3 - q_4 - q_5 - q_6 \qquad (7\text{-}10)$$

由表 7-2 可见，改进后的锅炉排烟热损失及散热损失有大幅度的下降。但是，气体未完全燃烧热损失、固体未完全燃烧热损失及灰渣物理热损失有不同程度的增加。综合分析，改进后，排烟热损失及散热损失下降的程度大于气体未完全燃烧热损失、固体未完全燃烧热损失及灰渣热损失的增加程度，使得锅炉热效率增加，其原因见试验结果分析。

7.4.3　试验结果分析

为了验证改进后的生物质成型燃料燃烧设备能否弥补第一代的不足，有必要从反平衡法的结果出发，分析改进前后排烟处过剩空气系数与烟气及各项热损失的关系，找出改进设计后排烟热损失及散热损失是否得到有效的降低，分析改进设计后锅炉存在的问题，为生物质成型燃料燃烧设备的进一步改进及优化设计打下基础。

7.4.3.1　锅炉改进前后过剩空气系数与烟气关系的比较

用综合烟气分析仪测定的烟气中 SO_2 含量为零，NO_x 含量不超过 $4\mu L/L$，含量远远低于国家污染物排放标准，可以忽略不计，本部分主要分析锅炉改进前后排烟处过剩空气系数与 CO 及 RO_2（主要是 CO_2）的关系。根据表 7-2

中结果分别画出排烟处过剩空气系数与 CO 及 RO_2（主要是 CO_2）的关系图，如图 7-1 和图 7-2 所示。

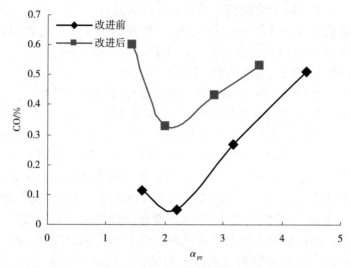

图 7-1 改进前后过剩空气系数与 CO 的关系

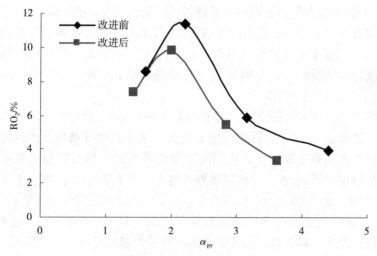

图 7-2 改进前后过剩空气系数与 RO_2 的关系

从图 7-1 可见：①改进前后 CO 随排烟处过剩空气系数 α_{py} 变换规律相似，随着 α_{py} 增加 CO 含量先是从大到小，α_{py} 到达一定数值，CO 含量达到一个最小值，随着 α_{py} 的继续增加 CO 含量又逐渐增大。这主要是因为当 α_{py} 较小时，燃烧室内的过剩空气系数也较小，炉膛中空气量不足，空气与燃料混合得不均匀，易生成一定量的 CO，而出现一定量的气体未完全燃烧损失；如果 α_{py} 较大，则炉膛内温度偏低，燃料与氧接触将形成较多的 CO 中间产物，从而使烟气中 CO 含量增大。改进后 $\alpha_{py}=2$ 时，CO 含量最小为 0.33%；改进前 $\alpha_{py}=2.16$ 时，CO 含量最小为 0.267%。②改进后 CO 的含量在 4 个工况下均高于改进前，改进后 CO 含量在 0.33%～0.6% 变化，改进前 CO 含量在 0.051%～0.5% 变化，改进后 CO 含量比改进前提高了 0.279～0.487 个百分点。这主要是因为改进后的锅炉炉膛温度比改进前偏低，使得固体未完全热损失偏高，CO 含量偏高。

从图 7-2 可见：①改进前后 RO_2 随排烟处过剩空气系数 α_{py} 变换规律相似，随着 α_{py} 增加 RO_2 含量先是从小到大，α_{py} 到达一定数值，RO_2 含量达到一个最大值，继续增加 RO_2 含量又逐渐减小。这主要是由于 α_{py} 过大或过小时，燃烧状况不理想，炉膛内温度偏低，RO_2 含量小。当 α_{py} 适当时，RO_2 含量有一个最大值，改进后 $\alpha_{py}=2$ 时，RO_2 含量最大为 9.8%，改进前 $\alpha_{py}=2.16$ 时，RO_2 含量最大为 11.4%。②改进后 RO_2 的含量在 4 个工况下均低于改进前，改进后 RO_2 含量在 3.3%～9.8% 变化，改进前 RO_2 含量在 3.9%～11.4% 变化，改进后 RO_2 含量比改进前降低了 0.6～1.6 个百分点。这主要是因为改进后的锅炉炉膛温度比改进前偏低，使得固体未完全燃烧热损失偏高。

7.4.3.2 锅炉改进前后过剩空气系数与各项热损失关系的比较

根据表 7-2 中所列试验结果分别画出改进前后排烟过剩空气系数与排烟热损失 q_2、气体未完全燃烧热损失 q_3、固体未完全燃烧热损失 q_4、散热损失 q_5、灰渣物理热损失 q_6、总损失 $q_{总}$、锅炉热效率 η、锅炉燃烧效率 η' 关系图，如图 7-3 至图 7-10 所示。

从图 7-3 可见：①改进前后排烟热损失随排烟处过剩空气系数 α_{py} 变换规律相似，随着 α_{py} 的增大，排烟热损失增大。这是因为排烟热损失的大小主要由排烟量与排烟温度决定，当排烟温度变化不大时，排烟热损失取决于排烟量，排烟量越大即 α_{py} 越大，排烟热损失越大。②改进后的 q_2 在 4 个工况下均低于改进前，改进后 q_2 在 3.07%～16.11% 变化，改进前 q_2 在 10.65%～33.18% 变化，改进后 q_2 比改进前降低了 7.58～17.07 个百分点。这主要是因为经过改进设计，锅炉排烟温度比改进前有了大幅度降低。

从图 7-4 可见：①改进前后气体未完全燃烧热损失大小随 α_{py} 增大而呈相似变化规律，即随着 α_{py} 从小到大，q_3 先减小后增大，二者均出现一个最小值，改进后为 1.9%，改进前为 0.522%。这是因为当 α_{py} 过小时，炉膛中空气量不足，燃烧时形成较多的 CO、H_2、CH_4 等中间产物，从而使气体未完全燃烧损失增加；当 α_{py} 等于一定的值时，燃料燃烧所需要的氧与外界供给的空气中的氧相匹配时，燃料燃烧充分，减少中间产物 CO、H_2、CH_4 生成，从而使气体未完全燃烧损失的量达到最小值；当 α_{py} 继续增大时，炉膛中的炉温降低，从而减弱了反应程度，形成较多的 CO、H_2、CH_4 等中间产物，使 q_3 增大。
②改进后的 q_3 在 4 个工况下均高于改进前，改进后 q_3 在 2.13%～7.987%变化，改进前 q_3 在 0.522%～1.267%变化，改进后 q_3 比改进前增加了 1.61～6.72 个百分点。这主要是因为改进设计后，锅炉的炉膛温度比改进前有了大幅度降低，使得固体未完全燃烧热损失偏高，CO 生成量偏高，气体未完全燃烧热损失偏高。

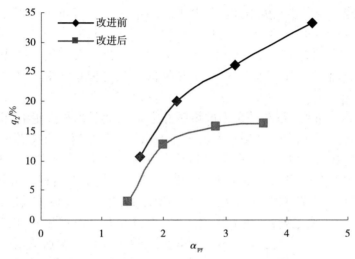

图 7-3　改进前后过剩空气系数与 q_2 的关系

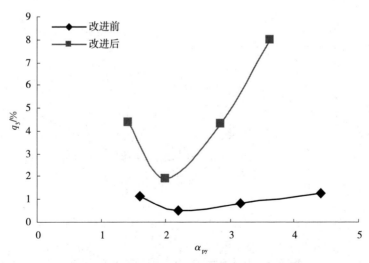

图 7-4　改进前后过剩空气系数与 q_3 的关系

从图 7-5 可见：①改进前后固体未完全燃烧损失随 α_{py} 增大呈现相似变化规律，即随着 α_{py} 从小到大变化，q_4 先减少后增大，出现一个最小值，改进后为 3.26%，改进前为 1.28%。这是因为当 α_{py} 过小时，炉膛中空气量不足，燃料中有一部分碳不能与氧充分反应，产生一定的固体未完全燃烧热损失；当 α_{py} 等于一定值时，燃料燃烧需要的氧与空气供给的氧相当，氧气与燃料能充分燃烧，固体未完全燃烧热损失达到最小；当 α_{py} 继续增大时，炉膛中空气量过剩，过剩空气不但降低炉温，而且使燃料不能与氧有效反应，使得固体未完全燃烧损失增加。②改进后的 q_4 在 4 个工况下均高于改进前，改进后 q_4 在 3.26%～4.44%变化，改进前 q_4 在 1.28%～2.36%变化，改进后 q_4 比改进前增加了 1.98～2.08 个百分点。这主要是因为改进设计后，锅炉的炉膛温度比改进前有了大幅度降低，使得固体未完全燃烧热损失偏高。

从图 7-6 可见：①改进前后散热损失随 α_{py} 增大呈现相似变化规律，即随着 α_{py} 从小到大变化，q_4 先减小后增大，出现一个最小值，改进后为 1.11%，改进前为 7.64%。这主要是因为散热损失不仅和炉温水平有关，还和锅炉燃烧状况有关，在炉温水平变化不大的情况下，燃烧工况越好，散热损失越小。②改进后的 q_5 在 4 个工况下均低于改进前，改进后 q_5 在 1.11%～10.32%变化，改进前 q_5 在 7.64%～33.28%变化，改进后 q_5 比改进前降低了 6.53～22.96 个百分点。这主要是因为改进设计时增加了辐射受热面、对流受热面，使得改进后的锅炉炉膛温度比改进前明显降低，降低了锅炉的散热损失。

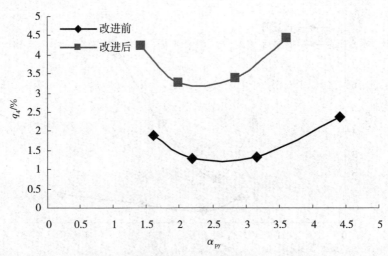

图 7-5　改进前后过剩空气系数与 q_4 的关系

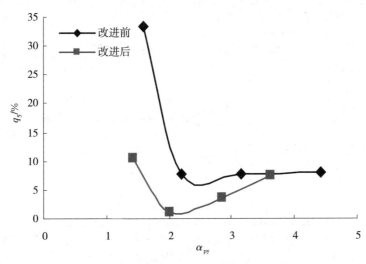

图 7-6　改进前后过剩空气系数与 q_5 的关系

从图 7-7 可见：①改进前后灰渣物理热损失随排烟处过剩空气系数变化幅度不大。这主要是因为灰渣物理热损失与灰渣中可燃物含量及燃料本身灰含量有关，其大小随排烟处过剩空气系数变化不大。②改进后的 q_6 在 4 个工况下均高于改进前，改进后 q_6 在 0.133%～0.139%变化，改进前 q_6 在 0.081%～0.091%变化，改进后 q_6 比改进前增加了 0.048～0.052 个百分点。这主要是因为改进设计后，锅炉炉膛温度比改进前明显降低，灰渣中可燃物含量增加，从而使灰渣物理热损失增加。

从图 7-8 可见：①锅炉的总热损失为固体未完全燃烧热损失、气体未完全燃烧热损失、排烟热损失、散热损失及灰渣物理热损失之和。改进前后总热损失随 α_{py} 增大呈现相似变化规律，即随着 α_{py} 从小到大变化，$q_{总}$ 先减小后增大，出现一个最小值，改进后为 19.19%，改进前为 29.87%。这主要是因为在 α_{py} 较小阶段，总热损失主要取决于散热损失大小；α_{py} 较大阶段，总热损失主要取决于排烟热损失大小；α_{py} 中值阶段，总热损失主要取决于排烟热损失与散热损失。②改进后的 $q_{总}$ 在 4 个工况下均低于改进前，改进后 $q_{总}$ 在 19.19%～36.00%变化，改进前 $q_{总}$ 在 29.87%～47.04%变化，改进后 $q_{总}$ 比改进前降低了 10.68～11.04 个百分点。这主要是因为针对第一代生物质成型燃料燃烧设备不足的改进设计取得了成功，有效降低了排烟热损失及散热损失，从而降低了锅炉的总热损失，提高了锅炉热效率。

从图 7-9 可见：①改进前后热效率呈现相似变化规律，即随着 α_{py} 从小到大变化，η 先增大后减小，出现一个最大值，改进后为 80.81%，改进前为 70.13%。其原因为热效率等于 100% 减去总热损失，与总热损失变化规律相

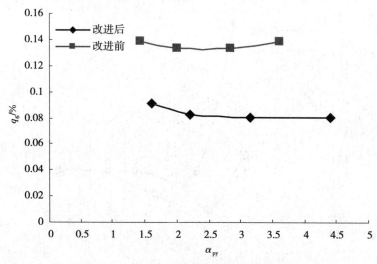

图 7-7　改进前后过剩空气系数与 q_6 的关系

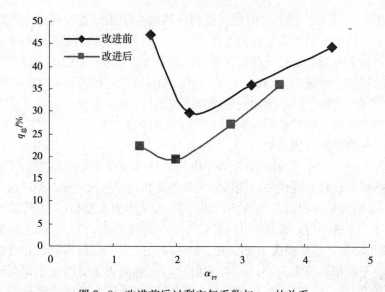

图 7-8　改进前后过剩空气系数与 $q_总$ 的关系

反。②改进后的 η 在 4 个工况下均高于改进前，改进后 η 在 63.99％～80.81％变化，改进前 η 在 52.96％～70.13％变化，改进后 η 比改进前增加了 10.68～11.03 个百分点。其原因同 $q_总$，不再赘述。

从图 7-10 可见：①改进前后燃烧效率呈现相似变化规律，即随着 α_{py} 从小到大变化，η' 先增大后减小，出现一个最大值，改进后为 94.84％，改进前为 98.20％。燃烧效率是 100％减去气体未完全燃烧热损失与固体未完全燃烧热损失之和，因此其变化规律同上述两者。②改进后的 η' 在 4 个工况下均低于改进前，改进后 η' 在 87.56％～94.84％ 变化，改进前 η' 在 96.37％～98.2％变化，改进后 η' 比改进前降低了 3.36～8.81 个百分点。其原因同上。

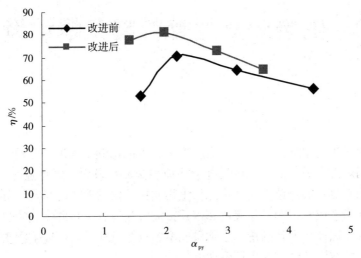

图 7-9 改进前后过剩空气系数与 η 的关系

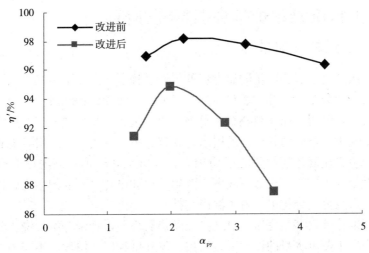

图 7-10 改进前后过剩空气系数与 η' 的关系

7.5 本章小结

本章对改进后的生物质成型燃料燃烧设备进行了热性能试验，结果表明：改进设计后的锅炉，大幅度降低了排烟热损失及散热损失，从而降低了总热损失，提高了锅炉的热效率。

8 生物质成型燃料链条锅炉设计

层燃锅炉主要分为人工操作层燃锅炉、机械化链条锅炉、振动炉排锅炉及下饲式锅炉四大类，其中机械化链条锅炉炉排面积较大，炉排速度可以调整，炉膛容积有足够的悬浮空间，能延长生物质在炉内的停留时间，且机械化程度高，制造工艺成熟，运行稳定可靠，是目前较为适合生物质燃烧的炉型，应用十分广泛。因此，设计制造了生物质成型燃料链条锅炉，研究生物质燃料在链条炉排上的层燃特性，并进行热性能试验。

8.1 生物质链条炉排层燃特性分析

8.1.1 层燃的一般过程

在一般情况下，固体生物质燃料的层燃过程主要受以下因素影响：①燃料颗粒的大小及分布；②穿过燃料层的空气分布、流动结构和成分；③供风的初始温度与停留时间；④燃料颗粒的物理、化学过程；⑤传热和传质过程。生物质在层燃锅炉中燃烧通常要经历脱水、热解、挥发分着火、焦炭燃烧和燃尽几个阶段。生物质固体燃料进入炉膛内，首先被加热干燥；当温度升高到一定值，挥发分析出，在一定氧浓度下，发生着火和燃烧。不同的生物质挥发分含量不同，一般挥发分越多，着火温度越低。

当挥发分接近燃烧完后，氧气扩散到焦炭表面，焦炭开始燃烧。焦炭的燃烧速率取决于焦炭本身的化学反应活性、氧气供给以及温度。不同的生物质形成的化学反应能力不同，一般来说，挥发分高，焦炭就会比较疏松，化学反应能力也比较强。氧气供给依靠炉膛配风，温度与受热面的吸热状况有关。燃尽阶段进行得很缓慢，放热量不多，需要的空气量也很少，但需要维持较高的温度和较长的时间。

生物质燃料挥发分较高，在配风合理的情况下，燃烧时炉温升温速率也会较快，焦炭有较强的化学反应能力，此时燃烧状态取决于氧气的扩散能力，即燃料层属于扩散燃烧。烟气中的含碳颗粒温度比燃料层低很多，而颗粒表面氧气很充分，燃烧状态只取决于化学反应能力，即烟气碳粒属于动力燃烧。因此，炉膛结构的设计对改善生物质燃料的层燃有重要作用。

8.1.2　层燃的热质交换

由于生物质固体燃料颗粒的非均匀性以及燃料成分含量的多变性，层燃过程的热质交换是非常复杂的。现结合阿累尼乌斯定律描述热交换，做出以下假定：①可燃颗粒是规则的球形；②颗粒表面和内部的传热均沿着颗粒半径方向进行；③只考虑颗粒的对流换热，忽略辐射散热损失；④动力燃烧不存在碳的还原反应。

通过以上假定，根据阿累尼乌斯定律，可燃核表面单位时间内反应消耗的氧量为

$$4\pi r^2 \rho_s k_0 \exp\left(-\frac{E}{RT_s}\right) = \beta q_m \qquad (8\text{-}1)$$

单位时间内传出的热量为

$$4\pi \gamma^2 \frac{\lambda}{b}(T_s - T_\infty) = Q q_m \qquad (8\text{-}2)$$

式中　　r ——颗粒可燃核心半径（m）；

ρ_s ——可燃核表面氧浓度（kg/m^3）；

k_0 ——化学反应速率常数；

E ——活化能（J/mol）；

R ——通用气体常数 [J/（mol·K）]；

T_s ——可燃核表面温度（K）；

T_∞ ——周围环境即空气温度（K）；

β ——CO_2分子氧和碳的质量比；

λ ——灰层的热导率 W/（m·K）；

b ——灰层的当量厚度（m）；

Q ——碳的发热量（kJ/kg）；

q_m ——可燃核心表面单位时间碳的消耗量（kg）。

比较式（8-1）和式（8-2），绘制可燃核表面温度 T_s 与空气温度 T_∞ 的关系，如图 8-1 所示。

由图 8-1 可知，图中曲线代表温度平衡状态，当可燃核表面温度处在升温区，表示温度上升；处在降温区，则表示温度下降。图 8-1 所示熄火点相当于热值交换从稳定到不稳定的临界点，这一点发生在灰层较厚、周围温度较低时。图 8-1 所示着火点相当于可燃核从缓慢氧化到开始不稳定燃烧的临界点。

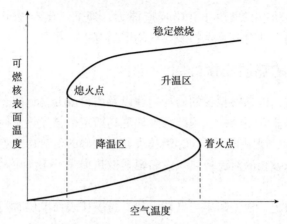

图 8-1 可燃核表面温度与空气温度的关系

8.1.3 层燃的主要化学反应

生物质层燃的化学反应很难用设备直接观察或检测，现结合 THring 固体燃烧理论来分析层燃过程中的主要化学反应。

对层燃过程做出如下假设：①燃料层由均匀的固体颗粒组成；②颗粒周围存在均匀的气体边界层；③颗粒的燃烧都处于扩散区。于是，从化学反应观点看，燃料层被分为 3 个区域：氧气到达固体表面区域、二氧化碳和一氧化碳混合涡流区以及二氧化碳到达固体表面区域。

氧气到达固体表面区域，经颗粒之间的气体氧浓度很高，但没有足够的表面与氧气接触，即氧气没有足够的表面可以吸附。因此，对于接触到炭粒的氧气而言，是富燃料。此区域化学反应是不完全氧化：

$$2C + O_2 = 2CO \tag{8-3}$$

CO_2 和 CO 混合涡流区内，上一个区域产生的 CO 与间隙中氧气直接燃烧反应：

$$2CO + O_2 = 2CO_2 \tag{8-4}$$

上游产生的 CO_2 到达颗粒表面或内部时，碳直接和二氧化碳反应：

$$CO_2 + C = 2CO \tag{8-5}$$

燃料层中沿厚度方向氧量的变化，可用颗粒表面与 CO 反应所消耗的氧来表示：

$$\frac{\mathrm{d}g_{O_2}}{\mathrm{d}z} = -\frac{1}{2}g_{CO} - g_{O_2} \tag{8-6}$$

式中　g_{O_2}——燃料层单位横截面上氧的质量流量 $[g/(s \cdot cm^2)]$；

g_{CO}——从燃料颗粒表面向外扩散一氧化碳的质量流量 $[g/(s \cdot cm^2)]$。

式（8-3）、式（8-4）、式（8-5）、式（8-6）只是对层燃化学反应的近似描述，实际上燃料层中各区在空间上是交叉的，层燃的化学反应也会互相影响。

8.1.4　链条炉排上的层燃过程

生物质燃料在链条炉排上燃烧沿炉排自前向后分段进行。根据链条炉排上燃料层的温度场、燃料层上部空间气体浓度场、燃料层下部的空气速度场，可以把燃烧层的燃烧过程划分为 4 个区域，燃烧的各个阶段分界线为 K 线、H 线、M 线，如图 8-2 所示。

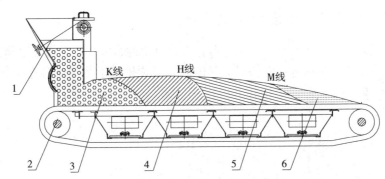

图 8-2　生物质燃料在链条炉排上燃烧过程
1. 进料斗　2. 链条炉排　3. 新料干燥区　4. 挥发物析出、燃烧区
5. 焦炭燃烧氧化、还原区　6. 灰渣形成区

在链条炉排上，生物质燃料层的传热方向是自上而下的，传热速度比炉排运送速度低很多，于是在这两个速度向量作用下，就形成了倾斜的分界线，倾斜角 γ 可用公式近似求出：

$$\tan\gamma = \frac{h_{rl}}{\Delta t} \tag{8-7}$$

式中　　h_{rl}——链条炉排上燃料层的高度，可由闸门调节（m）；

　　　　Δt——各温度从燃料层表面扩展到底部所需的时间（s）。

生物质燃料在新料区蒸发掉自由水，预热干燥。蒸发过程只是一个物理过程，温度为 150～200℃时，水分基本蒸发完，燃料本身的燃烧特性不会变化。燃料从 K 线所示的斜面开始析出挥发物，不同品种的生物质开始析出挥发物的温度不相同，但这个温度差距不大，所以 K 线实际上可以看作一个开始析出挥发分的等温面，其倾斜程度取决于自上而下的燃烧传播速度和炉排运动速度。

生物质燃料在 K 线至 H 线区间内热解析出挥发物燃烧。生物质燃料热解产物中气相挥发分含量较高，容易点火，导致挥发物沿 K 线析出的同时，就开始在层间空隙着火燃烧，燃烧层的温度急速上升，到挥发物析出殆尽的 H 线时，温度已达较高值。剩余的可燃固体产物主要是焦炭，燃料内含有的 N、

S 等元素也释放出来。

从 H 线开始，氧气和其他可燃物吸附到焦炭表面、缝隙中，焦炭开始燃烧。焦炭燃烧属于气固异相反应，燃料层厚度一般都超过氧化区高度，氧化反应进行的同时还出现还原区。来自炉排一次风的氧气在氧化区基本被耗尽，燃烧产物中的二氧化碳和水上升至还原区，被灼热的焦炭所还原，此处温度低于氧化区。

最后是从 M 线开始的灰渣形成区，即燃尽阶段。由于最上层的燃料先燃烧，因此灰渣也先在上表面形成。此外，因一次风由下进入，最底层的燃料燃尽也较快，较早形成了灰渣。可见，炉排末端焦炭的燃尽是夹在上下灰渣层中的。

8.1.5 链条炉排上燃料层的气体分布

燃料层的气体分布对一次风的布置有着重要的指导作用。根据生物质在炉排上各燃烧区所在位置，燃料层上气体成分沿炉排长度方向的分布是相应的，如图 8-3 所示。

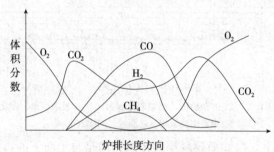

图 8-3 生物质燃料层沿炉排长度方向气体近似分布

由图 8-3 可知，挥发分析出面 K 线之前是燃料的预热干燥区，基本上不需要 O_2，所以通入燃料层的一次风 O_2 体积基本不变，大致为 21%。K 线以后，挥发分开始析出，由燃烧过程的分析可知，挥发分很快会在层间空隙燃烧，此时是 O_2 体积分数的下降点和 CO_2 体积分数的上升点；随着挥发分着火燃烧，O_2 体积分数不断下降，而燃烧产物 CO_2、CO 和 H_2 的体积分数不断上升。

燃烧达到 H 线时，氧气已基本耗尽，过量空气系数近似等于 1，CO_2 的体积分数增至最大值，达到第一个峰值。这一阶段，挥发分燃烧放出的热量把焦炭加热到炽热的程度，H 线以后，过量空气系数小于 1。实际上，H 线可看作焦炭开始燃烧的锋面。

H 线到 M 线阶段，挥发分析出区的高度开始减少直至消失，穿过燃料层的气体又含有一定氧量，从而使焦炭能够维持一定时间的燃烧，CO_2 的体积分数达到第二个峰值，CO 和 H_2 的体积分数也在不断增大，直到最大值。随着 O_2 的消耗，逐渐进入还原区，烟气中可能存在一定的 CH_4。随着还原反应的进行，CO 和 H_2 的体积分数又不断减少。

M线以后，焦炭粒进入燃尽阶段，燃烧不断减弱，直至灰渣析出，O_2体积分数也随之逐渐回到21%。

以上生物质燃料在链条炉排上的燃烧过程和气体成分分布的分析，都是建立在燃料颗粒大小完全均匀、燃料层厚度沿宽度方向也完全均匀的理想情况下，实际上这是不可能的。实际燃烧中，往往出现缺氧区段沿宽度方向颗粒稀疏的情况，使空气容易通过，这些小区域反而燃烧很旺，这种现象俗称为火口。因此，炉排的送风还应根据实际燃烧状况调整。

8.1.6　链条炉排上生物质燃烧的稳定

燃料的燃烧稳定性影响整个燃烧过程，如果新进燃料在链条炉排上不能稳定着火或延迟着火，都会造成燃烧的不合理。生物质燃料在炉排上的着火过程靠高温烟气和炉墙的辐射作用，属于"单面点火"方式，着火的可靠性较差。

由生物质燃料在链条炉排上燃烧过程的分析可知，K线到H线区间段为挥发分析出区，K线相当于析出的初始温度，H线相当于析出的终止温度。假如K线上存在挥发分着火温度点K_0，该点即过量空气系数达到挥发分和空气混合物自燃的浓度界限。只有空气到达K_0点以前，还未与挥发分混合，且温度在K_0水平线与H线之间时，才可以保证稳定燃烧。因此，生物质在链条炉排上的着火稳定性对于燃烧条件和燃料本身性质都极为敏感。实践表明，合理布置炉拱与二次风，对保证生物质燃料的稳定着火和强化燃烧起重要作用。

炉拱的作用是加强炉内气流的混合，合理组织炉内热辐射和烟气流动，以保证锅炉热效率。炉拱分为前拱、中拱与后拱，它们的作用也不同。前拱是通过以再辐射为主、漫辐射为辅的方式，将火焰热量传递到新进燃料上，又称辐射拱。后拱的作用是使高温烟气流向拱外的主要燃烧区，强化燃烧，又称对流拱。中拱一般位于炉膛中部，布置灵活，用于锅炉改造。

二次风是相对于一次风而言的，是指布置在炉膛内以一定速度喷入炉膛的气流，以使炉内产生足够的扰动与混合，有利于着火与燃烧。二次风布置一般有单向布置和双向布置两种方式，根据实际情况选择。风口的布置方向有水平式和下斜式，应根据炉膛形状与气流流动状态合理布置。二次风量与出口风速对二次风的扰动能力及穿透深度有很大影响，它们的值由多种因素决定。

炉拱与二次风的设计、布置十分复杂，与燃料性质、炉膛形状与尺寸等许多因素有关，至今还不能准确确定其最佳布置及合理尺寸，只能根据经验设定，实际运行时再调整。

8.1.7　生物质燃料性质对层燃的影响

生物质燃料与化石燃料有较大差别，其本身燃烧特性会直接影响燃烧过程，炉膛设计时也应充分考虑这些因素，具体体现在以下 4 方面：

（1）生物质水分含量较高，一般为 8%～15%，将延长着火阶段，使 K 线倾斜角度变大，即在链条炉排有限的长度上缩短了燃烧、燃尽阶段的工作长度，易造成较大的未完全燃烧热损失。同时，水分含量高，产生的烟气体积也较大，导致排烟热损失增加。炉膛的设计应具有合理的配风系统与炉拱结构，以改善燃烧，延长烟气在炉膛内停留时间。

（2）生物质挥发分高，灰熔点低，着火温度低，使 H 线左移，焦炭燃烧时炉温不高；而生物质固定碳含量又较高，往往造成焦炭颗粒燃尽困难，固体未完全燃烧热损失增大；熔融的结渣还会阻塞炉排通风孔隙，恶化燃烧。生物质炉膛内需要合理的温度场与气体浓度场才能保证稳定的燃烧，减小热损失。

（3）生物质的灰分变化较大，其含量对燃烧也有较大影响。从上述层燃过程分析中可知，焦炭是夹在上下灰渣之间燃尽的。灰分越高，这种裹挟作用越明显，增加了氧气向可燃物质扩散的阻力，焦炭越难燃尽；灰分过低，会因形成的灰渣层过薄使炉排过热，工作条件变差。炉膛设计时应考虑二次风角度与供风量，延长焦炭反应时间。

（4）生物质燃料堆积密度小，燃烧时结构变松散，迎风面积增大，灰分由于质量轻易被吹起，随着高温烟气一起运动，散落在炉拱和烟管内，长时间使用将造成炉膛内严重的积灰堵灰问题。炉膛设计时应考虑到清灰问题。

8.2　生物质成型燃料链条锅炉炉膛结构的设计

炉膛提供燃料燃烧所需的空间和环境，其结构的合理性决定着锅炉能否在实际运行中达到高效低排放的标准。目前，生物质链条蒸汽锅炉应用很广，但其炉膛结构基本与传统的燃煤锅炉相同或有少许改进。因此，研究设计了一种适合生物质燃烧的链条锅炉炉膛结构。

通过对河南省部分锅炉企业考察可知，现阶段生物质工业锅炉没有明确的生产体系，炉膛多采用传统燃煤锅炉的 L 型设计，即前拱高而短，后拱低而长，结构如图 8-4 所示。

传统 L 型炉膛前拱高而短，向进料区辐射热量，促进着火；后拱低而长，将火焰压低，向主燃区延伸，同时高温烟气也会沿后拱流向主燃区；二次风位于后拱顶部，采用下倾式直接吹向燃料层。这种炉膛通过前、后拱与二次风的配合，向主燃区输送大量的高温烟气和氧气，提高炉膛温度，强化燃烧。这种炉膛结构较适于煤炭燃烧，因为煤的挥发分低，着火温度高，需要较高的炉温促进燃料的着火与燃尽。但在燃用生物质燃料时，与 8.1 提到的生物质层燃特性不匹配，其缺陷具体表现在以下几方面：

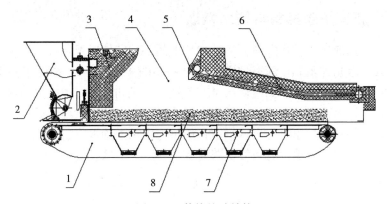

图 8-4　传统炉膛结构

1. 炉排　2. 进料斗　3. 前拱　4. 燃烧室　5. 二次风口
6. 后拱　7. 一次风口　8. 燃料层

（1）生物质燃料含水量高，燃烧过程中产生的烟气体积较大、流速快，传统 L 型炉膛仅布置一个燃烧室，烟气向上运动直接离开炉膛。因此，高温烟气在炉膛内的行程很短，不但带走了大量热量，而且烟气中的可燃物也没有再次燃烧，造成锅炉热损失大，热效率低。

（2）传统 L 型炉膛配风系统没有经过合理的设计，二次风只提供燃烧所需要的氧气，没有达到扰动气流的作用。同时，为了配合前、后拱，炉内一、二次风风速都很大，而生物质燃料燃烧很快，部分灰分还没稳定沉积就被吹起，随烟气一起进入烟管，附着于管束内部。配风的不合理也造成炉内动力场的紊乱，不能组织稳定的燃烧，造成燃烧不充分，燃烧效率低。

（3）传统 L 型炉膛燃烧时主燃区温度很高，而生物质灰熔点又较低，炉内结渣结焦都易产生；炉排两端温度较低，焦炭颗粒燃尽困难。L 型炉膛温度场的不合理分布，导致炉膛内易出现严重的积灰结渣问题。

8.2.1　设计原则

炉膛是由耐火墙包围起来供燃料燃烧的立体空间，是保证锅炉正常运行的先决条件之一。对于燃用生物质燃料的炉膛来说，其结构设计应遵循以下主要原则：

（1）具有足够的受热面布置空间，保证锅炉的带负荷能力。

（2）能与链条炉排配合，组织炉内高效、稳定、合理的燃烧。

（3）与生物质燃烧特性相匹配，尽可能地提高燃烧效率，减少热损失。

（4）温度场与气体浓度场要合理，一方面降低炉排与受热面结渣、结焦发生的可能，另一方面减少污染物的生成。

8.2.2 新型炉膛结构与技术特点

针对本章前述生物质燃料在链条炉排上的层燃特性以及传统炉膛结构的缺陷，以设计原则为基础，新型炉膛结构设计如图 8‐5 所示：炉膛采用多拱设计，链条炉排的上方从前到后依次设有前拱、中拱和后拱，中拱由竖向的折焰墙构成，后拱由竖向的花墙和一道横向墙构成，前拱和中拱以及后拱的花墙由拱顶连接；依靠后炉墙设有出口烟窗；前拱与中拱上均设有二次风口，炉膛后墙上设有清灰门，右墙设有声波吹灰装置。

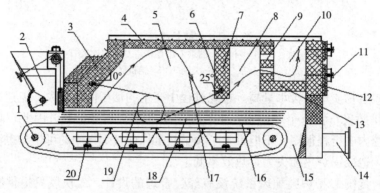

图 8‐5　新型炉膛结构总图

1. 链条炉排　2. 进料斗　3. 前拱　4. 拱顶　5. 第一燃烧室　6. 二次风口
7. 中拱（折焰墙）　8. 第二燃烧室　9. 花墙　10. 燃烬室　11. 清灰门　12. 炉膛后墙
13. 横向墙　14. 鼓风机接口　15. 落渣口　16. 布风板　17. 烟气流动方向
18. 燃料层　19. 气流扰动方向　20. 一次风口

上述新型炉膛结构的设计技术特点主要体现在拱形结构、二次风布置与除灰装置上。

8.2.2.1　拱形结构技术特点

炉拱可以加强炉内气流的混合，合理组织炉内的热辐射和热烟气流动，以达到适时着火、充分燃烧和加强换热的目的，在链条锅炉中有着相当重要的作用。设计的新型炉拱结构如图 8‐6 所示，前拱为斜面式引燃拱，接受来自火焰和高温烟气的辐射热，并加以积蓄和再辐射，有利于入炉燃料的着火；中拱与后拱的布置将炉膛分开；前拱和中拱围设成第一燃烧室，中拱和后拱的花墙围设成第二燃烧室，后拱与炉膛后墙围设成燃烬室。

生物质燃料随着链条炉排的运动进入炉膛第一燃烧室。第一燃烧室为主要燃烧区，在一次风和二次风系统作用下，燃料大量燃烧，产生的高温烟气绕过折焰墙进入第二燃烧室。第二燃烧室为二次燃烧区，高温烟气含有的甲烷、一氧化碳等可燃气体以及固体可燃颗粒继续燃烧传热，二次燃烧后的烟气由花墙

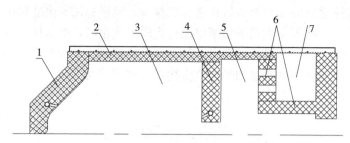

图 8-6　拱形结构

1. 前拱　2. 拱顶　3. 第一燃烧室　4. 中拱　5. 第二燃烧室　6. 后拱　7. 燃烬室

进入燃烬室。烟气在燃烬室内进一步降尘和燃烧，再通过烟气出口在引风系统作用下进入烟道。

　　该设计中间增加了一道折焰墙作为中拱，后拱由一道横向墙和一道花墙组成。炉拱将炉膛分为三个区域：第一燃烧室、第二燃烧室和燃烬室，大大延长了高温烟气在炉膛内的行程，加强烟气与受热面的换热，降低炉膛出口烟温，减小排烟热损失；烟气绕过折焰墙进入第二燃烧室，可燃物再次燃烧，提高燃尽率；二次燃烧后的烟气通过花墙开口时由于速度骤降，质量较重的灰分与烟尘颗粒会沉积下来，进行一次降尘；烟气进入燃烬室后速度很低，向上通过烟气出口时，与锅筒底部碰撞，方向骤变，质量较重的灰分与烟尘颗粒也会脱离出来，相当于二次除尘。

8.2.2.2　二次风设计特点

　　设计的新型二次风布置如图 8-7 所示，二次风管从后炉墙引出，沿炉膛右墙靠水冷壁布置，在中拱拱墙与前拱拱墙截面处引出，并相应增设一排二次风风口。

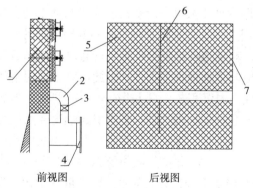

前视图　　　　　　后视图

图 8-7　二次风布置

1. 炉膛后墙　2. 二次风管　3. 风门　4. 鼓风机接口

5. 炉膛右墙　6. 中拱截面　7. 前拱截面

锅炉实际运行时，开启鼓风机送入二次风，风量和风速由变频机调节。由于炉温较高，二次风会在后炉墙至中拱行程段得到预热，即从风口吹入炉膛的为热风，减少了因供风吸收的热量，提高锅炉热效率。炉膛二次风作用不只在于补给空气，更主要的是加强炉内气流扰动，如图 8-8 所示。

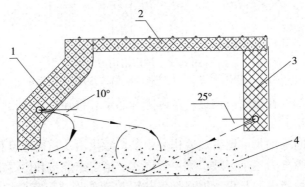

图 8-8　二次风气流扰动
1. 前拱　2. 拱顶　3. 中拱　4. 燃料层

位于前拱和中拱的两排二次风口相向设置，前拱风口向下倾斜约 10°，中拱风口向下倾斜约 25°，可在主燃区燃料层上方形成近似圆形的气流扰动。该设计一方面延长了高温烟气在第一燃烧室的停留时间，强化烟气传热，降低排烟温度，减少排烟热损失。另一方面延长了悬浮于烟气中的细屑燃料在炉膛中的行程，促进燃尽；同时，借旋流的分离作用，把许多未燃尽的碎屑炭粒甩回炉排复燃，减少了飞灰。此外，风流与燃料层呈一定角度碰撞时，会有少许风量回流至炉排两端，增补炉膛死角涡流区的含氧量，防止炉内局部积灰结渣。

8.2.2.3　清灰装置设计特点

锅炉积灰是指温度低于灰熔点时灰沉积在受热面上的积聚，多发生在锅炉的炉膛与烟道受热面上。生物质在燃烧后结构变松散，易吹起，且碱金属含量高，在凝结过程中，颗粒间的接触面积增大，有时候伴随着液相的存在，从而为飞灰间的快速捕捉与烧结提供了条件。因此，对于燃用生物质燃料的锅炉来说，容易产生黏结性高温沉积灰，它主要在炉膛内迎风面形成并沿着气流方向生长。这种积灰首先会在受热面沉积，其次引起烟道管束阻力不断地增长，直到烟道完全堵塞，被迫停炉。锅炉的长期运行造成积灰底层坚硬密实，具有很高的烧结强度，整体硬而脆，形成后清除困难，增加工人劳动强度。

生物质锅炉炉膛清灰系统设计尤为重要，一般在炉内布置吹灰器，减轻飞灰的沉积。传统的吹灰方式为采用蒸汽吹灰器，即利用高温高压蒸汽直接吹扫受热面，防止积灰。但对于上述炉膛结构来说，蒸汽吹灰存在明显缺陷：①蒸汽直接从锅炉引接，长期运行耗费蒸汽较多，降低烟气露点，增加了锅炉补给水；②只能清除所吹到的受热面，限制性很大，而设计的炉膛结构较复杂，吹灰死角很多；③蒸汽吹灰装置尺寸大，占用较大的空间位置，影响炉膛结构的整体布置特性。

基于上述原因，宜在新型炉膛内布置双音双频声波吹灰器。它具有体积小、维护量少、吹灰无死角的优点，无须庞大复杂的伸缩、旋转机构就可以对炉膛各个部位起到防积灰效果，装置如图 8-9 所示。

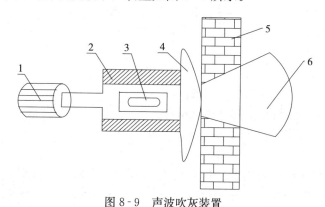

图 8-9　声波吹灰装置
1. 电机　2. 隔声罩　3. 声波发生装置　4. 法兰　5. 炉膛右墙　6. 声导管

声波在烟道和炉膛内传播，牵动炉内灰粒同步振动，在反复声波振动作用下，灰粒达到累积疲劳状态，难以沉积，同时也使少量已沉积在受热面上的灰尘破坏剥离，从而达到较好的吹灰效果。飞灰随烟气一起运动，最终落在后拱的横向墙上，不再具有黏结性，可以从炉膛后墙的清灰门定期清除。

8.2.3　炉膛几何特性研究

炉膛几何特性主要包括炉膛容积、周界面积与有效辐射受热面积。

（1）炉膛容积 V_L 是布风板上表面至炉顶出口烟窗之间的容积，计算公式为

$$V_L = \frac{BQ_{net,\,ar}}{q_V}$$ 　　　　　（8-8）

式中　B——理论燃料消耗量（kg/s）；

　　　$Q_{net,\,ar}$——收到基低位发热量（kJ/kg）；

　　　q_V——炉膛容积热强度（kW/m³）。

炉膛有效高度 H_{lg} 计算公式为

$$H_{lg} = \frac{V_L}{R}$$ 　　　　　（8-9）

式中　V_L——炉膛计算容积（m³）；

R ——炉排有效面积（m^2）。

炉膛容积的周界底部为火床表面；四周及顶部为水冷壁中心线所在的表面，水冷壁覆盖有耐火涂料层，周界为涂层的向火表面，在未布置水冷壁的炉墙处，周界为墙的内表面；炉膛出口截面为出口烟窗第一排管束中心线所在表面。

（2）炉膛周界面是包围上述炉膛容积的所有周界封闭面积的总和，它包含炉排有效面积 R、全部水冷壁面积 F_b 和出口烟窗面积 F_{yc}。

水冷壁管束靠墙双面敷设，其所占面积近似为水冷壁管束中心线所在的面积，计算公式为

$$F_b = 2bl \tag{8-10}$$

式中　　b ——边界管中心线的间距（m）；

　　　　l ——管束受热长度（m）。

炉膛周界面积为上述面积的总和，即

$$F_L = R + 2bl + F_{yc} \tag{8-11}$$

（3）炉膛内换热是借水冷壁辐射受热来完成，由于水冷壁管束靠炉墙布置，只有向火的一面直接受到炉内火焰辐射，背火的一面只受炉墙的反射辐射，水冷壁接受的总热量为二者之和：

$$Q = Q' + Q'' = \varphi Q_{hy} + \varphi(1-\varphi)Q_{hy} = (2\varphi - \varphi^2)Q_{hy} \tag{8-12}$$

式中　　φ ——辐射角系数，取决于两辐射物体的相对位置与表面形状；

　　　　Q_{hy} ——火焰投射到炉墙的热量（kJ/m^3）。

设 $x = Q/Q_{hy} = 2\varphi - \varphi^2$，称为有效角系数，其数值与管子的相对节距 S/d 及管子中心线与炉墙的相对距离 e/d 有关。炉膛设计时，要充分考虑这些因素。S 过大会使炉墙上布置的管子数目减少，减少了炉膛辐射受热面积，并使炉墙内表面温度增高；S 过小会使单位受热面积吸热量减少，金属利用率差；e 的变化也会直接影响水冷壁的受热程度。

对于中小型层燃锅炉，一般采用光管式水冷壁，各侧炉墙有效辐射受热面积计算公式为

$$H_f = (n-1)Sl'x + (n-1)Sl'' \times 0.3 \tag{8-13}$$

式中　　n ——管束根数；

　　　　S ——管节距（m）；

　　　　x ——有效角系数；

　　　　l' ——曝光长度，取决于炉膛结构设计（m）；

　　　　l'' ——覆盖耐火层长度，取决于炉膛结构设计（m）。

8.2.4　炉膛传热特性研究

炉膛的传热特性是炉膛设计的重要依据，主要包括炉膛传热方程、炉膛系

统黑度、炉膛有效放热量 3 部分。

（1）炉膛火焰与水冷壁之间传热简化模型如图 8-10 所示。从图中可知，炉膛水冷程度设为 x，表面黑度设为 a_b，则火焰有效辐射 Q_{hy} 投射到炉墙上，其中水冷壁吸收的热量为 xa_bQ_{hy}，其余 $(1-xa_b)Q_{hy}$ 又返回火焰。因此，炉墙有效辐射 Q_{by} 与火焰有效辐射 Q_{hy} 计算公式为

$$Q_{by} = Q_b + (1-xa_b)Q_{hy} \tag{8-14}$$

$$Q_{hy} = Q_h + (1-a_h)Q_{by} \tag{8-15}$$

火焰与炉墙之间辐射的辐射换热量 Q_f 为

$$Q_f = Q_{hy} - Q_{by} \tag{8-16}$$

联立式（8-14）、式（8-15）、式（8-16）求解可得

$$Q_{hy} = \frac{Q_h + (1-a_h)Q_b}{1-(1-a_h)(1-xa_b)} \tag{8-17}$$

$$Q_{by} = \frac{Q_b + (1-xa_b)Q_h}{1-(1-a_h)(1-xa_b)} \tag{8-18}$$

$$Q_f = \frac{xa_bQ_h - a_hQ_b}{1-(1-a_h)(1-xa_b)} \tag{8-19}$$

式中　　Q_b ——水冷壁本身辐射热量（kJ/m^3）；

　　　　Q_h ——火焰本身辐射热量（kJ/m^3）；

　　　　x ——炉膛水冷度，是整个炉膛的平均有效角系数；

　　　　a_b ——炉墙表面黑度；

　　　　a_h ——火焰黑度。

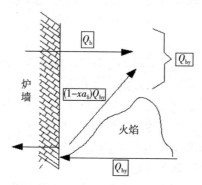

图 8-10　炉膛传热模型

（2）层燃锅炉炉膛火焰本身辐射为火焰与火床辐射之和，其计算公式为

$$Q'_h = \sigma_0 F_{bz} T_h^4 [a_h + (1-a_h)R/F_{bz}] \tag{8-20}$$

式中　　σ_0 ——绝对黑体辐射常数 [$kW/(m^2 \cdot K^4)$]；

　　　　T_h ——火焰平均温度（K）；

F_{bz}——除燃料层面积外其余炉膛周界面积（m^2）；

R——炉排有效面积（m^2）。

传热学四次温差方程为

$$Q_f = \sigma_0 a_1 H_f (T_h^4 - T_b^4) \tag{8-21}$$

设 $\rho = \dfrac{R}{F_{bz}}$，联立式（8-19）、式（8-20）、式（8-21）解得层燃锅炉炉膛系统黑度为

$$a_1 = \cfrac{1}{\cfrac{1}{a_b} + x \cfrac{(1-a_h)(1-\rho)}{1-(1-a_h)(1-\rho)}} \tag{8-22}$$

从式（8-22）可见，层燃锅炉系统黑度不仅与火焰黑度、炉墙壁面黑度有关，还与炉膛几何特性中水冷程度、火床与炉墙面积比值相关。

(3) 在炉膛传热特性中，炉膛有效放热量是一个重要参数，它代表着入炉燃料真正参与燃烧所带入炉膛的热量，其计算公式为

$$Q_1 = Q_r \frac{100\% - q_3 - q_4 - q_6}{100\% - q_4} + Q_k \tag{8-23}$$

式中　Q_r——近似等于收到基低位发热量（kJ/kg）；

q_3——气体未完全燃烧热损失（%）；

q_4——固体未完全燃烧热损失（%）；

q_6——灰渣物理热损失（%）；

Q_k——供风带入炉膛的热量（kJ）。

对于 Q_k 的计算有两种情况，当供风为冷空气时：

$$Q_k = \alpha_{py} V_k^0 (ct)_{lk} \tag{8-24}$$

供风经过预热时：

$$Q_k = (\alpha_{py} - \Delta\alpha_1) V_k^0 (ct)_{rk} + \Delta\alpha_1 V_k^0 (ct)_{lk} \tag{8-25}$$

式中　α_{py}——炉膛出口处过量空气系数；

V_k^0——理论空气量（m^3/kg）；

$(ct)_{lk}$——单位体积冷空气焓值（kJ/m^3）；

$(ct)_{rk}$——单位体积热空气焓值（kJ/m^3）；

$\Delta\alpha_L$——炉膛漏风系数。

把炉膛看作一个绝热整体，则 Q_1 可作为烟气的理论焓，从而可求得烟气理论温度 θ_{ll}：

$$\theta_{ll} = \frac{\theta_1}{V_y c_{pj}} \tag{8-26}$$

式中 V_y ——单位质量燃料燃烧后的烟气体积（m³/kg）；

c_{pj} ——烟气从0℃到 θ_{ll} 温度范围的平均比热容 [kJ/ (m³·℃)]。

由式（8-24）、式（8-25）、式（8-26）可以看出，有效放热量与理论烟气温度反映了炉膛温度与传热水平，Q_1 与 θ_{ll} 的合理设计有利于改善燃烧和增强传热。

8.3 生物质成型燃料链条锅炉炉膛的设计计算

将前述设计的新型炉膛结构加工应用在额定蒸发量 1t/h、额定蒸汽压力 0.7MPa 的链条蒸汽锅炉上，作为后续研究的试验锅炉。以炉膛几何特性、传热特性的研究为基础，对该锅炉样机进行设计计算。

8.3.1 锅炉整体结构与设计参数

上述锅炉整体结构如图 8-11 所示，工作过程为：燃料由进料斗落入链条炉排上，随着炉排的运动进入炉膛燃烧，燃料层厚度可由闸门调节，燃烧所需要的风量由一、二次风送入；水冷壁受热后形成汽水化合物，蒸汽向上进入锅筒，下降管中的水由于密度大，压迫下集箱而填充水冷壁管束，形成水循环；燃烧产生的烟气在炉膛内呈扰动状流动，沿锅筒底部经出口烟窗进入两翼对流管束，通过前烟箱进入螺纹烟管，经过省煤器、除尘器，由引风机抽引通过烟囱排入大气。

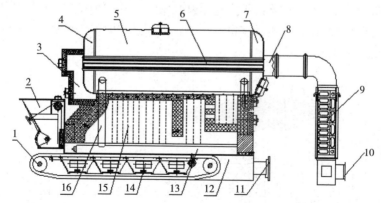

图 8-11　1t/h 生物质链条蒸汽锅炉结构

1. 链条炉排　2. 进料斗　3. 前烟箱　4. 前拱形管板　5. 锅筒　6. 螺纹烟管
7. 后拱形管板　8. 后烟箱　9. 省煤器　10. 引风机接口　11. 鼓风机接口
12. 落渣口　13. 下集箱　14. 一次风口　15. 锅炉管束　16. 下降管

该试验锅炉整体设计参数如表 8-1 所示。

表 8 - 1　1t/h 试验锅炉设计参数

序号	项目	符号	数据来源	数值	单位
1	额定蒸发量	D	设定	1	t/h
2	额定蒸汽压力	P	设定	0.7	MPa
3	额定蒸汽温度	t	设定	170	℃
4	给水温度	t_{js}	设定	20	℃
5	冷空气温度	t_{lk}	设计值	25	℃
6	排烟温度	t_{py}	设定	126	℃
7	排烟焓	I_{py}	查焓温表	1 136.26	kJ/kg
8	冷空气理论焓	I_{lk}^0	$V_k^0(C\theta)_{lk}$	117.81	kJ/kg
9	固体未完全燃烧热损失	q_4	查表 7 - 3	4	%
10	排烟热损失	q_2	$(I_{py}-\alpha_{py}I_{lk}^0)(100-q_4)/Q_{net,\ ar}$	6.22	%
11	气体未完全燃烧热损失	q_3	查表 7 - 3	1.5	%
12	散热损失	q_5	查表 7 - 4	5	%
13	灰渣物理热损失	q_6	$100\alpha_{hz}(C\theta)_{lz}A_{ar}/Q_{net,\ ar}$	0.21	%
14	锅炉总热损失	$\sum q$	$q_2+q_3+q_4+q_5+q_6$	16.93	%
15	锅炉热效率	η	$100-\sum q$	83.07	%

　　注：表中"查表"是指宋贵良主编的《锅炉手册》中的表，本章中"查表"均为此意；"查焓温表"是指为方便锅炉的设计计算笔者自行编制的焓温表，没有在文中列出。

8.3.2　链条炉排的设计计算

　　层燃锅炉的关键燃烧设备是炉排，对炉内生物质的燃烧有很大影响。链条炉排的结构形式很多，试验锅炉宜选用鳞片式。鳞片式炉排位于链条之上，不承受炉排运动时的拉力，主动链也不受热，因而运行时安全可靠，故障少，其结构尺寸如图 8 - 12 所示。

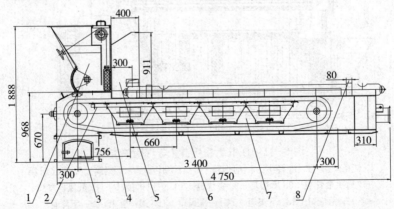

图 8 - 12　1t/h 试验锅炉鳞片式链条炉排尺寸

1.进料斗　2.炉排装置　3.落灰斗　4.风室　5.拨火门　6.底座　7.窜风口　8.集箱卡

炉排的设计计算如表 8‑2 所示。

表 8‑2 炉排设计计算

序号	项目	符号	数据来源	数值	单位
1	炉排面积热强度	q_R	查表 9‑14	420	kW/m^2
2	炉排燃烧率	q_r	查表 9‑14	160	$kg/(m^2 \cdot h)$
3	炉排有效长度	L_p	按结构特性计算	2 550	mm
4	炉排有效宽度	B_p	按结构特性计算	890	mm
5	炉排面积	R	按结构特性计算	2.27	m^2
6	燃烧需实际空气量	V_k	$\alpha = (1.3 + 1.4)V_k^0/2$	4.82	m^3/kg
7	空气通过炉排间隙流速	W_k	2～4	2	m/s
8	炉排通风截面积	R_{tf}	BV_k/W_k	0.149 4	m^2
9	炉排通风截面积比	f_{tf}	$100R_{tf}/R$	6.89	%
10	系数	M	10～20	15	
11	包括炉排在内的阻力	ΔH_m	$M(q_r)^2/10^3$	384	Pa

8.3.3 炉膛的设计计算

根据链条炉排的设计计算结果，新型炉膛结构应用在 1t/h 的试验锅炉上，其尺寸大小如图 8‑13 所示。

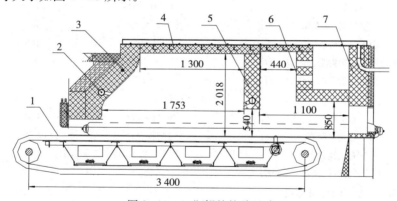

图 8‑13 1t/h 锅炉炉膛尺寸

1. 链条炉排 2. 二次风口 3. 前拱 4. 拱顶 5. 中拱 6. 后拱 7. 后墙

根据几何特性与传热特性的研究，编制 1t/h 试验锅炉的炉膛设计计算表，如表 8‑3 所示。

表 8‑3 试验锅炉炉膛的设计计算

序号	项目	符号	数据来源	数值	单位
1	水冷壁管管径	d	按结构设计	0.051	m

（续）

序号	项目	符号	数据来源	数值	单位
2	炉膛容积	V_1	按结构计算	4.5	m^3
3	炉膛包覆面积	F_1	按结构计算	10.06	m^2
一、左侧墙辐射受热面					
4	管节距	S_1	按结构设计	0.125	m
5	管中心到墙距离	e_1	按结构设计	0.025 5	m
6	光管根数	n_1	按结构设计	12	
7	光管有效角系数	x'_1	查图 10-1：$(S_1/d=2.45)(e_1/d=0.5)$	0.74	
8	曝光长度	l_1	按结构设计	1.45	m
9	光管辐射受热面积	H'_{fz}	$(n_1-1)S_1 l_1 x'_1$	1.47	m^2
10	覆盖耐火层长度	l'_1	按结构设计	1.28	m
11	覆盖耐火层辐射受热面积	H''_{fz}	$0.3(n_1-1)S_1 l'_1$	0.53	m^2
12	左侧墙辐射受热面积	H_{fz}	$H'_{fz}+H''_{fz}$	2.00	m^2
二、右侧墙辐射受热面					
13	管节距	S_2	按结构设计	0.125	m
14	管中心到墙距离	e_2	按结构设计	0.025 5	m
15	光管根数	n_2	按结构设计	12	
16	光管有效角系数	x'_2	查图 10-1：$(S_2/d=2.45)(e_2/d=0.5)$	0.74	
17	曝光长度	l_2	按结构设计	1.18	m
18	光管辐射受热面积	H'_{fy}	$(n_2-1)S_2 l_2 x'_2$	1.20	m^2
19	覆盖耐火层长度	l'_2	按结构设计	1.63	m
20	覆盖耐火层辐射受热面积	H''_{fy}	$0.3(n_2-1)S_2 l'_2$	0.67	m^2
21	右侧墙辐射受热面积	H_{fy}	$H'_{fy}+H''_{fy}$	1.87	m^2
三、前墙辐射受热面					
22	管节距	S_3	按结构设计	0.125	m
23	管中心到墙距离	e_3	按结构设计	0.025 5	m
24	光管有效角系数	x'_3	查图 10-1：$(S_3/d=2.16)(e_3/d=0.5)$	0.74	
25	光管辐射受热面积	H'_{fq}	$x'_3 F_{zq1}$	1.20	m^2
26	覆盖耐火层辐射受热面积	H''_{fq}	$0.3F_{zq2}$	0.28	m^2
27	前墙辐射受热面积	H_{fq}	$H'_{fq}+H''_{fq}$	1.48	m^2
四、后墙辐射受热面					
28	管节距	S_4	按结构设计	0.125	m
29	管中心到墙距离	e_4	按结构设计	0.025 5	m
30	光管有效角系数	x'_4	查图 10-1：$(S_4/d=2.16)(e_4/d=0.5)$	0.74	
31	光管辐射受热面积	H'_{fh}	$x'_4 F_{zh1}$	1.11	m^2
32	覆盖耐火层辐射受热面积	H''_{fh}	$0.3F_{zh2}$	0.22	m^2
33	后墙辐射受热面积	H_{fh}	$H'_{fh}+H''_{fh}$	1.33	m^2

（续）

序号	项目	符号	数据来源	数值	单位
			五、出口烟窗辐射受热面		
34	有效角系数	x_5'	查图 10‑1	0.52	
35	出口烟窗辐射受热面积	H_{fch}	$x_5' F_{ch}$	0.80	m^2
36	总有效辐射受热面积	H_f	$H_{fq}+H_{fh}+H_{fz}+H_{fy}+H_{fch}$	7.48	m^2
37	有效辐射层厚度	S'	$3.6V_1/F_1$	1.61	m
			六、传热计算		
38	炉膛有效放热量	Q_i	$Q_r(100-q_3-q_4-q_6)/(100-q_4)+Q_k$	14 587.37	kJ/kg
39	炉膛系统黑度	a_1	按传热特性计算	0.50	
40	火焰黑度	a_h	按传热特性计算	0.275	
41	炉膛出口理论烟气温度	θ_{lj}	按传热特性计算	946.89	℃

注：表中"查图"是指宋贵良主编《锅炉手册》中的图。

8.4 生物质成型燃料链条锅炉受热面结构设计与热力计算

8.4.1 辐射受热面结构设计及热力计算

设计的辐射受热面结构如图 8‑14 所示，主要由垂直水冷壁管和八字曲管相间排列组成，上部铺设八字墙与拱顶相连，在炉膛左右两侧对称布置，周向受炉膛高温烟气的辐射换热量与热应力都比较均匀。这种结构可使燃烧火焰在炉膛上方形成近似圆形的气流扰动，增强辐射换热效果；延长高温烟气在炉膛停留时间，优化炉内热力场，使火焰不贴壁、不冲墙、充满度高；结构无突变，结构应力较小，壁面热负荷均匀，正常运行状态下使用寿命较长。

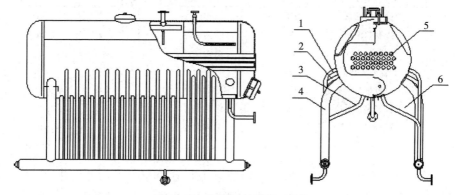

图 8‑14　锅炉辐射受热面结构
1. 前墙垂直水冷壁管　2. 后墙垂直水冷壁管　3. 八字曲管
4. 下降管　5. 螺纹烟管　6. 八字烟道

　　炉膛内水冷壁采用 $\phi51mm\times3mm$ 光管，根据炉壁壁面面积、炉排有效面积、炉膛容积等参数，在炉膛两侧对称布置垂直水冷壁管Ⅰ共 28 根、垂直水冷壁管Ⅱ6 根、八字曲管 22 根，管子节距 170mm。水冷壁结构与管道尺寸布置如图 8-15 所示。

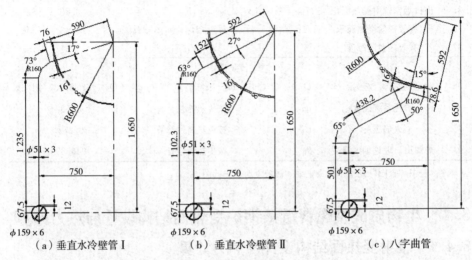

（a）垂直水冷壁管Ⅰ　　　　（b）垂直水冷壁管Ⅱ　　　　（c）八字曲管

图 8-15　水冷壁结构与尺寸

　　根据受热面的结构特性及传热特性计算方法，结合锅炉计算手册中的层状燃烧工业锅炉热力计算方法，通过校核计算得出该生物质锅炉辐射受热面的热力计算表，如表 8-4 所示。

表 8-4　辐射受热面的热力计算

序号	项目	符号	数据来源	数值	单位
1	炉壁壁面面积	F_b	结构设计	17	m²
2	炉排有效面积	R	结构设计	2.22	m²
3	炉膛容积	V_1	结构设计	4.5	m³
4	总有效辐射受热面积	H_f	$\sum H$	7.48	m²
5	炉膛出口过量空气系数	α_1	结构设计	1.3	
6	炉膛漏风系数	$\Delta\alpha$	结构设计	0.1	
7	有效辐射层厚度	S	结构设计	0.843	m
8	空气带入炉膛热量	Q_k	$\alpha_1 I_{lk}^0$	117.301	kJ/kg
9	炉膛有效放热量	Q_i	$Q_r(100-q_3-q_4-q_6)/$ $(100-q_4)+Q_k$	14 715.8	kJ/kg
10	理论燃烧温度	θ_{ll}	查烟气焓温表 3-3	1 535.0	℃
11	理论燃烧绝对温度	T_y	$\theta_{ll}+273$	1 808.0	℃
12	炉膛出口烟气温度	θ''_{lj}	先假定后校核	845	℃

（续）

序号	项目	符号	数据来源	数值	单位
13	炉膛出口烟焓	I''_{lj}	查烟气焓温表 3-3	7 581.2	kJ/kg
14	烟气平均热容量	VC_{pj}	$(Q_i - I''_{lj})/(\theta_{ll} - \theta''_{lj})$	9.422	kJ/（kg·℃）
15	三原子气体辐射减弱系数	k_q	计算	3.04	$(m \cdot MPa)^{-1}$
16	灰粒辐射减弱系数	k_h	计算	63.06	$(m \cdot MPa)^{-1}$
17	炭粒子辐射修正系数	k_j	选取	0.3	
18	烟气辐射减弱系数	K	计算	2.313 4	$(m \cdot MPa)^{-1}$
19	火焰黑度	a_h	计算	0.241	
20	水冷壁表面黑度	a_b	选取	0.8	
21	炉膛系统黑度	a_1	计算	0.476	
22	波尔兹曼准则	B_0	$\varphi B'_j VC_{pj}/(\sigma_0 H_f T_y^3)$	0.12	
23	管外结灰层热阻	ε	选取	2.6	$m^2 \cdot ℃/kW$
24	炉膛辐射受热面吸热量	Q_f	$\varphi(Q_i - I''_{lj})$	6 482.1	kJ/kg
25	辐射受热面强度	q_r	$B'_j Q_f/H_f$	41.29	kW/m^2
26	水冷壁管金属壁温	T	$t_{bh}+273$	467.00	K
27	水冷壁管外积灰层表面温度	T_b	$\varepsilon q_r + T$	597.58	K
28	系数	m	$\sigma_0 T_b^4/q_r$	0.121	
29	无因次方程		$B_0 (1/a_1+m)$	0.267	
30	无因次炉膛出口烟温	Θ''_1	$k [B_0 (1/a_1+m)]^P$	0.537	
31	炉膛出口烟温	θ''_1	$\Theta''_1 T_y - 273$	858	℃
32	出口烟温校核		$\theta''_1 - \theta''_{lj} = 858-845=13 < 100$		℃
33	炉膛出口烟焓	I''_1	查焓温表 3-3	7 709.7	kJ/kg
34	炉膛辐射吸收热量	Q_r	$\varphi(Q_1 - I''_1)$	6 718.9	kJ/kg

8.4.2 八字烟道对流管束的热力计算

八字烟道即炉膛上部的八字墙与两侧炉墙所包围的烟气通道，如图 8-14 和图 8-15 所示。垂直水冷壁管的上部位于其中，接受从炉膛出来的高温烟气横向冲刷，进行对流换热。八字烟道对流管束的热力计算如表 8-5 所示。

表 8-5 八字烟道对流管束的热力计算

序号	项目	符号	数据来源	数值	单位
1	对流管束受热面积	H_{gs}	几何计算	4.42	m^2
2	烟气平均流通截面积	A_y	几何计算	0.8	m^2
3	有效辐射层厚度	s	几何计算	1.033	m
4	出口过剩空气系数	a_{gs}	锅炉设计参数	1.35	
5	进口烟温	θ'_{gs}	表 3-5	858	℃

（续）

序号	项目	符号	数据来源	数值	单位
6	进口烟焓	I'_{gs}	查烟气焓温表 3-3	7 709.7	kJ/kg
7	出口烟温	θ''_{gs}	先假定，后校核	626	℃
8	出口烟焓	I''_{gs}	查烟气焓温表 3-3	5 686.8	kJ/kg
9	烟气侧放热量	Q_{rp}	$\varphi(I'_{gs}-I''_{gs}+\Delta\alpha_{gs}I^0_{lk})$	1945.0	kJ/kg
10	管内工质温度	t	查锅炉手册水蒸气表	169.4	℃
11	平均温差	Δt	$(\Delta t_{max}-\Delta t_{min})/$ $\ln(\Delta t_{max}/\Delta t_{min})$	559.9	℃
12	平均烟温	θ_{pj}	$t+\Delta t$	729.3	℃
13	烟气流速	w_y	$B'_j V_y(\theta_{pj}+273)/(273A_y)$	1.258	m/s
14	对流放热系数	α_d	$a_0 c_s c_c c_w$ 各系数查锅炉手册图 10-53	0.017 5	kW/(m²·℃)
15	管壁积灰层表面温度	t_{hb}	$t+60$	259.4	℃
16	条件辐射放热系数	α_0	查锅炉手册图 7-18	0.052	kW/(m²·℃)
17	三原子气体辐射减弱系数	k_q	$10[(0.78+1.6r_{H_2O})/$ $(10P_q s)^{1/2}-0.1]$ $(1-0.37T''_1/1000)r_q$	22.4	
18	烟气黑度	a_y	$1-e^{-kps}$	0.377	
19	辐射换热系数	a_f	$\alpha_0 a_y$	0.019 6	kW/(m²·℃)
20	传热系数	K	$\psi(a_f+\alpha_d)$	0.035 6	kW/(m²·℃)
21	传热量	Q_{cr}	$KH_{gs}\Delta t/B'_j$	1 910.1	kJ/kg
22	相对误差	δQ	$(Q_{rp}-Q_{cr})/Q_{rp}\times100$	1.79	%
23	校核		$\delta Q=1.79\%<2\%$		

8.4.3 螺纹烟管的结构设计及热力计算

锅筒内采用 $\phi57mm\times3.5mm$ 螺纹烟管，错列布置，管数 34 根，如图 8-16 所示，管子长 3 620mm，螺纹管节距 24mm，螺纹管槽深 1.5mm。

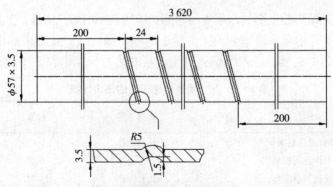

图 8-16　螺纹烟管结构参数

根据螺纹烟管的几何参数及传热特性进行热力计算，结果如表 8-6 所示。

表 8-6　螺纹烟管的热力计算

序号	项目	符号	数据来源	数值	单位
1	烟管传热面积	H_{yg}	几何计算	17.8	m^2
2	烟气平均流通截面积	A_y	几何计算	0.067	m^2
3	有效辐射层厚度	s	几何计算	0.05	m
4	出口过剩空气系数	a_{yg}	锅炉设计参数	1.45	
5	进口烟温	θ'_{yg}	先假定，后校核	626	℃
6	进口烟焓	I'_{yg}	查烟气焓温表 3-3	5 686.8	kJ/kg
7	出口烟温	θ''_{yg}	先假定，后校核	225	℃
8	出口烟焓	I''_{yg}	查烟气焓温表 3-3	2 038.4	kJ/kg
9	烟气侧放热量	Q_{rp}	$\varphi(I'_{yg}-I''_{yg}+\Delta a_{yg}I^0_{lk})$	3 508.9	kJ/kg
10	管内工质温度	t	查锅炉手册水蒸气表	214.4	℃
11	平均温差	Δt	$(\Delta t_{max}-\Delta t_{min})/$ $\ln(\Delta t_{max}/\Delta t_{min})$	190.7	℃
12	平均烟温	θ_{pj}	$t+\Delta t$	405.1	℃
13	烟气流速	w_y	$B'_j V_y(\theta_{pj}+273)/(273A_y)$	9.846	m/s
14	对流放热系数	α_d	$\lambda Nu/d$	0.056 4	kW/(m²·℃)
15	管壁积灰层表面温度	t_{hb}	$t+60$	229.6	℃
16	三原子气体辐射减弱系数	k_q	$10[(0.78+1.6rH_2O)/$ $(10P_qs)^{1/2}-0.1](1-$ $0.37T''l/1\,000)r_q$	17.965	
17	烟气黑度	a_y	$1-e^{-kps}$	0.094	
18	辐射换热系数	a_f	计算	0.003	kW/(m²·℃)
19	传热系数	K	$\varphi(a_f+\alpha_d)$	0.057 0	kW/(m²·℃)
20	传热量	Q_{cr}	$KH_{yg}\Delta t/B'_j$	3 474.1	kJ/kg
21	相对误差	δQ	$(Q_{rp}-Q_{cr})/Q_{rp}\times100$	0.99	%
22	校核		$\delta Q=0.99\%<2\%$		

8.4.4　省煤器的结构设计及热力计算

省煤器由 28 根带鳍片的铸铁管（管长 1 200mm）通过 180°的铸铁弯头连接组成，水平布置在烟气下行的对流竖井中，水自下向上流动，烟气自上而下冲刷管子，与水进行逆流换热。省煤器的结构如图 8-17 所示。

根据省煤器的结构设计及换热计算方法，进行热力计算，如表 8-7 所示。

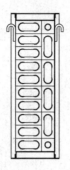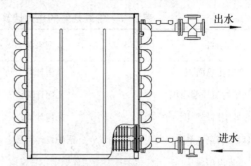

图 8-17　省煤器结构

表 8-7　省煤器的热力计算

序号	项目	符号	数据来源	数值	单位
1	对流受热面积	H_{sm}	结构设计	20.7	m^2
2	烟气流通截面积	A_y	结构设计	0.135	m^2
4	进口烟温	θ'_{sm}	$\theta'_{sm} = \theta''_{gs}$	225	℃
5	进口烟焓	I'_{sm}	$I'_{sm} = I''_{gs}$	2 038.4	kJ/kg
6	出口过剩空气系数	a''_{sm}	锅炉设计参数	1.60	
7	出口烟温	θ''_{sm}	先假定，后校核	126	℃
8	出口烟焓	I''_{sm}	查烟气焓温表 3-3	1 228.9	kJ/kg
9	烟气侧放热量	Q_{rp}	$\varphi(I'_{sm} - I''_{sm} + \Delta a_{sm} I^0_{lk})$	836.7	kJ/kg
10	进口水温	t'	选取	20	℃
11	进口水焓	i'_{sm}	查锅炉手册水蒸气表	84.694	kJ/kg
12	出口水焓	i''_{sm}	$i'_{sm} + B'_j Q_{rp} / (D' + p_{pw} D')$	233.866	kJ/kg
13	出口水温	t''	查锅炉手册水蒸气表	55.722	℃
14	平均烟温	θ_{pj}	$1/2(\theta'_{sm} + \theta''_{sm})$	169.068	℃
15	烟气容积	V_y	查烟气特性表	6.808	m^3/kg
16	烟气流速	w_y	$B'_j V_y (\theta_{pj} + 273) / (273 A_y)$	3.565	m/s
17	条件传热系数	K_0	查锅炉手册中图 10-70	0.028 5	kW/($m^2 \cdot$ ℃)
18	烟温修正系数	C_θ	查锅炉手册中图 10-70	1.015	
19	传热系数	K	$0.8 K_0 C_\theta$ 系数查锅炉手册中图 10-70	0.016 5	kW/($m^2 \cdot$ ℃)
20	平均温差	Δt	$(\Delta t_{max} - \Delta t_{min}) / \ln(\Delta t_{max} / \Delta t_{min})$	134.2	℃
21	传热量	Q_{cr}	$K H_{sm} \Delta t / B'_j$	825.3	kJ/kg
22	相对误差	δQ	$(Q_{rp} - Q_{cr}) / Q_{rp} \times 100$	1.3	%
23	校核		$\delta Q = 1.3\% < 2\%$		

8.4.5 受热面热力计算汇总

各受热面热力计算汇总如表8-8所示。

表8-8 受热面热力计算汇总

序号	项目	符号	单位	炉膛	对流管束	螺纹烟管	省煤器
1	出口过量空气系数	a		1.30	1.35	1.45	1.60
2	理论燃烧温度	θ_{ll}	℃	1 535			
3	烟气平均热容量	VC_{pj}	kJ/（kg·℃）	9.422			
4	有效辐射层厚度	s	m	0.843	1.033	0.05	
5	烟气流通截面积	A_y	m²		0.8	0.067	0.135
6	受热面积	H	m²	7.48	4.42	17.8	20.7
7	进口烟温	θ'	℃		858	626	225
8	出口烟温	θ''	℃	858	626	225	126
9	进口烟焓	I'	kJ/kg		7 709.7	5 686.8	2 038.4
10	出口烟焓	I''	kJ/kg	7 709.7	5 686.8	2 038.4	1 228.9
11	工质进口温度	t'	℃	170	170	170	20
12	工质出口温度	t''	℃	170	170	170	55.7
13	烟气平均流速	w_y	m/s		1.258	9.846	3.565
14	平均温差	Δt	℃		559.9	190.7	134.2
15	传热系数	K	kW/(m²·℃)		0.035 6	0.057 0	0.016 5
16	传热量	Q	kJ/kg	6 718.9	1 910.1	3 474.1	825.3

8.5 生物质成型燃料链条锅炉风烟系统计算

工业锅炉风烟系统设计计算主要是进行风烟阻力的计算。风烟阻力按照空气通道阻力和烟气通道阻力两部分计算，并确定风烟系统的全压降、阻力及流量，然后再对送、引风机型号进行选择。再根据锅炉风烟道结构特性及烟气特性进行校核计算，校核风烟系统设计的合理性以及选择合适的送、引风机。

8.5.1 通风阻力计算原理

风烟系统中各种通风阻力的计算，主要包括下面3种。

（1）烟气在等截面风烟道流动和纵向冲刷管束过程中产生的沿程摩擦阻力：

$$\Delta h_{mc} = \lambda \times \frac{l}{d_{dl}} \times \frac{\rho \omega^2}{2} \qquad (8\text{-}27)$$

式中　Δh_{mc}——摩擦阻力（Pa）；

　　　λ——风烟道沿程摩擦阻力系数；

　　　l——风烟道长度（m）；

　　　d_{dl}——风烟道截面当量直径（m）；

　　　$\rho \omega^2/2$——动压头（Pa）。

（2）烟气通过通道界面和流向变化引起的局部阻力：

$$\Delta h_{jb} = \xi_{jb} \times \frac{\rho \omega^2}{2} \qquad (8\text{-}28)$$

式中　Δh_{jb}——局部阻力（Pa）；

　　　ξ_{jb}——风烟道局部阻力系数；

　　　$\rho \omega^2/2$——动压头（Pa）。

（3）烟气流动横向冲刷光管产生的冲刷管束阻力：

$$\Delta h_{hx} = \xi_{hx} \times \frac{\rho \omega^2}{2} \qquad (8\text{-}29)$$

式中　Δh_{hx}——横向冲刷管束的流动阻力（Pa）；

　　　ξ_{hx}——横向冲刷管束的阻力系数，与管束结构形式、排管数和雷诺数有关；

　　　$\rho \omega^2/2$——动压头（Pa）。

由上面三个公式可知，风烟系统流动阻力 Δh_{lz} 可用式（8-30）统一表示：

$$\Delta h_{lz} = \xi \times \frac{\rho \omega^2}{2} \qquad (8\text{-}30)$$

式中　Δh_{lz}——风烟系统各种流动阻力（Pa）；

　　　ξ——各种阻力系数；

　　　$\rho \omega^2/2$——动压头（Pa）。

各种阻力系数 ξ 参考工业锅炉计算设计方法取值。动压头取决于气体（空气和烟气）密度 ρ 和速度 ω，计算公式如下：

$$\rho = \rho_0 \times \frac{273}{273+t} \qquad (8\text{-}31)$$

式中　ρ_0——标准状况下空气的密度（kg/m³）；

　　　t——气体温度（℃）。

$$\omega = \frac{V}{3\,600F} \qquad (8\text{-}32)$$

式中　V——气体流量（m³/h）；

　　　F——风烟通道截面面积（m²）。

8.5.2 风烟道阻力计算

(1) 烟道阻力计算。计算过程：从炉膛开始，沿烟气流动方向计算炉膛负压、锅炉管束阻力、截面突变阻力、螺纹烟管阻力、转弯阻力、省煤器阻力、除尘器阻力、烟道及烟囱阻力等，求出烟气流动总阻力；对烟气密度、烟气压力等因素进行修正；计算出各段烟道的自生通风力，求出烟道全压降，为引风机的选型提供计算数据。烟道全压降按照式（8-33）计算：

$$\Delta H_y = S'' + \Delta H_{yz} - H_{zs} \tag{8-33}$$

式中　ΔH_y——烟道全压降（Pa）；

　　　S''——炉膛出口负压，选取 20Pa；

　　　ΔH_{yz}——修正后的烟道全部流动阻力（Pa）；

　　　H_{zs}——烟道总自生通风力（Pa）。

(2) 风道阻力计算。由于本课题设计的锅炉没有设置空气预热器，所以计算过程中忽略热风道阻力，选定或计算风道阻力、冷空气风道阻力、炉排阻力、燃料层阻力和炉膛负压等，求出空气通风总阻力；求出风道总压降，为鼓风机的选型提供计算数据。因为烟气出口在炉膛上部，风道通风全压降可以按照式（8-34）计算：

$$\Delta H_f = \Delta H_{fz} - S' = \Delta H_{fz} - (S'' + 0.95H) \tag{8-34}$$

式中　ΔH_f——风道通风全压降（Pa）；

　　　ΔH_{fz}——修正后的风道全部流动阻力（Pa）；

　　　S'——燃烧室空气进口负压；

　　　S''——炉膛出口负压，选取 20Pa；

　　　H——空气进口和炉膛出口竖直方向高度差，锅炉结构取 1.47m。

风烟道阻力计算数据汇总见表 8-9。

表 8-9　风烟道阻力计算数据汇总

序号	项目	符号	单位	数值
	烟道阻力			
1	炉膛出口负压	S''	Pa	20
2	烟道全部流动阻力	$\sum H_{yz}$	Pa	966.009
3	修正后的烟道全部流动阻力	ΔH_{yz}	Pa	985.815
4	烟道总自生通风力	H_{zs}	Pa	62.762
5	烟气通道全压降	ΔH_y	Pa	943.053
	风道阻力			
6	风道全部流动阻力	$\sum H_{fz}$	Pa	983.151

（续）

序号	项目	符号	单位	数值
7	修正后风道全部流动阻力	ΔH_{fz}	Pa	983.151
8	燃烧室空气进口负压	S'	Pa	14.408
9	炉膛出口负压	S''	Pa	-20
10	空气进口和炉膛出口竖直方向高度差	H	m	1.47
6	风道通风全压降	ΔH	Pa	968.743

注：本地海拔不超过 200m，则 $\sum H_{fz} = \Delta H_{fz}$。

8.5.3 送、引风机的计算和选型

锅炉行业使用的鼓风机和引风机，基本上都在额定功率下运行，风机流量以最大风量需求来确定。风机运行中实际需求流量调节采用挡板、风门、起停电机等方式调节，基本不考虑省电，控制也不方便。加入变频器的风机既可以平稳启动，也可以通过变频平滑调节风速，而且省电。风机风量和电机轴功率计算公式如下：

$$Q = Q_e \left(\frac{n_n}{n_e} \right) \tag{8-35}$$

$$P = P_e \left(\frac{n_n}{n_e} \right)^3 \tag{8-36}$$

式中　Q——供给风量（m³/h）；

　　　Q_e——额定最大风量（m³/h）；

　　　n_e——额定最大转速（r/min）；

　　　n_n——实际转速（r/min）；

　　　P——实际消耗轴功率（kW）；

　　　P_e——额定轴功率（kW）。

由式（8-36）可知，风量和电机轴功率分别和转速呈一次方和三次方关系。通过变频器控制风机具体的理论节电效果如表 8-10 所示，在使用变频器后风机风量从 100% 减少到 50%，理论节电可达 87.5%，节能效果明显。但是变频风机价格较高，可以根据实际情况进行选择。

表 8-10　变频器控制风机的理论节电效果

项目	数据								
Q/Q_e	100%	90%	85%	80%	75%	70%	65%	60%	55%	50%
P/P_e	100%	72.9%	61.4%	51%	42.2%	34%	27.5%	21.6%	16.6%	13%
节电效果	0	27%	38.6%	49%	57.8%	66%	72.5%	78.4%	83.4%	87.5%

本课题组设计的两台相同型号鼓风机和一台引风机均增加变频器,并接入控制电柜。根据测试的省煤器后排烟的氧含量合理调节风机风量,不再调节风门挡板,减少因挡风板引起的功耗损失,节电且操作方便。由于炉膛空间较小,一次风机和二次风机选用相同型号。计算风机流量和压头,并考虑一定的储备系数,计算简表和选用风机型号如表 8-11 所示。

表 8-11 送、引风机的计算和选择

序号	项目	符号	单位	数值
	引风机			
1	风量储备系数	β_1		1.1
2	风压储备系数	β_2		1.2
3	引风机计算风量	Q_p	m³/h	2 367.2
4	引风机计算折算压头	p_1	Pa	1 029.477
5	所选引风机风量	Q	m³/h	3 130
6	所选引风机全压	p	Pa	1 873
7	电动机功率	N	kW	4
8	选用风机型号		Y5-47-4C	
	送风机			
1	风量储备系数	β_1		1.1
2	风压储备系数	β_2		1.2
3	鼓风机计算风量	Q_p	m³/h	928.154
4	鼓风机计算折算压头	p_1	Pa	1 164
5	所选鼓风机风量	Q	m³/h	1 688
6	所选鼓风机全压	p	Pa	1 300
7	电动机功率	N	kW	2.2
8	选用风机型号		4-72-No3.6A	

8.6 生物质成型燃料链条锅炉的防结渣设计

炉膛结渣不仅有物质形态的转变,还涉及元素与元素之间的化学反应。影响因素不仅涉及燃料的燃烧特性、炉膛构造及锅炉的运行状况,还与灰分中的各元素在炉内高温下的物理化学变化有关(赵迎芳等,2008;马孝琴,2005)。在设计炉膛结构时,要考虑锅炉的各项热负荷及重要参数的选取,避免局部温度过高而造成严重结渣的现象。因此必须合理布置炉膛结构才能够有效减轻锅炉的结渣，实现锅炉经济高效运行。合理的炉拱设计不仅能够强化炉膛内部燃料的燃烧，还可以有效阻止炉膛内部空气及延期的绕流运动，既满足燃烧所需的空气量，又强化了传热，因此可以在炉膛内设置多拱结构或者合理设计炉拱的倾角都可以优化燃烧和传热效果。生物质燃烧时挥发分含量较高，是煤的2~3倍（罗娟等，2010），且燃烧迅速，因此生物质锅炉的炉膛容积应大于燃煤锅炉；并且生物质燃料的灰熔点低、易结渣，若温度过高容易导致灰分融化、黏结，因此生物质锅炉燃烧时炉膛温度不宜太高，在达到锅炉的额定蒸发量的情况下适宜降低炉膛温度。

8.6.1　设计原则

为了减轻结渣现象，生物质锅炉的炉膛结构多采用双燃室或多燃室构造。通过增设炉拱，将炉膛分为多个燃烧区，使内部气体绕流运动，延长烟气的流动路线，并使高温烟气进行充分换热，降低炉膛出口的烟温和烟速，减少飞灰含量及飞灰粒度，从而降低飞灰对锅炉受热面的冲刷腐蚀；并且炉膛内要设置足够的换热面，加强炉膛内部的传质传热，降低烟气的出口烟温，使之低于灰渣的变形温度，能够防止换热面上的沉积腐蚀等现象，提高换热效率。生物质锅炉炉膛设计的具体原则如下：

（1）设计高、低温分开的燃烧室，燃料初始进入炉膛时主要进行低温热解，所以第一燃烧室温度较低，一般在500℃左右，接着第二燃烧室主要是燃料挥发分及焦炭的燃烧，温度较高。分隔燃烧能够满足燃料各个阶段的燃烧，降低焦炭未完全燃烧而造成的结渣。

（2）在炉膛内设置多拱结构，延长烟气在炉膛内的停留时间，保证可燃气有充分的燃烧和换热空间，减轻烟气对受热面的冲刷腐蚀。

（3）多回程折返设计，既可以节约燃烧设备的占地面积，又能够有效进行灰尘的沉降，降低烟尘排放。

（4）使用防腐材料或防腐处理炉膛换热部件，减轻燃烧时的腐蚀等现象，保护锅炉安全运行。

8.6.2　生物质锅炉炉膛的防结渣设计分析

根据生物质锅炉的设计原则，最大化减轻锅炉的结渣现象，炉膛设计多拱结构，内部设置前拱、中拱和后拱，分为3个燃烧室。第一燃烧室由前拱、中拱与拱顶围成，第二燃烧室在中拱和后拱之间，第三燃烧室由后拱后侧竖向的炉墙、花墙及横向墙围成。燃料随着链条炉排的运动进入炉膛的第一燃烧室。传统的炉拱选用的均为人字形结构，只有前拱和后拱，并且后拱低而长，容易导致火焰聚集，使炉膛中部燃烧过于集中，造成局部温度过高导致结渣；而本文设计的前拱向上微翘，后拱较短，中拱将炉膛分为高、低温两个燃烧室，使火焰分散，避免了局部热负荷过高的现象。

第一燃烧室为主要燃烧区，燃料主要进行干燥预热和低温热裂解，产生大量的挥发分气体。在一次风和二次风系统作用下，燃料大量燃烧，产生的高温烟气绕过折焰墙进入第二燃烧室。在第二燃烧室内进行二次燃烧，高温烟气中含有的可燃气体以及固体可燃颗粒继续燃烧传热，二次燃烧后的烟气进入第三燃烧室。烟气在第三燃烧室内进一步燃烧、降尘，再通过前烟箱进入螺纹烟管和省煤器进行换热，经过除尘器除尘后，经引风机的抽引，然后通过烟囱排出。

由于生物质固定碳含量比煤低，锅炉运行时要达到相同的出力，那单位时间内供给燃料量要比煤多，并且生物质挥发分含量高，因此生物质燃烧时需要的氧气量较高，需要在前拱与中拱上布置二次风。前拱的二次风口与水平方向成 10°倾角，斜向下方吹向燃料层，对燃料层的燃烧起到搅拌作用；中拱上的二次风口与水平方向成 25°倾角，斜向下方吹向燃料层，并与前拱上的二次风形成涡流，扰动第一燃烧室内燃料的燃烧。在二次风与中拱的作用下，烟气呈波浪状并绕过中拱在炉膛内流动，使烟气能够与受热面进行充分换热，减缓烟气流速和对受热面的冲刷，降低炉膛出口烟温。多点配风使炉膛内配风更加均匀，氧气与可燃物能够充分混合；多燃室结构的炉膛构造能够使燃料热解与燃烧分层进行，减少结渣对燃烧的影响。

8.6.3 除渣装置的选型

根据小麦秸秆、玉米秸秆和花生壳成型燃料的灰熔融特性可知，这三种生物质燃料均有不同程度的结渣倾向，相对于煤来说，生物质燃料的灰熔点普遍较低，在锅炉的实际运行时容易产生结渣现象，影响锅炉的安全运行。除渣机能够排除炉内的灰渣，使锅炉负压燃烧，提高锅炉效率。因此为了减轻燃料的结渣现象，需要在生物质链条锅炉上设计除渣装置，来缓解锅炉结渣的危害，延长锅炉的运行时间。

灰渣是指燃料燃烧后的剩余物，一般将炉排下边的渣斗或冷灰斗的剩余物称为渣，将飞到锅炉尾部受热面上的剩余物称为灰，这就是排渣装置中灰渣的总称。锅炉的排渣装置包括机械排渣装置、水力排渣装置和气力排渣装置，而链条炉常采用机械排渣装置。常见的机械排渣装置有以下几种：

(1) 螺旋除渣机。螺旋除渣机主要由驱动装置、螺旋轴、链条、老鹰铁、进渣口、除渣口等部分组成，它是一种连续的除渣设备。螺旋除渣机通过螺杆的旋转将被输送的灰渣进行推移输送，有水平式和倾斜式两种，但倾斜式的倾斜角度不应大于 20°。螺旋除渣机结构简单、操作方便且容易维修，但其面积小，不适于清除渣块大的灰渣，并且运输量较小，叶片容易磨损。

（2）马丁除渣机。它是由凸轮、连环、水封挡板、落渣管、齿轮、水封、杠杆、推渣板等部件组成，安装在锅炉排渣口下边，用于清除大焦块或者温度很高的灰渣。灰渣从锅炉的主渣斗掉落，进入除渣机内，被除渣机轧碎后落入水槽内冷却，最后被推渣板排出。马丁除渣机结构合理紧凑、体积小，安装运行简便可靠，且卫生条件好，但除渣量大的时候会发生停运故障等现象，适用于 6t/h 以上的链条炉。

（3）斜轮除渣机。它由电动机、除渣器、落渣管、皮带运输机等部件构成，电动机转动，通过减速器带动主轴和出渣轮旋转，灰渣从落渣管进入有水封的出渣漕中，再随着出渣轮的转动将灰渣排出。斜轮除渣机具有转速低、磨损小、结构简单的优点，但是没有破碎装置，容易被大块灰渣卡死，不适于强结渣的燃料。

（4）刮板除渣机。它包括湿式和干式两种形式，干式没有水封的灰槽，湿式刮板干净卫生，且炽热的渣块释放的热量还能二次利用，缓解了高温渣块对刮板的灼烧。湿式刮板除渣机工艺流程是：渣块掉进存有水的灰槽中，除渣机的刮板埋于灰槽的水中，由链条带动刮板不断将灰渣刮出。由于刮板除渣机灰槽固定在下侧，因此适用于出渣口设置在下边的工业锅炉。它工作稳定、占地面积小且使用寿命长，是适用于生物质锅炉的除渣排渣装置。

根据这几个除渣装置优缺点的对比分析，生物质锅炉的除渣装置选用湿式链条刮板除渣机，其结构见图 8-18。湿式链条刮板除渣机具有工艺简单、运行可靠、占地面积小、加工检修方便的优点，它可以通过水封对灰渣降温，不但减轻高温对刮板的伤害，而且灰渣遇水释放出的高温热量能够实现二次利用，减小了锅炉的灰渣物理热损失，增大锅炉的热效率。

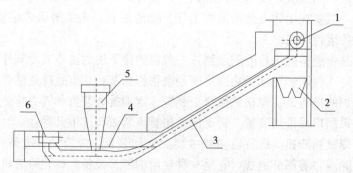

图 8-18　湿式链条刮板除渣机

1. 驱动装置　2. 灰渣斗　3. 灰槽　4. 链条　5. 落灰斗　6. 尾部拉紧装置

8.7　本章小结

　　本章依据生物质的燃烧特性，对生物质成型燃料链条锅炉进行了整体设计，采用转动式的链条炉排结构，炉膛内部设置前、中、后 3 个炉拱，使内部分布多个燃烧室，并且前拱设置二次风口。锅炉采用单锅筒纵置式布置，炉膛左右两侧布置辐射受热面，炉膛两翼布置对流管束，锅筒内布置螺纹烟管对流受热面，尾部受热面为省煤器。炉排、炉膛与受热面结构的良好匹配才能确保生物质成型燃料稳定、高效燃烧。炉排一次送风采用等压密闭风室，分仓送风，共设四个风室。炉膛内采用前拱、中拱同时布置二次风并且向下倾斜的布置形式，前拱二次风倾角为 10°，中拱二次风倾角为 25°，在炉膛竖直方向上中部两侧各设置 8 个圆形二次风出口，这些二次风口彼此交错，燃料层上形成近似圆形气流扰动，组织炉内空气动力场，提高燃烧效率。在炉排尾部设置除渣装置，设计湿式链条刮板除渣机。燃料在炉排上进行全周期的燃烧后，剩余的灰渣从炉排转向处掉落到存有水的灰槽中，除渣机的刮板埋于灰槽的水中，由链条带动刮板不断将灰渣刮出。新型生物质链条蒸汽锅炉不但能够满足生物质燃料的充分燃烧，提高锅炉的热效率，而且可以降低生物质锅炉结渣、腐蚀、沾污等危害。

9 生物质成型燃料链条锅炉的热性能试验

9.1 试验目的

生物质成型燃料链条蒸汽锅炉的热工性能试验，是了解和掌握该锅炉设备性能、完善程度、运行工况和运行管理水平的重要手段，通过该试验力求：了解和熟悉锅炉运行时热量的收、支平衡关系，即锅炉热平衡的组成；测定锅炉的蒸发量、蒸汽参数、燃料消耗量、各项热损失、热效率。

9.2 试验材料与仪器

该锅炉试验燃烧的生物质成型燃料取自郑州德润锅炉股份有限公司，如图9-1所示，3种燃料分别为液压成型玉米秸秆、液压成型花生壳、液压成型杂木末，其工业分析及元素分析结果如表9-1所示。

玉米秸秆　　　　　　　　　花生壳　　　　　　　　　杂木末

图 9-1　燃料实物

试验仪器有 MGA5 移动式红外烟气分析仪、Omega Scope 便携式高温红外线温度计、SC8010 烟气黑度仪、ZDHW-6A 微机全自动立式量热仪、远红外烘干箱、高温节能马弗炉、电子天平、卷尺等。

表 9 - 1　生物质成型燃料成分分析试验结果

项目	质量分数/%				收到基各元素含量/%							收到基净发热量 $Q_{net,ad}$/ (kJ/kg)
	水分	灰分	挥发分	固定碳	碳	氢	氧	硫	氮	磷	钾	
玉米秸秆	8.86	5.93	68.83	16.38	42.17	5.45	37.86	0.12	0.74	2.60	11.06	15 240
花生壳	8.43	3.79	66.28	21.58	49.56	6.21	34.66	0.10	1.24	0.15	8.08	15 744
杂木末	8.21	3.45	70.38	17.96	47.86	5.98	35.44	0.16	0.94	1.50	8.12	15 346

9.3　试验方法

根据 GB/T 10180—2017《工业锅炉热工性能试验规程》、GB 13271—2014《锅炉大气污染物排放标准》、GB 5468—1991《锅炉烟尘测试方法》，于 2015 年 3 月对该文研制出的生物质成型燃料链条蒸汽锅炉进行热性能及环保指标试验。

9.4　试验结果与分析

在额定工况下（炉膛出口过量空气系数取 1.5）进行该生物质成型燃料链条蒸汽锅炉热工试验，试验结果见表 9 - 2。

表 9 - 2　生物质成型燃料链条蒸汽锅炉试验结果

	项目	数据来源	玉米秸秆	花生壳	杂木末
	收到基净发热量/（kJ/kg）	实测	15 240	15 744	15 346
	输出蒸汽量/（kg/h）	实测	955	984	976
	蒸汽温度/℃	实测	171	173	170
	蒸汽压力/MPa	实测	0.7	0.7	0.7
	蒸汽焓/（kJ/kg）	查表	2 765	2 766	2 766
锅炉的正平衡	气化潜热/（kJ/kg）	查表	2 044.5	2 037.7	2 047.9
	给水温度/℃	实测	20	20	20
	给水压力/MPa	实测	0.8	0.8	0.8
	给水焓/（kJ/kg）	查表	84.6	84.6	84.6
	燃料消耗量/（kJ/kg）	实测	231.6	215.9	221.5
	锅炉正平衡效率/%	计算	81.9	83.2	82.9

（续）

项目		数据来源	玉米秸秆	花生壳	杂木末
锅炉的反平衡	燃烧温度/℃	实测	1 125	1 149	1 138
	排烟温度/℃	实测	135	131	134
	排烟处过剩空气系数	实测	1.66	1.65	1.68
	炉渣中碳含量/%	实测	9.3	7.8	8.2
	固体未完全燃烧损失（包括炉渣、漏料及飞灰中的固体未完全燃烧损失）/%	计算	4.5	2.8	2.9
	排烟热损失/%	计算	8.6	8.9	8.4
	气体未完全燃烧损失/%	计算	0.33	0.42	0.46
	散热损失/%	计算	3.4	3.8	4.4
	灰渣物理热损失/%	计算	0.38	0.18	0.27
	锅炉燃烧效率/%	计算	95.17	96.78	96.64
	锅炉反平衡效率/%	计算	82.8	83.9	83.6
	锅炉正反平衡效率偏差/%	计算	0.9	0.7	0.7
锅炉污染物排放	排烟中 CO 含量/10^{-6}	实测	360	371	386
	排烟中 CO_2 含量/%	实测	12.4	11.9	13.24
	排烟中 NO_x 含量/10^{-6}	实测	125	116	138
	排烟中 SO_2 含量/10^{-6}	实测	44	52	47
	排烟中烟尘含量/（mg/m³）	实测＋计算	26.4	27.1	29.4
	烟气林格曼黑度/级	实测	<1	<1	<1

由试验结果可以得出：

（1）根据生物质成型燃料燃烧特性设计出的生物质成型燃料链条蒸汽锅炉的输出蒸汽量达到 955kg/h，蒸汽温度达到 170℃，蒸汽压力达到 0.7MPa，均满足设计要求，锅炉运行高效稳定，证明了该设计方法的正确性和科学性。

（2）由试验得出，该生物质成型燃料链条蒸汽锅炉燃烧效率达 95.17%，正平衡试验的锅炉热效率达 81.9%，反平衡试验的锅炉热效率达 82.8%，相差较小，验证了试验结果的准确性；气体未完全燃烧损失和灰渣物理热损失较低，燃用花生壳和杂木末成型燃料时，固体未完全燃烧损失分别只有 2.8% 和 2.9%，说明这种受热面结构与链条炉排、多拱炉膛匹配较好，锅炉整体结构较合理，非常适合生物质成型燃料燃烧。

（3）锅炉排烟中 CO、NO_x、SO_2、烟尘含量分别低于 395×10^{-6}、147×10^{-6}、52×10^{-6}、28.9 mg/m³，说明受热面的设计与锅炉烟风系统及除尘器

匹配良好，消烟除尘效果较好，具有较高的环保效益，可以推广使用。

9.5 锅炉正反平衡㶲效率分析

通常情况下，判断锅炉节能情况，可以依据热力学第一定律，采用热效率法得出燃料燃烧释放的能量有多少被有效利用，但这只是基于能量数量的节能分析，并不能完全反映锅炉内部不可逆情况造成的能量品质贬值。而锅炉的㶲效率既可以表达热能在数量上的有效利用程度，又可以确定热能在质量层面的有效利用程度，即真正表达了热能利用的完善程度。因此，从能量和能质两方面分析锅炉节能，研究锅炉内部能量转换实际情况，可采用㶲分析法，得出锅炉内部各部位造成热力学损失的原因和大小，揭示锅炉换热的薄弱环节，从而挖掘生物质锅炉的节能潜力。

锅炉的㶲平衡是锅炉的输入㶲与输出㶲的平衡关系。对设计出的生物质成型燃料链条蒸汽锅炉进行正反平衡㶲效率分析，得出锅炉主要㶲损失部位，绘制出㶲流图，分析各种损失的大小和影响因素，为生物质锅炉及其受热面的优化提供依据。

9.5.1 锅炉正平衡㶲效率

锅炉的正平衡㶲效率即在进行锅炉换热时，实际测量得到的被利用的㶲值与锅炉输入的总㶲值的比值（姚宗路等，2010）。

锅炉的输入㶲：
$$e_{sr}^0 = Q_{net, ar} + rM_{ar} \tag{9-1}$$

正平衡的有效利用㶲：
$$e_{yx}^0 = \frac{D}{B}\left[(h_{zq} - h_{gs}) - T_0(S_{zs} - S_{gs})\right] \tag{9-2}$$

式中，$T_0 = t_0 + 273.15$，t_0 为环境温度。

锅炉的正平衡㶲效率：
$$\eta_e^p = \frac{e_{yx}^p}{e_{sr}^p} \times 100\% \tag{9-3}$$

9.5.2 锅炉反平衡㶲效率

锅炉反平衡㶲效率是根据正反平衡试验数据，结合锅炉计算手册（罗娟等，2010），得出锅炉各项损失的㶲损失系数，然后计算出锅炉的㶲效率。

锅炉的反平衡有效利用㶲：
$$e_{yx}^r = \left[1 - \frac{T_0(S_{zs} - S_{gs})}{h_{zq} - h_{gs}}\right]\eta_2 Q_{net, ar} \tag{9-4}$$

理论燃烧温度下燃烧产物焓值可由下式计算：

$$H_y = V_{RO_2}h_{RO_2} + V_{N_2}^0 h_{N_2} + V_{H_2O}^0 h_{H_2O} + (\alpha_1 - 1)V_k^0 h_k \tag{9-5}$$

相应地，20℃下燃烧产物的焓值可由下式计算：

$$H_y^0 = V_{RO_2}h_{RO_2}^0 + V_{N_2}^0 h_{N_2}^0 + V_{H_2O}^0 h_{H_2O}^0 + (\alpha_1 - 1)V_k^0 h_k^0 \tag{9-6}$$

式中，二氧化物比焓 h_{RO_2}、$h_{RO_2}^0$，氮气比焓 h_{N_2}、$h_{N_2}^0$，水蒸气比焓 h_{H_2O}、$h_{H_2O}^0$ 及空气比焓 h_k、h_k^0 可按照相应温度查焓温表得到；α_1 为炉膛出口过量空气系数，取 1.5。

燃烧产物的焓差：

$$\Delta H_y = H_y - H_y^0 \tag{9-7}$$

燃烧产物的㶲：

$$e_y = \left(1 - \frac{T_0}{T_y - T_0}\ln\frac{T_y}{T_0}\right)\Delta H_y \tag{9-8}$$

燃烧不可逆㶲损失系数为

$$d_y = e_{sr}^0 - e_y \tag{9-9}$$

气体未完全燃烧㶲损失系数为

$$d_3 = \left(1 - \frac{T_0}{T_y - T_y'}\ln\frac{T_y}{T_y'}\right)q_3 Q_{net,ar} \tag{9-10}$$

固体未完全燃烧㶲损失系数为

$$d_4 = \left(1 - \frac{T_0}{T_y - T_y'}\ln\frac{T_y}{T_0}\right)q_4 Q_{net,ar} \tag{9-11}$$

散热㶲损失系数为

$$d_5 = \left(1 - \frac{T_0}{T_y - T_y'}\ln\frac{T_y}{T_y'}\right)q_5 Q_{net,ar} \tag{9-12}$$

灰渣㶲损失系数为

$$d_6 = \left(1 - \frac{T_0}{T_y - T_y'}\ln\frac{T_{py}}{T_0}\right)q_6 Q_{net,ar} \tag{9-13}$$

式中　T_y——理论燃烧绝对温度（K），查表 3-5；

　　　　T_y'——实际燃烧温度（K），实测得到。

传热不可逆㶲损失系数：

$$d_c = e_y - e_{yx}^0 - d_2 - d_3 - d_4 - d_5 - d_6 \tag{9-14}$$

锅炉㶲损失系数：

$$d = d_y + d_c + d_2 + d_3 + d_4 + d_5 + d_6 \tag{9-15}$$

锅炉反平衡㶲效率：　　$$\eta_e^2 = \frac{e_{yx}^r}{e_{sr}^0} \times 100\% \tag{9-16}$$

9.5.3　正反平衡㶲效率计算结果

结合该生物质锅炉正反平衡试验测算结果（燃用玉米秸秆成型燃料），根据上述计算过程，进行㶲平衡计算，得出锅炉正平衡法得出的㶲效率为25.34%，反平衡法的㶲平衡表见表9-3。

表9-3 㶲平衡表

输入㶲				输出㶲			
输入项目	符号	㶲值/(kJ/kg)	百分率/%	输出项目	符号	㶲值/(kJ/kg)	百分率/%
				有效利用㶲	e_{yx}	3 642.4	23.45
				燃烧不可逆㶲损失	d_y	6 877.8	44.28
				传热不可逆㶲损失	d_c	1 885.6	12.14
燃料化学㶲	e_{sr}	15 532.5	100	排烟㶲损失	d_2	1 062.4	6.84
				气体未完全燃烧㶲损失	d_3	198.8	1.28
				固体未完全燃烧㶲损失	d_4	1 301.6	8.38
				散热㶲损失	d_5	229.9	1.48
				灰渣㶲损失	d_6	333.8	2.15
合计	e_{sr}	15 532.5	100	合计	d	15 532.5	100

根据㶲分析的正平衡法，可以直接得出锅炉的㶲效率；而根据㶲分析的反平衡法，还可以得出锅炉的各项㶲损失，绘制㶲流图（图9-2），可以更加形象地表示出㶲的利用和损失情况。

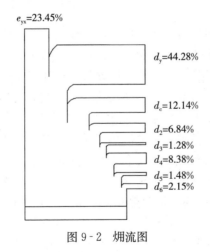

图9-2 㶲流图

9.5.4 结果分析

从该锅炉的正反平衡㶲分析结果可以看出：

（1）该生物质成型燃料链条蒸汽锅炉正平衡法得出的㶲效率为25.34%，

反平衡法得出的㶲效率为 23.45％，相差不大，说明该㶲分析方法比较科学。小型燃煤蒸汽锅炉的㶲效率一般为 20％左右，该锅炉达到此标准，可在小型供热系统中使用。

（2）燃烧不可逆㶲损失最大，高达 44.28％。这是因为生物质燃料在炉膛中的燃烧过程为不可逆过程，燃料燃烧释放大量化学能，燃烧产物所具有的㶲值远低于燃烧前，且与该锅炉炉膛内的理论燃烧温度、实际燃烧温度水平相关。要减少燃烧不可逆㶲损失，需要对生物质的微观结构做更加深入的分析和研究，改善炉膛内燃烧状况。

（3）传热不可逆㶲损失为 12.14％，这与各个受热面所处的烟气温度区域和工质参数有关，表明锅炉受热面的布置比较合理，达到设计要求。排烟㶲损失为 6.84％，可通过回热器回收余热的方法继续改善。

（4）在锅炉受热面的设计中，将蒸汽温度较低的受热面布置在高温烟气区域，不仅能够加大换热温压，强化锅炉传热效果，还能减少受热面的金属耗量。但是，从锅炉㶲效率的角度来看，因燃烧产物的㶲值在高温区段和低温区段有所差异，这种布置就会在一定程度上牺牲㶲的利用率。因此，在设计生物质锅炉时，应当同时兼顾热效率、㶲效率等多个方面，力求能量利用的量和质均得到提高。

9.6　本章小结

本章主要进行锅炉受热面及锅炉整体热性能试验，研究内容如下：

（1）进行了锅炉受热面热性能试验，测量得到各受热面进出口烟温，均与设计值相差不大，说明受热面的结构设计与传热计算比较合理；各受热面换热效率均达到 92.6％以上，说明受热面的设计与炉膛、炉排及烟风系统配合良好，传热效率高；螺纹烟管传热效能最优，达到 70.9％；随着烟气沿各受热面的流动，烟气温度与工质温度之间的传热温差逐步降低，㶲效率逐渐提高，最高达 60.8％，说明受热面实际运行整体性能较好。

（2）进行锅炉水冷壁辐射热流密度变化特性试验，在水冷壁管组宽 1.5～1.8m、高 0.2～0.3m 区间，辐射热流密度最高，这是因为此处布置了由竖向的折焰墙构成的中拱，中拱上布置的二次风口和前拱上二次风口为相向设置，此处燃料的燃烧与炉内配风配合高效，炉内空气动力场组织更加充分，燃烧效率更高。

（3）通过改变供风量，研究各受热面传热系数的变化，在炉膛出口过量空气系数为 1.4～1.6 时，各受热面传热情况较好，供风量达到最佳。

（4）进行锅炉的正反平衡试验，在分别燃用成型玉米秸秆、成型花生壳、成型杂木末三种不同燃料时，正平衡效率均在 81.9% 以上，反平衡效率均在 82.8% 以上，锅炉排烟中 CO、NO_x、SO_2、烟尘含量分别为 $395×10^{-6}$、$147×10^{-6}$、$52×10^{-6}$、$28.9mg/m^3$，达到国家工业锅炉大气污染物排放标准要求。测得各项指标均满足设计要求，锅炉运行高效稳定，环保性能较好，说明此受热面结构与锅炉多拱炉膛、烟风系统良好匹配，设计比较合理。

（5）进行锅炉正反平衡㶲效率分析，正平衡法得出的㶲效率为 25.34%，反平衡法为 23.45%，相差不大；燃烧不可逆㶲损失为 44.28%，这是因为生物质燃料在炉膛中的燃烧过程为不可逆过程，燃料燃烧释放大量化学能，燃烧产物所具有的㶲值远低于燃烧前。传热不可逆㶲损失为 12.14%，这与各个受热面所处的烟气温度区域和工质参数有关。排烟㶲损失为 6.84%，可通过回热器回收余热的方法继续改善。在设计生物质锅炉时，应当同时兼顾热效率、㶲效率等多个方面，力求能量利用的量和质均得到提高。

10 新型炉膛温度场与气体浓度场分布规律测试试验

10.1 试验目的与意义

锅炉炉膛燃烧是很复杂的热交换过程，特别是固体燃料，在加热、着火、燃烧、热解和燃尽过程都要经历不同的物理化学反应。在锅炉实际运行中，很难直接掌控这些因素来维持燃烧的稳定。因此，可以通过监测炉膛温度场与气体浓度场的分布情况，来获得炉内实时燃烧状态，并依次调节进料速度、炉排速度、送风量等参数（林博群等，2015）。研究炉膛温度场与气体浓度场的分布规律，对判断炉内燃烧工况是否合理、锅炉是否能安全稳定地运行有着重要的科学指导作用。

该试验的目的是在炉膛高效率运行工况下，研究温度场与气体浓度场的分布规律，并根据炉膛设计的技术特点判断其合理性。

10.2 试验仪器

试验仪器主要包括：①MRU DELTA65 烟气分析仪，生产厂家为北京西林子科技发展有限公司，其各指标的测量精度分别为 O_2 浓度 $\pm 0.1\%$、CO 浓度 $\pm 10 \times 10^{-6}$、CO_2 浓度 $\pm 0.1\%$、效率 $\pm 1\%$、排烟温度 $\pm 0.5\%$；②DH-WRNⅡ级数字热电偶温度计，生产厂家为江苏兆龙电气有限公司，精度为 $0.3\% \times$ 测量值 $\pm 2.5℃$；③自制气体采样装置，探针 12cm，外径 3cm，如图 10-1 所示；④WRR-130 多热点探头，生产厂家为江苏苏科仪表有限公司，探头响应时间 $<150s$。

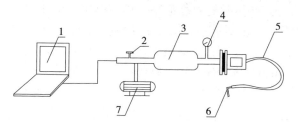

图 10-1 气体采样装置
1. 烟气分析仪 2. 阀门 3. 集气箱 4. 流量计
5. 高温热管 6. 探针 7. 小型引风机

10.3 试验方法

在炉膛内的测点布置情况如图 10-2 所示，圆圈代表测点位置。炉膛温度场试验采用接触式方法，即先在炉内不同墙面分别布置探杆底座，试验时将探杆插入底座，通过改变多热点探头的高度即可测出不同点位的温度；测量气体浓度时，借助探杆来移动气体采集探针，收集的气体通过烟管导入烟气分析仪；截面数值需多次测量取平均值。

试验测点高度为布风板以上炉膛净高度，工况条件为 80% 负荷，过量空气系数保持在 1.5 左右，原料选取块状玉米秆成型燃料，燃料层高度为 30cm。

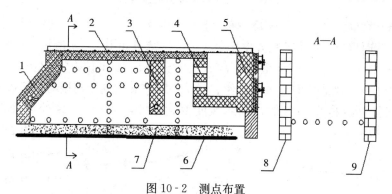

图 10-2 测点布置
1. 前墙 2. 拱顶 3. 折焰墙 4. 花墙 5. 后墙 6. 布风板 7. 燃料层 8. 左墙 9. 右墙

10.4 试验结果与分析

10.4.1 炉膛温度场测试试验

试验测定了炉膛第一、第二燃烧室沿高度方向的温度分布，测量结果如图 10-3 所示。从图 10-3 可以看出，沿炉膛高度方向的温度分布存在以下规律：

①高度在 0.4m 处，炉膛平均温度最高，第一燃烧室为 1 080℃，第二燃烧室为 1 024℃。这是由于此处燃料浓度大，挥发分大量析出，再加上供风充足，燃料迅速燃烧放热，温度可达最高值。②第一燃烧室内，在 0.6～0.8m 高度，由于二次风吹入和中拱的折焰作用，烟气中的可燃继续燃烧，温度出现小范围的升高，由 1 020℃提升至 1 035℃；之后随着高度的继续增加，炉温逐渐降低，由于二次风的圆形气流扰动作用，使高温烟气停留时间延长，温差梯度小，降温平缓；第二燃烧室内，0.4m 高度后，随着高度继续增加，炉温逐渐降低至 776℃，温差梯度大，降温明显。这是由于此区域没有二次风的吹入，高温烟气会经花墙直接进入燃烬室，停留时间短。

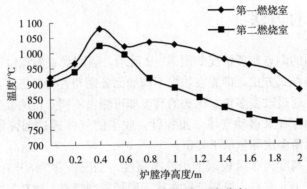

图 10-3　沿炉膛高度方向温度分布

试验期间，还在第一燃烧室布风板以上高度 0.4m、1.2m 和 1.6m 三处炉膛横向截面积内测定了炉膛温度场分布，测试结果如图 10-4 所示。从图 10-4 可以看出，炉膛第一燃烧室横向截面温度分布存在以下规律：①0.4m 高度处，由于二次风的中间风量大，使炉膛中心区域温度高于前墙与折焰墙附近温度，随着炉膛高度的增加，截面温度变化很小，1.2m 高度处截面温度为

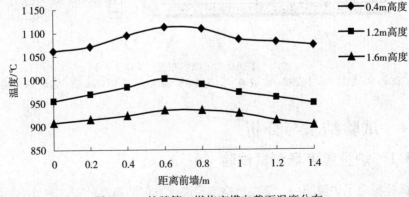

图 10-4　炉膛第一燃烧室横向截面温度分布

950～1 000℃，1.6m 高度处截面温度为 903～935℃。②从整体上看，第一燃烧室为主要燃烧区，其横向截面温度分布均匀，说明此工况下一、二次风风量配比合理，入炉燃料燃尽程度高，炉膛内运行稳定，传热平衡。

10.4.2　炉膛气体浓度场测试试验

对炉膛中 O_2、CO_2 与 CO 沿炉膛高度、深度方向上的分布情况进行了试验。炉膛沿高度方向气体浓度分布试验结果如图 10-5 所示。

从图 10-5（a）中可以看出 0～0.4m 高度范围，O_2 浓度迅速降低，由 12.74％降至 4.11％，CO_2 浓度由 7.09％提升至 12.60％，说明炉内供风充足，入炉燃料燃烧充分；随着高度的增加，燃烧减弱，O_2 浓度逐渐升高，CO_2 浓度逐渐降低，1.2m 到拱顶范围趋于恒定，O_2 浓度稳定在 9.00％左右，CO_2 浓度稳定在 8.20％左右。从图 10-5 中还可以看到 0.4～0.8m 高度，CO_2 浓度下降不显著，CO 浓度由 1.84％降至 0.72％，这是由于二次风的气流扰动作用，CO 继续燃烧向 CO_2 转化，说明二次风的布置实现可燃气体的再次燃烧。

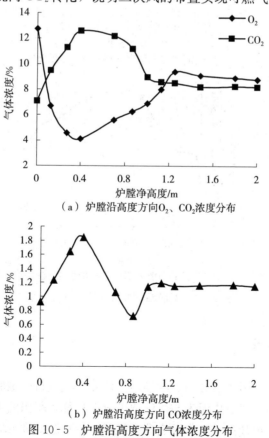

（a）炉膛沿高度方向 O_2、CO_2 浓度分布

（b）炉膛沿高度方向 CO 浓度分布

图 10-5　炉膛沿高度方向气体浓度分布

在试验中，测定了炉膛 0.4m 高度处沿深度方向气体浓度分布，测试结果如图 10-6 所示。从图中可以得出以下规律：①左右两侧壁面处气体浓度很低，左墙 O_2 浓度为 2.84%，CO_2 浓度为 2.36%，CO 浓度为 0.22%；右墙 O_2 浓度为 2.51%，CO_2 浓度为 2.62%，CO 浓度为 0.19%。这是由于水冷壁温度偏低，壁面处存在高浓度的气体下降流，使得气体浓度出现急剧变化。②炉膛中心处 O_2 浓度低，为 3.80%~5.61%；CO_2 浓度高，为 9.60%~13.27%；CO 浓度高，为 1.77%~1.85%。这是由于炉膛中心区域燃烧强烈，氧量消耗大，大量的 CO_2 与 CO 产出。③气体浓度分布曲线平滑，相邻距离没有出现剧烈的上下波动，说明炉内气体与燃料混合良好，燃烧合理。

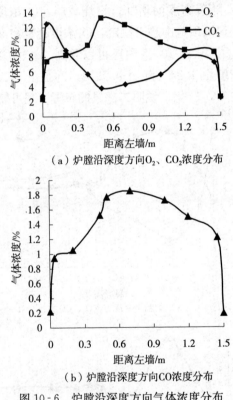

（a）炉膛沿深度方向O_2、CO_2浓度分布

（b）炉膛沿深度方向CO浓度分布

图 10-6　炉膛沿深度方向气体浓度分布

10.5　本章小结

本章对设计的新型炉膛内温度场与气体浓度场进行了试验研究分析，获得了锅炉在实际运行时炉内温度与气体浓度分布规律，得出的主要结论如下：

(1) 试验得出新型炉膛内温度分布规律。沿炉膛高度方向上，第一、第二燃烧室温度均呈现先增大后减小的趋势，0.4m 高度处温度达到峰值，为 1 080℃和 1 024℃；第一燃烧室在 0.6～0.8m 高度由于二次风作用，温度出现回升。沿炉膛横向截面方向上，第一燃烧室在 0.4m、1.2m 和 1.6m 高度处温度分布均匀。炉膛温度分布符合生物质燃料燃烧特性，与实际情况相符，证实炉膛设计的合理性，能组织生物质成型燃料稳定、高效的燃烧。

（2）试验得出新型炉膛内气体浓度分布规律。沿炉膛高度方向上，O_2 浓度先减小后增大，0.4m 高度时最低为 4.11%，到 1.2m 高度时稳定在 9.00% 左右；CO_2 浓度先升高后降低，0.4m 高度时最高为 12.60%，到 1.2m 高度时稳定在 8.20% 左右；CO 浓度呈现先增加后减小再趋于恒定的趋势，在 0.4～0.8m 高度向 CO_2 转化，浓度下降。沿炉膛深度方向上，壁面处气体浓度低；炉膛中心区域燃烧强烈，CO_2 与 CO 浓度高，O_2 浓度低。气体浓度分布符合生物质燃料燃烧规律，说明炉膛设计合理，能有效地组织炉内空气动力场，提高燃烧效率。

11 农作物秸秆打捆燃料

11.1 农作物秸秆打捆资源现状

11.1.1 农作物秸秆打捆机械情况

秸秆的热量低、体积大，作为燃料直接散烧，能量密度太低，运输和储存也不便，这些问题严重限制了秸秆作为燃料的大规模应用。对秸秆就地进行高密度压缩能够解决秸秆松散、能量密度低、储运困难且成本高等问题。采用机械化打捆是一种非常方便的秸秆收集压缩方式，特别是在田间运行作业的各种类型的秸秆捡拾打捆机，能自动完成玉米、小麦和水稻等作物秸秆的捡拾、压捆、捆扎、打结和放铺一系列工作，将散乱于田间的各类秸秆经机械捡拾收集和打捆机压制成捆，方便运输、加工和储存。农作物秸秆打成捆是最经济、最快捷的有效方式之一。

世界上第一台机械固定式牧草打捆机由美国人迪德里克（Dederic）于1870年发明，随后又出现了固定式小方捆机及圆草捆机。在经历了几十年的发展后，20世纪30年代初牵引式小方捆打捆机的诞生使打捆机迎来了第一次飞跃性的进步。随后10年，牵引式打捆机逐步在世界范围取代了固定式打捆机。60—80年代，打捆机技术迅猛发展，方捆及圆捆机成为两大畅销机型。1976年，美国惠斯顿（Hesston）公司发明了大方草捆打捆机，因其高效及成捆质量高等优点，在欧美发达国家得到迅速普及。国内外对于打捆机的分类方法有多种，按作业方式进行分类，可分为牵引式和固定式，其中固定式又可分为卧式与立式，相较于牵引式，固定式打捆机虽然扎捆效果更好，密度更高、更紧实，但需人工进料，而牵引式则能实现捡拾、喂入、压缩及打捆一系列操作全自动化，省时省力；按打捆的形状进行分类，则可分为方捆与圆捆两种类别，其中方捆又分为大方捆与小方捆；按照缠绕材料进行分类，则可分为绳打捆机和钢丝打捆机。

11.1.2 农作物秸秆打捆资源情况

11.1.2.1 秸秆捆分类

农作物秸秆捆按形状可分为小方捆、大方捆和圆捆，按秸秆类型可分为玉米秸秆捆、小麦秸秆捆、稻秆捆等。

(1) 小方捆。小方捆是由小方捆打捆机械捆扎而成，其截面尺寸（高×宽）主要有以下几种：31cm×41cm、36cm×46cm 和 41cm×46cm 三种，草捆长度在 30～130cm 内可调，重 14～68kg，密度为 160～300kg/m³。小方捆因为草捆较小，造价低、投资小，运输和储存较为方便，配套拖拉机功率很小，动力输出轴功率在 22kW 以上，可以使用手工装卸，颇受农民和秸秆收购者的欢迎。其缺点是打捆及草捆搬运作业需要更多的劳动力（盛国成等，2012）。

国外生产方草捆压捆机的企业主要有凯斯纽荷兰、德国克拉斯、约翰迪尔、麦赛福格森、惠斯顿等。国内开发生产小型打捆机的单位主要有中国农业机械化科学研究院呼和浩特分院、现代农装公司、中国收获机械总公司以及中日合资上海世达尔公司（张晶晶，2014）。

(2) 大方捆。大方捆是由大方捆打捆机捆扎而成，大方草捆的尺寸通常都很大，常见草捆的截面尺寸（高×宽）类型有 120cm×100cm 和 130cm×120cm 两类，草捆长度一般为 100～300cm，重 820～910kg，密度为 240kg/m³。大方捆打捆作业效率比较高，运输方便，但造价较高，投资较高，需配套较大功率拖拉机，需要 70～147kW 的拖拉机与其配套，草捆需采用机械化装卸与搬运，一般大型集体农场采用大方捆方式收集存储秸秆，完成机械一体化。国外开发大方捆的厂商主要有克拉斯公司、海斯顿公司（阿格科集团）以及凯斯纽荷兰公司（陈锋，2007）。

(3) 圆捆。圆捆是由圆捆打捆机捆扎而成，中心较为疏松，外围较为密实，秸秆在打捆机中沿着转动的成型链辊上升，当上升至一定高度后，靠自重回落，形成草芯，并依附转动链辊以一定的速度回转，随着秸秆的增加，草芯不断增大，待秸秆充满成型室后，成型辊逐渐对草捆加压，形成圆捆（陈锋，2007）。圆捆一般长 100～107cm，直径 100～180cm，重 600～850kg，密度为 110～250kg/m³。青储小圆捆长度一般为 50～70cm，直径约 80cm，重 18～20kg，密度为 115kg/m³，打捆后及时包膜保鲜。圆捆工作效率较高、消耗动力少、容易缠膜，便于草捆储存，可直接制作青贮饲料，但是，由于圆捆靠物料输送带或链辊卷压成型，所以草捆容易形成内松外紧、密度不均的草捆，并且草捆密度一般比方草捆密度低，圆草捆存储也较方草捆浪费空间，增加了储运成本，配套拖拉机功率为 20～40kW，草捆采用机械化装卸与搬运，不适于长途运输。国外开发圆捆的厂商主要有克拉斯公司。

11.1.2.2 常用打捆机

由于我国农村耕种集约化、机械化程度较低，农作物秸秆主要以小麦和玉米秸秆为主。因此，成本较低、投资较小，可以使用人工装卸，运输和储存更为方便的小型打捆机械颇受农户欢迎，常用的打捆机型有：

(1) 呼和浩特农机院自主开发的 9YFQ-1.9 型方捆机。呼和浩特农机院是中国农业机械化科学研究院分院，其自主开发的 YFQ-1.9 型跨行式方草捆捡拾压捆机 2001 年获得"国家重点新产品"证书，2006 年国内销量超过 300 台，2007 年国内销量超过 500 台，市场销量连续三年居首位。这款机型适用于牧草及各农作物秸秆的打捆，采用德国进口打结器和主要传动系统，整机性能稳定，成捆率高。这款机型还具有对称纵轴线，行驶比较稳定，易牵引，可以在小块地和不规则地块上作业。主要技术参数：捡拾宽度为 1 928mm，草捆横截面尺寸为 360mm×460mm，草捆长度为 300~1 300mm，草捆密度为 110~180kg/m³，配套动力为 26kW（35 马力*）以上拖拉机（杜建强等，2006）。

(2) 上海世达尔现代农机有限公司生产的 THB2060 型和 MRB0870 型打捆机。THB2060 型方捆打捆机主要用于捡拾收集牧草及稻秆、小麦秸秆，自动连续操作，打成方型草捆，便于运输储存和处理，适合在农场和牧场作业，可根据农作物的条件以及运输和储存要求，自动调整方捆的长度和密度。该机型捡拾打捆机主要技术参数：捡拾宽度 1 440m，草捆横截面尺寸为 320mm×420mm，草捆长度为 300~1 000mm，配套动力为 25~50 马力的拖拉机。

MRB0870 型圆捆打捆机能自动完成牧草、稻秆、麦秆和经揉搓的玉米秸秆的捡拾，打压成捆和放捆，广泛用于干青牧草、稻秆、麦秆和玉米秸秆的收集捆扎，并且可以与包膜机配套，对青贮饲料进行包膜。该机型捡拾打捆机主要技术参数：捡拾宽度为 1440m，草捆横截面尺寸为 320mm×420mm，草捆长度为 300mm~1 000mm，配套动力为 25~50 马力拖拉机。

(3) 凯斯纽荷兰机械（哈尔滨）有限公司生产的 BC5000 系列打捆机。凯斯纽荷兰机械（哈尔滨）有限公司生产的 BC5060 和 BC5070 小方捆打捆机，可对牧草及各种农作物秸秆进行捡拾打捆。BC5060 型打捆机主要技术参数：捡拾宽度为 1 800m，草捆横截面尺寸为 360mm×460mm，草捆长度为 310~1 320mm，配套动力为 62 马力的拖拉机。BC5070 型打捆机主要技术参数：捡拾宽度为 2 000m，草捆横截面尺寸为 360mm×460mm，草捆长度为 310~1 320mm，配套动力为 75 马力的拖拉机。

由此可见，我国的秸秆打捆资源主要是以小麦和玉米秸秆为主、草捆横截

---

* 马力为非法定计量单位，1 马力≈735.498 75W。——编者注

面尺寸为 320mm×420mm 或 360mm×460mm 的小方型秸秆捆。

11.2 秸秆捆烧技术及设备研究现状

11.2.1 生物质打捆燃烧技术

将松散的生物质原料打捆后作为燃料燃烧的这一过程称为生物质捆烧。打捆后的原料紧实规则，节省了运输与储存成本，也提高了燃烧效率。生物质打捆分三种类型，即方捆、大方捆和圆捆，根据打捆类型的不同及进料方式的不同，用于生物质捆烧的设备也不同。

11.2.2 国外生物质捆烧的研究现状

生物质秸秆打捆燃烧技术发展较为成熟的国家有丹麦、法国和比利时等，丹麦在 20 世纪 70 年代就已经开始了整捆秸秆的燃烧利用，但当时的整捆秸秆燃烧设备的效率只有 35% 左右，秸秆燃烧不完全，效率较低。20 世纪 90 年代，丹麦政府制定了减少 CO_2 排放的能源计划，由于生物质能源在其生命周期里 CO_2 零排放的特性，政府开始鼓励用生物质能源代替化石能源的政策，1995 年，丹麦制定了生物质秸秆锅炉补贴计划，使得其应用规模显著提高，进入 21 世纪，丹麦政府又颁布了新的补贴制度，燃用生物质的锅炉要想获得补助就必须通过各种性能测试，各项指标达到标准之后才能获得补助，且测试结果越好得到的补助就越多，这项政策大大刺激了锅炉制造商的研发积极性，使得各类高性能的生物质锅炉迅速发展起来。如今，丹麦生物质锅炉的类型繁多，而与之相匹配的各种各样的小、中、大型打捆机生产各种类型的生物质秸秆捆。美、日等发达国家的生物质捆烧技术近几年来发展得较为成熟，已经研发出了系列化的产品并得到推广和应用。国外捆烧技术大体可分为两种，一种是直接燃烧整个草捆的锅炉系统，另一种是连续燃烧（cigar）整个草捆的系统。

11.2.2.1 直接燃烧整个草捆的锅炉系统

该系统适合农场供热，草捆不用进行远距离运输也不用进行搅碎处理。燃烧整个草捆的锅炉通常与储水罐安装在一起，储水罐可以装在锅炉的上方（图 11-1），也可以在燃烧室外嵌水套，通过炉壁传热使水直接吸收燃烧过程中释放的热量，储水罐中每 70L 的水对应燃烧室中 1kg 秸秆。该间歇式燃烧整个草捆的锅炉系统由于一般在满负荷状态下运行，因此秸秆的利用率较高。该锅炉燃烧室由耐火砖砌筑而成，呈圆柱体或立方体结构，即使在高温情况下也能安全运行，燃烧室可容纳一个大型草捆或 6～10 个小型草捆，小型草捆由人工装料，大型草捆通常由带有前端式装载设备的拖拉机装料，草捆在燃烧室内被点燃燃烧，一次风从燃烧室上端的喷口喷入，二次风从炉膛后墙喷入，电子控制设备通过监测烟道气温和 O_2 浓度来控制空气总量和一二次空气的分配比例，将锅炉出力控制在规定限度内，由于电子设备的控制，燃烧可以在过量空气低于 1.5 的最佳状态下进行，燃烧效率可达 77%～82%，燃烧结束后，由人工或清灰机械进行清灰。

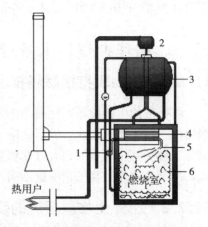

燃烧整个草捆的锅炉系统有燃烧小型方捆的锅炉和燃烧大草捆（圆捆或方捆）的锅炉两种类型，小型草捆锅炉因为其适应性强、质量轻等优点在早期得到快速发展。现如今大多数间歇式锅炉向高效率大型化发展，是以大草捆（大圆捆和大方捆）为燃料而设计的。

图 11-1　燃烧整个草捆的锅炉系统工作原理
1. 风机　2. 膨胀水箱　3. 储水罐
4. 火管　5. 空气喷嘴　6. 秸秆

（1）燃烧小方捆的锅炉。燃烧小方捆的锅炉通常用于小型建筑的供暖供热，燃烧室一次可燃烧 6～10 个小型方捆秸秆燃料，由于设备不大，可用人工进行装料、清灰等，图 11-2 为国外几种燃烧小方捆的锅炉。

（a）Alcon A/S公司的Alcon R–30～120kW系列锅炉

（b）Step Trutnov a.s. 公司的STEP-KC 50～190kW系列锅炉
图 11-2　国外燃烧小方捆的锅炉

（2）燃烧大草捆的锅炉。相比燃烧小捆的锅炉，燃烧大捆锅炉的容量较大，一次可进一整大捆，采用机械送入，锅炉功率也大，一天只需进料、清灰1～2次。图11-3为燃烧大方捆和大圆捆的两种炉型，图11-4为燃尽的灰渣和清灰装置。

（a）燃烧大圆捆锅炉

（b）燃烧大方捆锅炉

图11-3 燃烧大草捆的两种炉型

图11-4 燃尽的灰渣和清灰装置

11.2.2.2 连续燃烧整个草捆的系统

连续式捆烧设备也称为 Cigar 式燃烧器，由丹麦开发，其与传统的间歇式燃烧器不同，有较高的连续性，可以一个一个地持续性燃烧秸秆打捆燃料而不停歇，由于其燃烧方式跟点燃的雪茄很像，因此被称为 Cigar 燃烧器。秸秆打捆燃料随炉排进入炉膛后依次经历水分蒸发、挥发分的析出、固定碳的燃烧和燃尽三个阶段，在前面的打捆燃料发生燃烧放出的热量为后面的打捆秸秆提供水分蒸发和挥发分析出提供热量，逐渐向前推进燃烧。但由于其独特的尺寸结构，不利于燃料内部传热传质的进行，单位时间内释放的热量有限，锅炉热强度不高，目前市场上的锅炉多为热水锅炉，很少有蒸汽锅炉。Cigar 燃烧器的炉排目前有倾斜式和水平式两种。由于生物质燃料通常情况下含水率较高，生物质灰分熔融点较低，在炉膛内高温下，捆烧灰烬容易烧结，这不利于捆烧设备的除灰除渣。图 11-5 所示为常见的连续式捆烧设备。

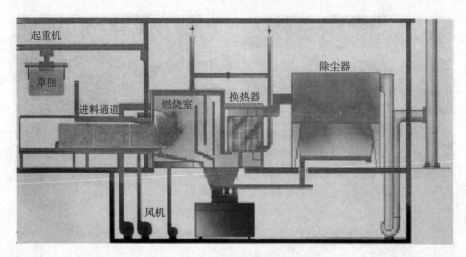

图 11-5　连续燃烧整个草捆设备

Cigar 式连续捆烧系统，由于其燃烧过程可控性好，有利于智能化操作，因此在国外得到了大范围的推广和应用，被认为是目前燃烧整捆秸秆最佳方式。另外，间歇式捆烧设备，燃烧完整个草捆后需要打开炉门重新填充生料，填入的新草捆要重新经历预热、水分蒸发、挥发分的析出等过程，燃烧过程极不稳定，炉膛内燃烧温度波动幅度较大。而连续式燃烧器则解决了这一问题，大大提高了燃烧效率，同时还具有加料便捷、结构简单等优点。图 11-6 所示是国外一种常见的水平式进料捆烧锅炉，图 11-7 是一种常见的倾斜式进料捆烧锅炉。

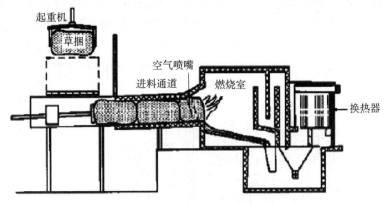

图 11-6 水平式进料捆烧锅炉

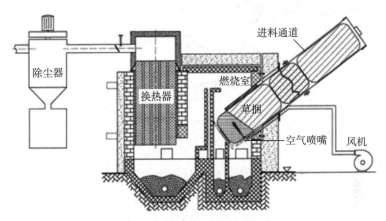

图 11-7 倾斜式进料系统捆烧锅炉

11.2.3 国内生物质捆烧的研究现状

我国是农业大国，生物质秸秆分布广泛，储量丰富，而且随着技术的不断进步，我国各种型号的打捆设备也迅速发展，为捆烧技术的推广应用打下了基础。由于我国的家庭式作业生产方式的限制，目前，我国的秸秆打捆设备中小型居多，很少有大型的打捆设备。打捆多是为了方便运输，打捆后的秸秆多用来作为养殖场饲料，或者整捆运输至电厂后打散切碎燃烧，国内很少有直接燃烧整个草捆的燃烧设备。业内研究学者刘圣勇教授在2010年设计出了一款生物质捆烧锅炉，用来燃烧整个打捆燃料，其具体工作原理如下：该捆烧锅炉为固定式炉排，整个打捆燃料通过进料口推入炉膛，落到固定炉排上进行燃烧，燃烧快结束时继续加入新的打捆燃料，前面未燃尽的高温打捆燃料落入炉排下方的灰烬燃烧室，落入下方的高温燃料为加入的生料提供前期燃烧所需的热量。炉膛内部布置有水冷壁，打捆燃料释放的热量与水冷壁进行辐射热交换。炉膛内还布置有二次风口，二次风对烟气形成扰动，使挥发分在炉膛内充分燃尽，燃烧产生的高温烟气与炉膛内的对流受热面进行热交换，该捆烧锅炉结构如图 11‐8 所示。

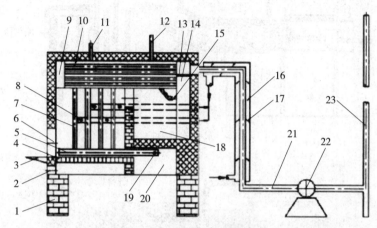

图 11‐8　生物质捆烧锅炉结构

1. 底座　2. 进风口　3. 燃料支架　4. 炉排　5. 下集箱　6. 进料口　7. 辐射受热面
8. 二次风喷口　9. 前烟箱　10. 对流受热面　11. 出水口　12. 排气口　13. 烟气挡板
14. 后烟箱　15. 排污管　16. 二次风夹层　17. 肋板　18. 降尘室　19. 进水口
20. 灰室　21. 烟道　22. 引风机　23. 烟囱

该捆烧锅炉为间歇式燃烧器，通过计算调控过量空气系数，能达到供风与捆烧燃料相匹配的目的，通过试验该锅炉也可以稳定地工作。但由于打捆燃料独特的尺寸结构和密度，在实际运行中仍然存在燃烧效率较低、单位时间内放出热量较少、炉膛热强度低的问题。目前，我国国内打捆燃烧设备还很少，打捆燃料的燃烧机理还不够明确，相关的捆烧技术亟待解决，这是阻碍捆烧设备大面积推广应用的绊脚石。

11.3　生物质层燃锅炉燃烧过程数值模拟研究现状

我国生物质秸秆捆烧技术的理论研究及应用研究还不成熟，这对秸秆捆烧锅炉的设计和运行等带来了一定的困难，在实物上进行性能试验研究往往代价昂贵，不仅投资高、周期长，而且研究范围小，参数更改不便，获取的数据量也有很大的局限行，整体研究成果的通用性差。随着计算机技术的发展，仿真和数值计算成为一种很好的替代研究方法，计算机模拟技术可以借助数学模型对不同结构的秸秆捆烧锅炉模型进行仿真模拟，并可以模拟锅炉在不同工况下的运行情况，通过对运行参数的影响进行分析，选择最优组合，实现秸秆捆烧锅炉的高效、低污染排放运行，为锅炉的设计和运行等提供可靠的技术指导。

秸秆打捆燃料燃烧为层燃，比秸秆粉体燃料燃烧的模拟更为复杂，秸秆打捆燃料燃烧设备的模拟包括秸秆打捆燃料层的燃烧和炉膛稀相空间的燃烧，两者之间存在复杂的质量和能量交换，具有强烈的交互作用。生物质层燃锅炉的燃烧模拟一般有三种方式：

（1）将单独的生物质燃料层作为整体计算域的一部分，而不是另外设一个独立的床层模型，生物质燃料层的反应采用多孔介质模型，模拟得到燃料层逸出气体的成分、浓度、温度和速度等参数，作为炉膛稀相空间燃烧的边界条件。

（2）炉膛内稀相空间燃烧的边界条件采用实验和测量的方法获得，通过测量得到燃料层上方逸出气体的成分、浓度、温度和速度等参数，以及与沿炉排运动方向上位置一致的燃烧速率。这种通过实验和测量的方法获得边界条件来模拟生物质层燃锅炉的燃烧发展比较成熟，数据比较可靠，结果相对准确。

（3）英国 Sheffield 大学用研发的床层模型 FLIC 来模拟层燃锅炉燃料层的燃烧，通过床层模型获得床层逸出气体的浓度分布、速度和温度等炉膛稀相空间燃烧模拟的边界条件，FLIC 作为独立的模型还能够单独使用来研究燃料特性以及一些燃烧参数如床层孔隙率、一次风率和挥发分析出速率等对燃烧的影响。床层模型 FLIC 可以独立地模拟燃料层研究燃料质量、热量转换率以及床层上方逸出气体组分。

11.3.1 生物质床层燃烧模型

生物质床层部分一般采用多孔介质模型，即把燃料层看作多孔介质，作为固体骨架的生物质燃料为固相部分，没有骨架的孔隙空间为气相部分，然后分别对气相和固相流动和传热的守恒方程进行求解，这种方法来源于化学研究学者们对填充床反应器和催化固定床内传热和流动特性的研究。早在 1953 年 Argo 等推导出多孔介质堆积床的轴向有效导热系数的算式，该算式不仅包含了气相的对流、热传导、热辐射，还包含固相之间的热传导和热辐射，对不同的气体流速、固体颗粒直径和固体导热系数进行计算后，都能预测出满意的结果。Yagi 和 Kunii 分别对不同材质的固体颗粒的堆积床进行了实验，包括铁球、陶瓷、水泥渣和耐火砖等，通过无流体的有效导热系数得到的有流体情况下的有效导热系数。1968 年，Edwards 等通过向堆积床注入氩气的方法对多孔介质堆积床径向扩散系数进行研究，研究发现，床层质扩散系数与气相的雷诺数有关，雷诺数较低时，分子扩散系数起主导作用，雷诺数较高时，由涡扩散决定，并推导出多孔介质内质扩散系数的算式。Tsotsas 等考虑了会影响轴向扩散系数的另一个因素——多孔介质堆积床的颗粒堆积的不均匀，并对此做了进一步研究。Dixon 等综合考虑了多孔介质堆积床的不同方向上的导热系数，并进行了理论推导，加入了床层孔隙率、颗粒直径大小、流体速度、导热系数等更为复杂的固相和气相参数。Vortmeyer 总结了多孔介质堆积床颗粒之间的辐射的模化方法，并在此基础上，对颗粒间有效吸收系数和散射系数进行了求解。

　　近年，Fjellerup 等扩展 Yagi 和 Kunii 的工作，在其基础上研发了生物质稻草床层导热性的模型，模型利用颗粒内部距离以及颗粒之间孔隙率的关系来描述床层内部的传热。通过分别对堆积的切碎和未切碎的稻草样品进行热传导实验，实验结果和边界条件为颗粒直径和颗粒间孔隙率的模型计算结果相一致，证实模型的准确性。此外，Fjellerup 等还对影响稻草床层导热性的气体流量、颗粒直径、颗粒间孔隙率等参数进行了研究。Frigerio 等对生物质燃料层内气体燃烧的混合速率做了研究，理论分析了燃料层中挥发分燃烧速率。Nijemeisland 将床层的燃料视为圆球，利用 FLUENT 软件对画出的颗粒堆积网格进行计算，得出床层孔隙间的速度和多孔介质换热系数，用多孔介质换热系数的解析解进行了对比验证。Guardo 等也通过 FLUENT 软件对床层网格划分进行计算，如图 11-9 所示，经过实验对比对不同湍流的模型进行了研究。

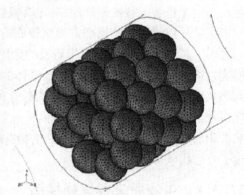

图 11-9　床层网格划分

　　随着计算机科学技术的发展，研究人员开始以日益增多的垃圾、生物质焚烧炉为研究对象进行完整层燃炉燃烧数值模型研究。Thunman 等把生物质燃料层视为是大小一致的圆球均匀堆积在一起的多孔介质，燃料是固相部分，圆球间的孔隙是气相部分，先建立固相的数学控制方程，再建立气相的数学控制方程，组成生物质的固定炉排燃烧模型，如图 11-10 所示。该模型既可以模拟从上向下的燃烧，也可以模拟从下向上的燃烧，能够模拟出燃烧过程不同反应阶段的情况，计算的结果与实验数据相一致。

　　对于链条炉等非固定床层，一般利用拉格朗日法即通过固定床来推测非固定床燃烧的特征。Wurzenberger 等对链条炉排炉的床层燃烧进行研究，利用固定床层的一维模型来推测链条炉排上不同位置的燃烧特征，如图 11-11 所示。模型可以计算出床层内部温度、水分以及挥发分等组分随时间的变化情况，可以用来提高燃料床层的燃烧效率和减少污染物的排放。

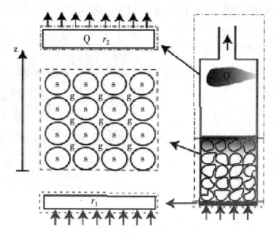

图 11-10　固定床生物质燃烧模型

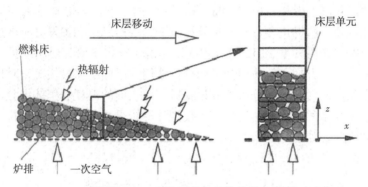

图 11-11　生物质焚烧炉拉格朗日模型

Kaer 等采用拉格朗日法对稻草移动床焚烧炉的数值模型进行了研究，分别建立移动床层的固相和气相方程，进行二者之间的传热的计算，模型既模拟了床层的燃烧过程又为炉膛内气相燃烧模拟提供了边界条件。

Ryu 等对固定床垃圾焚烧炉模型进行了研究，建立了一维非稳态模型。Van der Lans 等对燃烧稻秆的移动床炉进行了研究，建立了二维稳态模型，并通过一个稻秆固定床燃烧实验台进行了验证，证明了模型的准确性。

Zhou 等延续了 Van der Lans 的研究，在稻秆固定床燃烧实验台对建立的一维非稳态异相燃烧模型进行了验证，通过对比发现，模拟计算的结果与固定床的实验结果较为一致。该模型考虑了稻草燃烧过程中的不同阶段以及气、固相之间温度差等因素。Yang 等在对生物质固定床层燃烧模型进行研究时，将划分的床层网格分为三种，分别代表气相、固相边界以及固相内部，如图 11-12 所示。对不同的网格分别建立不同的能量、质量、动量和组分方程。代表固相颗粒的网格，只考虑导热项；代表固相边界的网格，有导热、对流和辐射；代表气相属性的网格，除了导热、对流和辐射外，还有湍流效应。

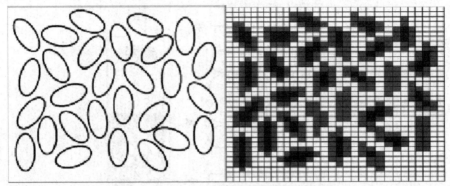

图 11 - 12　生物质颗粒床的直接网格划分

最近，英国 Sheffield 大学的 Yang 等研发出的床层模型 FLIC 来模拟生物质层燃锅炉燃料层的燃烧，FLIC 可以作为独立的模型，还能够单独使用来研究燃料特性以及一些燃烧参数，如床层孔隙率、一次风率和挥发分析出速率等对燃烧的影响。床层模型 FLIC 可以独立地模拟燃料层来研究燃料质量、热量转换率以及床层上方逸出气体组分。同样，他们采用固定床燃烧炉来对模型进行校核，利用热电偶和气体分析仪等设备对床层表面的温度和气体组分进行测量，作为校核模型的数据。对比显示，模型计算结果与实验结果较为符合，达到合理的准确度，如图 11 - 13 所示。

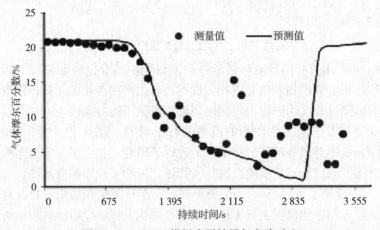

图 11 - 13　FLIC 模拟床层结果与实验对比

11.3.2　生物质炉膛燃烧模型

生物质燃料析出的挥发分在炉膛稀相空间与氧气混合燃烧，混合速率和反应速率决定了气体燃烧的速率。因此，在炉膛稀相空间燃烧中流体力学居于支配地位。国内外学者对炉膛稀相空间的模拟，主要集中在对炉膛的几何结构和配风的优化。不好的炉膛结构设计和配风会导致炉膛气体混合不充分，燃烧不完全，炉膛火焰的充满度不好。对炉膛稀相空间的燃烧模拟可以对炉膛结构和配风进行优化，通过考察不同工况下炉膛内流场、温度场和组分浓度来评价生物质锅炉的燃烧性能。

Sharler 和 Obernberger 等通过对炉膛气体燃烧的模拟来研究分级配风及烟气再利用对气体的混合、温度和燃尽的影响。研究发现，分级配风和烟气再利用能够使生物质层燃锅炉的气体混合充分，燃烧完全，改善炉膛温度分布，减少结渣，并对生物质炉排炉烟气再循环喷口和二次风喷口的结构尺寸以及空气分级设计提出了指导方针。

Dong 等分别对三种容量的生物质锅炉建立燃烧模型，对一种命名为"ecotube"的新的配风方式对炉内燃烧的影响进行了数值模拟分析，模拟发现，这种新的配风方式能够改善炉内气体混合，提高炉膛火焰充满度，进而提高锅炉燃烧效率。

Yin 等对一个 108MW 生物质锅炉建立数学模型，进行燃烧模拟，以优化设计和运行，通过实际锅炉的参数调试运行进行验证，研究发现：对于层燃炉的炉膛燃烧模拟，边界条件与网格质量对整体结果的影响很大；因为边界条件的复杂性，很难得到精确的 CFD 模型；生物质焚烧锅炉中双切圆结构二次风有利于气体的燃尽，但二次风喷口的位置和速度还需进一步优化。

12 秸秆打捆燃料燃烧特性和影响因素

在秸秆打捆燃料燃烧过程中，开展燃料的燃烧特性、燃烧过程以及燃烧动力学特性的研究，对打捆燃料燃烧装置的设计具有重要的理论意义和应用价值。本章采用自主设计的实验台对生物质秸秆打捆进行燃烧特性和影响因素的分析研究，该设备可以模拟出生物质秸秆打捆燃料在燃烧设备中整捆燃烧的实际燃烧过程，可自主调节燃烧时的不同工况，如不同的过量空气系数等，并能实时监测燃料在各种工况下固定床内高度方向上不同位置的温度、烟气组分浓度、床层重量随时间变化的规律。通过分析秸秆打捆燃料的燃烧过程及燃烧特性、影响秸秆打捆燃料燃烧的主要因素（如秸秆燃料类型、燃料形状尺寸和配风情况等）、秸秆燃料燃烧动力特性的变化，来合理选择燃料、风量，提高锅炉燃烧效率，为秸秆打捆燃烧设备的开发与应用提供理论与实验基础。

12.1 实验原料和方法

12.1.1 实验原料

实验中选用了两种小方捆秸秆打捆燃料，横截面积为 36cm×46cm 的小麦秸秆捆和玉米秸秆捆，小麦秸秆是直接捡拾打捆，密度约为 80kg/m³，玉米秸秆是先粉碎再打捆，密度约为 100kg/m³。分别参照 GB/T 28731—2012《固体生物质燃料工业分析方法》、GB/T 31391—2015《煤的元素分析》和 GB/T 30727—2014《固体生物质燃料发热量测量方法》，对这两种秸秆打捆燃料的工业分析、元素分析和发热量进行测定，测定结果见表 12-1。

表 12-1 玉米和小麦秸秆打捆燃料的成分分析

样品	元素分析/%					工业分析/%				发热量 $Q_{net,ad}$/(kJ/kg)
	C_{ad}	H_{ad}	N_{ad}	S_{ad}	O_{ad}	M_{ad}	A_{ad}	V_{ad}	F_{cad}	
玉米秸秆	42.57	3.82	0.73	0.12	37.86	8.00	6.90	70.70	14.40	15 840
小麦秸秆	40.68	5.91	0.65	0.18	35.05	7.13	10.40	63.90	18.57	15 740

12.1.2 实验装置和方法

12.1.2.1 热重分析和实验条件

热重分析采用 NETZSCH 同步热分析仪,将小麦和玉米秸秆捆取少量通过研磨和过筛,制成 100 目的实验样品,在 105℃的干燥箱内干燥 2h,燃烧实验气氛为空气,样品质量为 8.0mg±0.5mg,气体流量为 80mL/min,实验从室温开始,升温速率为 20℃/min,终温为 1 000℃。

12.1.2.2 秸秆打捆燃烧实验及实验条件

图 12-1(a)所示为自主设计的秸秆打捆燃料燃烧实验台系统,整套系统包括炉体、称重系统、温度测量系统和烟气成分测量系统四部分。图 12-1(b)所示为实验台的炉体部分,实验时将小麦秸秆和玉米秸秆打捆燃料整捆放进燃烧室内进行燃烧。图 12-2 为秸秆打捆燃烧实验台实物装置,图 12-3 所示为秸秆打捆燃烧实验台内部实物装置。

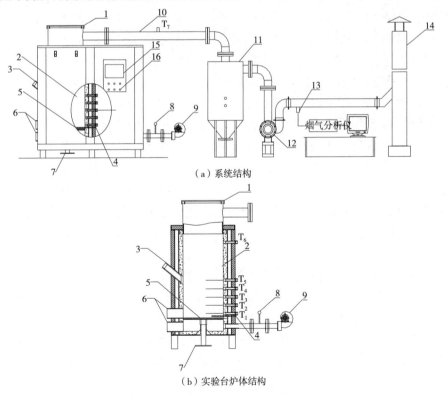

(a)系统结构

(b)实验台炉体结构

图 12-1 秸秆打捆燃料燃烧实验台

1. 进料口 2. 燃烧室 3. 观察孔 4. 电加热棒 5. 炉排 6. 清灰口
7. 称重计 8. 空气流量计 9. 鼓风机 10. 排烟管 11. 除尘器 12. 引风机
13. 烟气取样口 14. 烟囱 15. 触摸显示屏 16. 控制开关

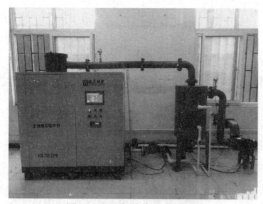

图 12-2　实验台实物装置　　　　　图 12-3　实验台内部实物装置

（1）实验台炉体。燃烧室是内径为 600mm 的竖直圆筒，使用厚度为 5mm 的 0Cr25Ni20Ti 钢制成，燃烧室高 1 000mm，内衬有 50mm 的高温耐火砖，外层包有厚度为 50mm 的石棉保温材料，炉排采用 ϕ600mm 的圆形炉排，使用普通钢制成，炉排上有 86 个通风孔。实验采用电加热棒点燃燃料，电加热棒位于燃料下方、炉排上方，燃料被点燃后关闭加热棒。

（2）称重系统。炉排与实验台下方的电子天平通过一顶杆连接，在燃烧过程中，秸秆打捆燃料的质量变化能够通过电子天平显示出。

（3）温度测量系统。在柱形炉体上，沿炉排向上布置了 6 个热电偶（$T_1 \sim T_6$），热电偶 T_6 位于燃烧室上端，用来测量燃烧室炉膛温度，热电偶 T_1 距炉排最近，约 50mm，热电偶 $T_2 \sim T_5$ 距炉排的距离分别为 150mm、250mm、350mm、450mm，热电偶 $T_1 \sim T_5$ 可伸缩，能插入生物质打捆燃料内部，测量燃料内部不同位置不同燃烧阶段的温度，热电偶 T_7 位于排烟管上，用于测量烟气温度，热电偶信号经转换模块接入数字采集仪，数字采集仪采集的数据在显示屏显示。

（4）烟气成分测量系统。烟气取样口布置在排烟管道上，烟气经过水浴除尘器进入 QUINTOX-KM9106 综合烟气分析仪，烟气分析测量仪在线测量 O_2、CO_2 和 CO 的体积分数，测量精度为 ±5%。

（5）风机和变频系统。实验中采用鼓风机送风，并且在烟道出口布置引风机引出烟气，给风量和引风量通过变频器进行控制，可以实现不同的风量和配比方式。

12.1.2.3　动力学计算方法

Coats 积分法是动态热重法中常用来研究动力学的方法。对于一个在液相或固相里发生的化学反应，如果反应的生成物之一是挥发的，则其化学反应速

率可以表示为

$$\frac{\mathrm{d}\alpha}{\mathrm{d}t} = kf(\alpha) \tag{12-1}$$

积分形式表示为

$$g(\alpha) = \int_0^\alpha \mathrm{d}\alpha / f(\alpha) = kt \tag{12-2}$$

式中　α——t 时刻分解失去的重量与反应物全部分解时的总重量之比，

表示为 $\alpha = \dfrac{m_0 - m_t}{m_0 - m_\infty}$，其中 m_0 为试样初始质量，m_∞ 为反应

结束后剩余物的质量，m_t 为 t 时刻试样的质量；

　$f(\alpha)$——函数，取决于生物质燃烧过程的反应机理，表示为

$$f(\alpha) = (1-\alpha)^n \tag{12-3}$$

n 为反应级数，k 为反应速率常数。

对于非等温热重实验，反应在程序控制升温速率下进行的，有

$$\frac{\mathrm{d}T}{\mathrm{d}t} = \beta \tag{12-4}$$

式中　β——升温速率。

根据 Arrhenius 公式：

$$k = A \cdot \mathrm{e}^{-E/RT} \tag{12-5}$$

式中　A——频率因子；

　　　E——活化能；

　　　T——反应时的绝对温度；

　　　R——气体常数为 $8.314\mathrm{J}/(\mathrm{mol} \cdot \mathrm{K})$。

合并式（12-1）、式（12-4）、式（12-5）得

$$\frac{\mathrm{d}\alpha}{\mathrm{d}T} = \frac{A}{\beta} \cdot \mathrm{e}^{-E/RT} \cdot f(\alpha) \tag{12-6}$$

积分形式表示为

$$g(\alpha) = \int_{T_0}^T \frac{A}{\beta} \cdot \mathrm{e}^{-E/RT} \mathrm{d}T \approx \int_0^T \frac{A}{\beta} \cdot \mathrm{e}^{-E/RT} \mathrm{d}T \tag{12-7}$$

由式（12-2）、式（12-3）、式（12-7）得

$$\int_0^\alpha \frac{\mathrm{d}\alpha}{(1-\alpha)^n} = \frac{A}{\beta} \int_0^T \exp\left(-\frac{E}{RT}\right) \mathrm{d}T \tag{12-8}$$

令 $\dfrac{E}{RT} = u$，则 $\mathrm{d}u = -\dfrac{E}{R}\dfrac{\mathrm{d}T}{T^2}$，$\mathrm{d}T = \dfrac{RT^2}{E}\mathrm{d}u$，代入式（12-8）得

$$\int_0^\alpha \frac{\mathrm{d}\alpha}{(1-\alpha)^n} = \frac{A}{\beta} \int_0^T \exp\left(-\frac{E}{RT}\right) \mathrm{d}T = -\frac{A}{\beta} \int_\infty^n \mathrm{e}^{-u} \frac{RT^2}{E} \mathrm{d}u$$

$$= -\frac{AE}{\beta R}\int_{\infty}^{n} e^{-u}u^{-2}\,du = -\frac{AE}{\beta R}u^{-2}e^{-n}\sum_{n=0}^{\infty}\frac{(-1)^{n}2^{n}}{u^{n+1}}$$

$$= -\frac{AR}{\beta E}\left(1-\frac{2RT}{E}\right)e^{-\frac{E}{RT}} \tag{12-9}$$

对式（12-9）左边积分后，两边取对数得

$$\ln\left[\frac{1-(1-\alpha)^{1-n}}{T^{2}(1-n)}\right]=\ln\left[\frac{AR}{\beta E}\left(1-\frac{2RT}{E}\right)\right]-\frac{E}{RT}\ (n\neq1)$$

$$\tag{12-10}$$

或
$$\ln\left[\frac{-\ln(1-\alpha)}{T^{2}}\right]=\ln\left[\frac{AR}{\beta E}\left(1-\frac{2RT}{E}\right)\right]-\frac{E}{RT}\ (n=1) \tag{12-11}$$

式（12-10）、式（12-11）中，在化学反应发生的温度范围内，$1-\dfrac{2RT}{E}\approx1$，

所以 $\ln\left[\dfrac{AR}{\beta E}\left(1-\dfrac{2RT}{E}\right)\right]$ 通常为常数，因此

$$\ln\left[\frac{-\ln(1-\alpha)}{T^{2}}\right]=-\frac{E}{RT}+\ln\frac{AR}{\beta E}\ (n=1) \tag{12-12}$$

或
$$\ln\left[\frac{1-(1-\alpha)^{1-n}}{T^{2}(1-n)}\right]=-\frac{E}{RT}+\ln\frac{AR}{\beta E}\ (n\neq1) \tag{12-13}$$

$-\dfrac{E}{R}$ 即为直线的斜率，$\ln\dfrac{AR}{\beta E}$ 为直线的截距，可以求得活化能 E 和频率因子 A。

12.2　结果分析

12.2.1　TG-DTG 曲线分析

图 12-4 和图 12-5 分别是小麦、玉米秸秆燃烧的 TG 曲线和 DTG 曲线。从图 12-4 中可以看到，小麦和玉米秸秆的燃烧过程基本相似，都分为四个阶段，即水分蒸发、挥发分析出、挥发分燃烧和焦炭燃尽阶段，小麦和玉米秸秆在第一个温度阶段失重情况差别不大，这是因为两种秸秆的水分含量相差不大；在挥发分析出燃烧阶段，因为小麦和玉米秸秆各自的化学成分不同，所以失重量有所不同，玉米秸秆的失重量大于小麦失重量，这与表 12-1 中的玉米秸秆的挥发分含量大于小麦秸秆的挥发分含量相一致。从图 12-5 可以看到，小麦秸秆燃烧失重率峰值稍大于玉米，为 15.72%/min，最大峰值的温度为 285℃，而玉米秸秆燃烧失重率峰值稍小，为 15.22%/min，最大峰值的温度为 305℃。在焦炭燃尽阶段，小麦和玉米秸秆燃烧后剩余的质量与它们所含的灰分量相一致。

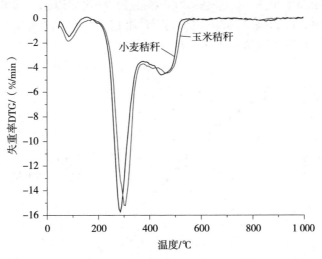

图 12-4　小麦和玉米秸秆燃烧 TG 曲线

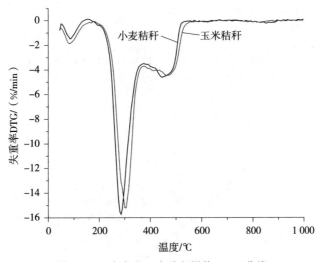

图 12-5　小麦和玉米秸秆燃烧 DTG 曲线

12.2.2　秸秆动力学参数的计算

生物质在燃烧前期主要是挥发分的析出燃烧过程，而后期主要是焦炭燃烧过程，所以，要对生物质燃烧动力学特性参数分段进行研究。将生物质燃烧过程分成低温区和高温区，分别取不同的反应级数进行计算，根据小麦和玉米秸秆的热重曲线，作 $\ln\left[\dfrac{1-(1-\alpha)^{1-n}}{T^2(1-n)}\right]$ 或 $\ln\left[\dfrac{-\ln(1-\alpha)}{T^2}\right]$ 对 $\dfrac{1}{T}$ 的关系曲线，从所得直线的斜率可计算出活化能 E，将 E 值代入式（12-9）或式（12-10）

便可求得表观频率因子 A。从图 12-6 和图 12-7 可以看出，实验曲线和回归曲线吻合较好，回归因子都在 0.99 以上，根据回归直线的斜率和截距可以求出小麦和玉米秸秆的热解动力学参数，见表 12-2。

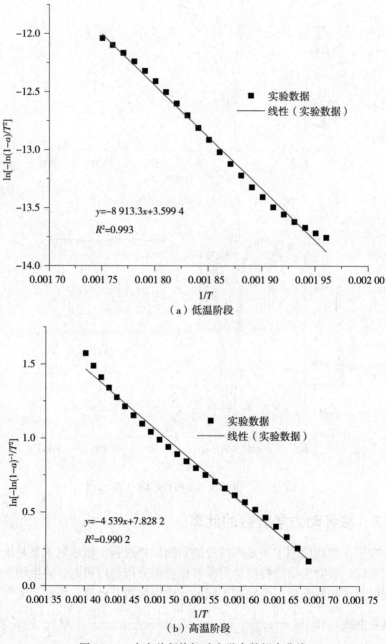

（a）低温阶段

（b）高温阶段

图 12-6　小麦秸秆热解动力学参数拟合曲线

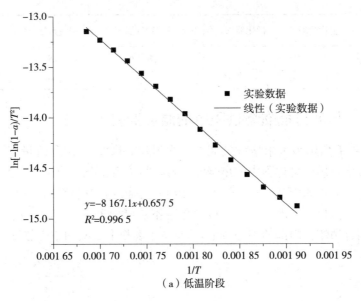

（a）低温阶段

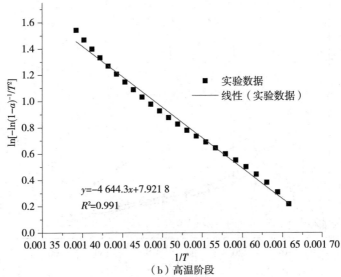

（b）高温阶段

图 12 - 7　玉米秸秆热解动力学参数拟合曲线

表 12 - 2　实验样品的热解动力学参数

样品	温度阶段/℃	活化能 E/（kJ/mol）	频率因子 A	相关系数 R^2	反应级数
小麦秸秆	200~350	74.11	6.52×10^6	0.993 2	1
	350~550	37.74	2.56×10^7	0.991	2

（续）

样品	温度阶段/℃	活化能 E/（kJ/mol）	频率因子 A	相关系数 R^2	反应级数
玉米秸秆	200～350	68.42	3.596×10^5	0.996 5	1
	350～550	38.61	2.28×10^8	0.990 2	2

12.2.3　秸秆打捆燃烧过程中的温度变化

图 12 - 8 所示为玉米秸秆打捆在一次风温 28℃、一次风流量 110m³/h 的条件下从下点燃燃烧过程中的燃烧温度与时间关系曲线，炉排上的玉米秸秆打捆燃料高度大约为 450mm。图 12 - 8 给出的是插入打捆燃料内部的 5 个固定高度位置所测量出的温度 $T_1 \sim T_5$ 以及燃烧室炉膛温度 T_6。其中 $T_1 \sim T_4$ 热电偶插入到打捆燃料内部的中心线上，T_5 位于燃料上表面的中心位置。

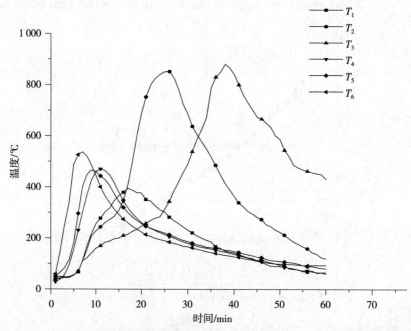

图 12 - 8　玉米秸秆打捆燃料燃烧过程中不同高度温度随时间变化曲线

从图 12 - 8 所示曲线可以看出，打捆燃料的燃烧过程是由外向内进行的，由于打捆燃料体积较大，外表面与空气充分接触，打捆秸秆着火后，燃料表面可燃物迅速被引燃，大量挥发分析出，挥发分在短时间内迅速燃烧，放热量剧增，燃烧室内温度 T_6 迅速升高并达到峰值。外层燃料先着火燃烧，秸秆打捆燃料上表面温度 T_5 最先上升，挥发分以及焦炭的燃烧所产生的热量不断向中心传递，着火锋面从外表面向内传递，由于一次风的作用，下层的挥发分有部分在上层燃烧，距炉排 350mm 处的 T_4 温度开始上升并达到最大值，而离炉排较近 50mm 处的 T_1 由于一次风的冷却作用温度上升较慢，峰值温度也不高。当着火锋面到达热电偶 $T_1 \sim T_5$ 位置时，$T_1 \sim T_5$ 的温度达到最大值；当着火锋面向内传递时，$T_1 \sim T_5$ 所测温度随后缓慢降低。这种现象发生的原因是燃烧锋面通过后，热电偶附近燃料燃烧反应速度降低，产热量减少；温度较低的炉膛壁面将会从炉膛内部吸收热量；与中心燃料进行热交换，致使温度降低。燃烧锋面继续向中心传递，距炉排 150mm 处的 T_2 和 250mm 处的 T_3 温度开始上升，达到峰值后缓慢下降。

由图 12-9 可见，秸秆打捆燃料燃烧过程也要经过水分蒸发、热解、燃烧和燃尽四个阶段。第一个过程是干燥过程，秸秆打捆燃料点燃着火后，燃料表面迅速燃烧，释放出大量的热，产生的热量不断向内层传递；当温度接近 100℃时打捆秸秆中的水分开始蒸发，从高温区域传递到低温区域的热量被用来供给水分蒸发所需的热量，燃料中的水分在 100℃等值线处干燥完毕，用时约 7min。第二个过程是析出挥发分过程。在打捆燃料完成水分蒸发阶段后，其温度继续上升，当干燥的打捆燃料温度上升到 280℃左右时开始析出挥发分，此刻打捆秸秆外层所传递进来的热量提供了秸秆析出挥发分所需要的热量。处于燃料中心 250mm 的 T_3 热解开始温度曲线与蒸发曲线的距离相对于中心两端的位置较长，说明燃料外层的热量还未传递到中心，燃料中心升温较慢，中心两端位置的干燥物料温升较快。15min 后，温升梯度进一步加大，主要是因为大量挥发分析出，并迅速着火燃烧。打捆燃料燃烧的第三个过程是挥发分着火燃烧过程，挥发分燃烧产生的热量不断聚积，通过热传递和热辐射向燃料内部扩散，内部燃料挥发分析出，继续与氧混合燃烧，放出热量，使打捆燃料内部温度快速上升。打捆燃料燃烧的第四个过程是焦炭燃烧燃尽过程，一开始，包围在焦炭四周的挥发分阻碍其与炉膛中氧气的接触，很难燃烧，焦炭被挥发分燃烧释放的热量加热到很高的温度，一旦与氧气接触，就发生燃烧反应，等值曲线上有两个明显的高温区，距炉排 150mm 处的 T_2 和 250mm 处的 T_3 分别在第 26min 和第 38min 达到最高温度 851.5℃和 880℃，这是因为在打捆秸秆燃烧后期累积了大量未燃尽的焦炭，焦炭在富氧状态下急速燃烧形成中心区域的高温区。随着焦炭的燃烧，不断产生灰分，温度开始缓慢下降。以上四个燃烧过程实际上是连续交叉进行的，四个燃烧阶段相互影响。

实验假设 300℃为每层燃料开始着火的温度，相邻两个热电偶之间的距离除以两个热电偶温度达到 300℃时的所用时间即为着火锋面传播速率，热电偶测量出的最高温度为该燃料层的实际着火锋面温度，实验从最下面一层燃料着火开始，当烟气中的氧气浓度回升到初始值时，燃烧过程结束。

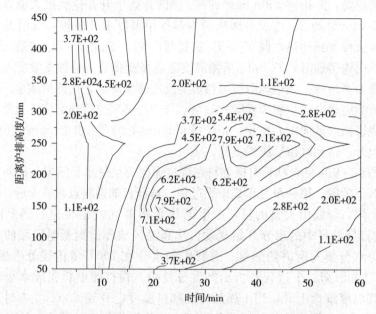

图 12-9　玉米秸秆打捆燃料内部温度分布等值曲线

秸秆打捆燃料内部相邻热电偶之间的距离（mm）：

$$\Delta L = L_1 - L_2 \tag{12-14}$$

相邻两个热电偶温度达到 300℃ 所用的时间（s）：

$$\Delta t^{300℃} = t_1^{300℃} - t_2^{300℃} \tag{12-15}$$

着火锋面速率（mm/s）：

$$v_f = \Delta L / \Delta t^{300℃} \tag{12-16}$$

在一次风流量 $110m^3/h$ 的条件下，玉米打捆秸秆内部相邻热电偶达到 300℃ 所需要的时间间隔以及各段内着火锋面传播速率如表 12-3 所示，各热电偶着火锋面温度如表 12-4 所示，由图可知，在一次风流量 $110m^3/h$ 的条件下，着火锋面向上传播的速度比向下传播的速度快，着火锋面在外层传播速度比内层传播速度快。

表 12-3　相邻热电偶间达到 300℃ 所用的时间间隔以及各段内着火锋面传播速率

速度	向上传播速度 $v_上$		向下传播速度 $v_下$		外层传播速度 $v_外$		内层传播速度 $v_内$	
位置	$T_1{-}T_2$	$T_2{-}T_3$	$T_4{-}T_3$	$T_5{-}T_4$	$T_1{-}T_2$	$T_5{-}T_4$	$T_2{-}T_3$	$T_4{-}T_3$
时间间隔/s	120	560	900	240	120	240	560	900
着火锋面速率/（m/s）	0.83	0.18	0.11	0.42	0.83	0.42	0.18	0.11
平均值	0.51		0.27		0.63		0.29	

表 12-4　各热电偶着火锋面温度

位置	T_1	T_2	T_3	T_4	T_5
着火锋面温度/℃	395.1	851.5	880	470.3	466

12.2.4　秸秆打捆燃烧过程中燃料质量的变化

图 12-10 所示为玉米秸秆打捆在一次风温 18℃、一次风流量 110m³/h 的条件下从下点燃燃烧过程中的质量变化的曲线。

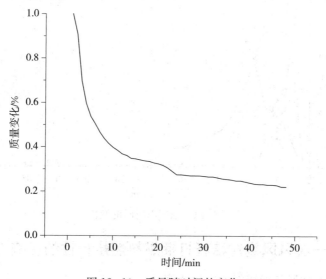

图 12-10　质量随时间的变化

从图 12-10 可以看出，打捆燃料燃烧时燃料的质量随时间不断降低，开始阶段，由于打捆燃料水分蒸发和挥发分析出，质量损失较快，这与图 12-9 所示的玉米秸秆打捆燃料内部温度分布等值线曲线相吻合，7min 左右燃料水分蒸发完毕，10min 左右除燃料中心外大部分挥发分析出，随着燃烧的进行，挥发分析出减少，焦炭开始燃烧，失重损失越来越小。焦炭燃尽过程，质量损失更加缓慢，直至最后几乎达到一个定值，完成整个燃烧反应过程。

12.2.5　秸秆打捆燃烧过程中烟气的变化

图 12-11 所示为玉米打捆秸秆在一次风温 18℃、一次风流量 110m³/h 的条件下从下点燃燃烧过程中烟气成分的变化。从图 12-11 可以看出，打捆秸秆被点燃后，挥发分在短时间内迅速析出燃烧，在 7min 左右时，烟气中的氧气的浓度快速下降至 5% 左右，二氧化碳浓度升到 15% 左右，一氧化碳浓度升到 3% 左右，10min 后，一氧化碳浓度突然下降到 1% 左右，二氧化碳浓度也

逐渐下降，氧气浓度开始回升。氧气浓度随着焦炭的燃尽不断上升，30min后，在氧气浓度基本恢复到开始值，在 60min 后，当氧气浓度、二氧化碳和一氧化碳浓度分别恢复到开始值的 20.5% 和 0% 左右时，燃烧的整个过程结束。

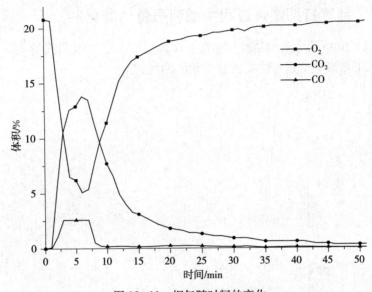

图 12-11　烟气随时间的变化

12.2.6　一次风风量对秸秆打捆燃料燃烧特性的影响

给风量对秸秆打捆燃料的燃烧速度、燃尽时间、炉膛温度等燃烧特性有很大影响。本实验采用了四种给风量（70、90、110、130m³/h），分析四种工况下秸秆打捆燃料的燃烧过程。图 12-12 所示为玉米秸秆打捆在四种风量条件下燃烧过程中内部温度、质量时间曲线，图 12-13 所示为小麦秸秆打捆在四种风量条件下燃烧过程中燃料内部温度、质量时间曲线。

由图 12-12 可以看出，在不同风量条件下，燃料内部 $T_1 \sim T_6$ 温度的分布曲线形状近似，燃烧时间却差别很大，这是由于不同的给风量下着火锋面传播速率不同。图 12-14 为不同风量下 T_3 的变化情况，当一次风风量为 70m³/h 时，T_3 上升缓慢，69min 时温度达到峰值 394℃，当一次风风量为 90m³/h 时，T_3 在 45min 时达到峰值 625.6℃，当一次风风量增加到 110m³/h 时，T_3 达到峰值的时间进一步缩短，温度升至 880℃，当一次风加大到 130m³/h 时，T_3 温度达到峰值的时间缩至 20min，但峰值温度有所下降。可以看出，给风量越大，燃料燃烧完全所用的时间就越短。玉米秸秆打捆燃料在低给风量 70m³/h 时，供氧量不足，靠近炉排处的 T_1 最先供氧，并且燃料是从下方开

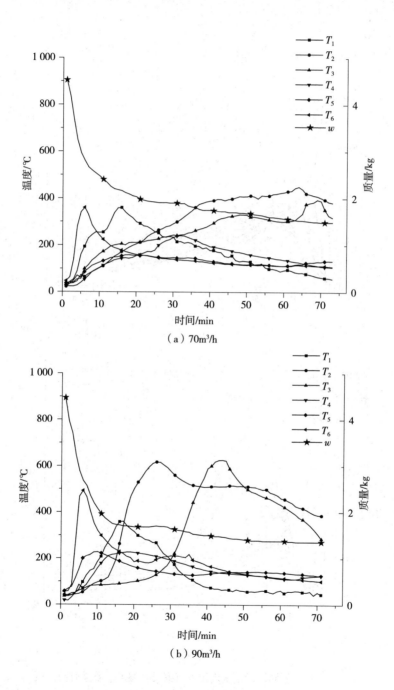

（a）70m³/h

（b）90m³/h

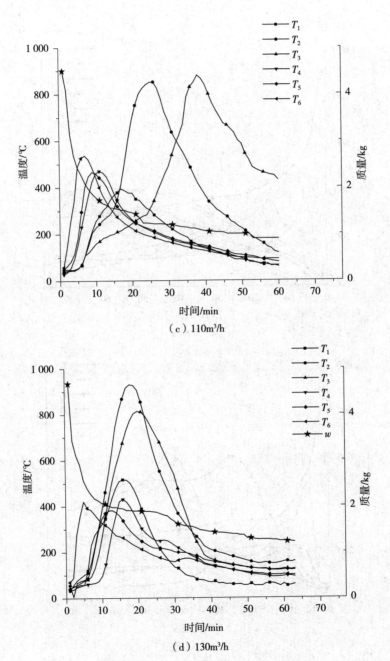

（c）110m³/h

（d）130m³/h

图 12-12　不同风量下玉米秸秆打捆燃料温度、质量时间曲线

始点燃，使之温度较高，高温燃料在富氧条件下迅速燃烧，T_1 最先升温达到峰值，热量逐渐向上传递，由于大部分氧气已被底层的燃料用掉，上层的燃料在氧气不足的条件下燃烧，燃烧速度降低，T_5 升温缓慢，着火锋面温度未达

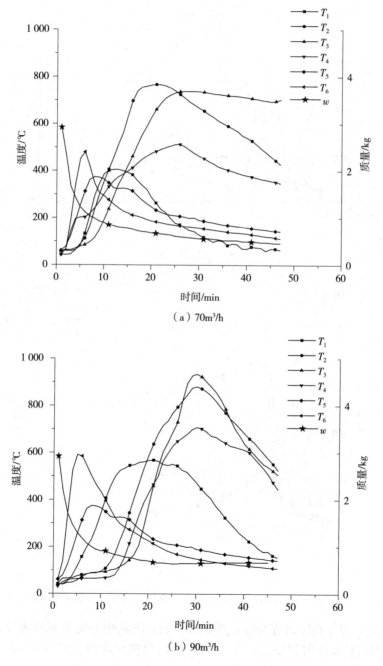

（a）70m³/h

（b）90m³/h

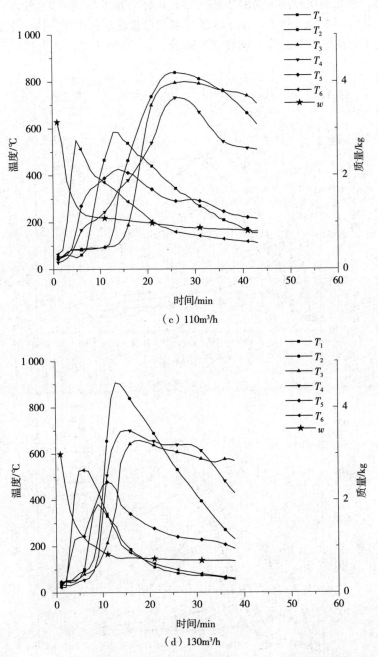

图 12-13 不同风量下小麦秸秆打捆燃料温度、质量时间曲线

到 300℃，整体燃烧温度偏低，燃尽过程长，燃料中心温度下降缓慢，T_2 和 T_3 能保持较长时间的高温；玉米秸秆打捆燃料在高给风量（130m^3/h）时，

T_1、T_2、T_3、T_4 和 T_5 几乎同时达到着火峰值温度，燃烧锋面传播速度快，燃烧完全所用的时间缩短，在燃烧后期燃尽阶段，由于高给风量的冷却作用，产生的热量被很快带走，燃料温度下降较快。

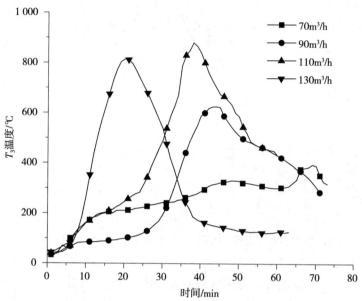

图 12 - 14　玉米打捆秸秆内部 T_3 位置的温度在不同风量下的变化

　　小麦秸秆打捆燃料也是同样的情况，见图 12 - 13、图 12 - 15。从图 12 - 13 中可以看出，随着给风量的增加，小麦秸秆打捆燃料着火锋面传播速度变快，燃烧完全所用的时间缩短，但高给风量的冷却作用会带走热量，所以 T_1、T_2、T_3、T_4 和 T_5 的着火锋面温度有所降低。从图 12 - 15 可以看出，随着一次风量的增大，T_3 达到峰值所用时间不断减少，当一次风量为 90m³/h 时，T_3 峰值温度最大，小麦秸秆打捆燃料更适合在低给风量条件下燃烧。

　　图 12 - 16 是根据公式计算得到的玉米秸秆打捆燃料着火锋面向上、向下、外层、内层平均传播速率的关系，图 12 - 17 是着火锋面温度与给风量之间的关系。由图 12 - 16 可以看出，随着给风量的增加各着火锋面传播速率也增加，这是由于给风量的增加加大了氧气浓度，挥发分燃烧完全，温度升高，加快了中心燃料的干燥速率和热解速率，也就相应提高了着火锋面传播速率。当给风量为 70m³/h 时，玉米秸秆打捆燃料着火锋面向下传播的速度比向上传播的速度快，内层传播的速度比外层传播的速度快，而给风量为 90m³/h、110m³/h、130m³/h 时，情况却相反，这是由于给风是从炉排下方供入，靠近炉排的燃料氧气越充足，着火锋面向上传递的速度就越快，当给风量不足时，燃料燃烧速度慢、时间长，外层燃料燃烧不断向内层燃料传递热量，内层燃料逐渐析出

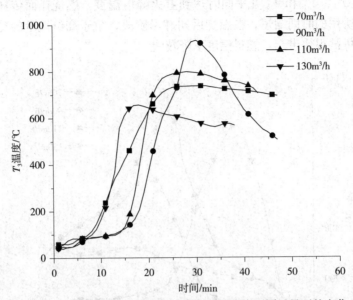

图 12-15　小麦打捆秸秆内部 T_3 位置的温度在不同风量下的变化

水分和挥发分，做好燃烧准备，一旦着火立即燃烧，所以当给风量为 $70m^3/h$ 时，出现内层传播的速度比外层传播的速度快的现象。从图 12-17 可以看出，给风量为 $130m^3/h$ 时，除 T_2 外其他热电偶的温度都有所下降，这是由于过量的空气降低了炉内温度，因此，锋面温度峰值下降。

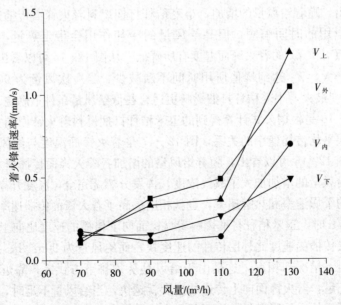

图 12-16　风量与着火锋面传播速率曲线

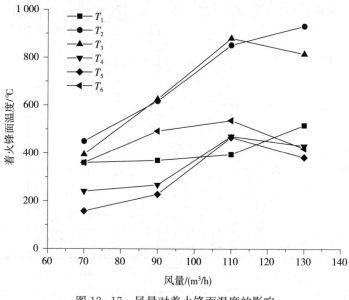

图 12-17　风量对着火锋面温度的影响

12.2.7　秸秆种类对打捆燃烧的影响

图 12-18 为玉米和小麦秸秆打捆燃料在 90m³/h 的给风量下的着火锋面传播速率对比，图 12-19 为玉米和小麦秸秆打捆燃料在 90m³/h 的给风量下的着火锋面温度的对比。

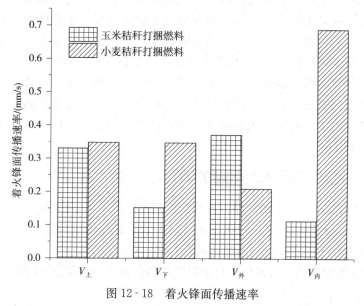

图 12-18　着火锋面传播速率

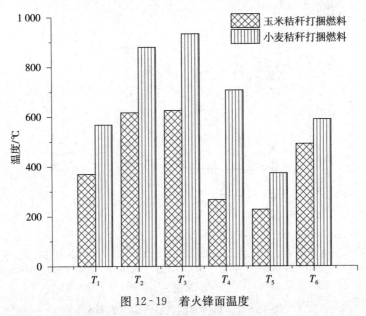

图 12-19　着火锋面温度

由图 12-18 可以看出，小麦秸秆打捆燃料向上、向下、内层燃烧的平均速度都比玉米秸秆打捆燃料燃烧的速度快。这是由于小麦秸秆打捆燃料比玉米秸秆打捆燃料的密度低，小麦秸秆打捆燃料内部比较松散，松散的内部更易于热量传递。这可能跟打捆的方式不同有关，玉米秸秆在打捆前需要对秸秆进行粉碎，粉碎的秸秆挤压打捆后孔隙率较小；而小麦秸秆则是直接进行打捆，秸秆之间互相缠绕，容易造成较大的孔隙率，孔隙率越大，燃料内部的氧气浓度越大且分布均匀，因此加速了着火过程。小麦秸秆打捆燃料外层燃烧的平均速度比玉米秸秆打捆燃料燃烧的速度慢，这是由于玉米秸秆的高挥发分使玉米秸秆的着火性能有所提高。由图 12-19 看出，小麦秸秆打捆燃料的各着火锋面温度也都比玉米秸秆的高，虽然玉米秸秆打捆燃料着火性能较小麦秸秆好，但小麦秸秆打捆燃料内部松散、孔隙率较高，导致了小麦打捆秸秆向上、向下、内层着火锋面传播速率和着火锋面温度高于玉米秸秆打捆燃料。

12.2.8　秸秆打捆燃料燃烧的动力学特性

图 12-20 所示为玉米打捆秸秆在一次风温 18℃、一次风流量 110m³/h 的条件下，小麦打捆秸秆在一次风温 18℃、一次风流量 90m³/h 的条件下燃烧过程中的失重率随温度变化的曲线，根据打捆秸秆完全燃烧下的 TG 曲线，利用 Coats 积分法对小麦和玉米秸秆打捆燃料燃烧的动力学参数进行估算，结果如表 12-5 所示。

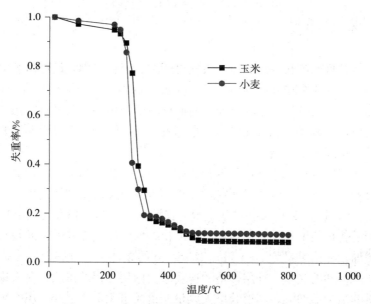

图 12-20　打捆秸秆燃烧失重率随温度变化曲线

表 12-5　秸秆打捆燃料的燃烧动力学参数

样品	温度阶段/℃	活化能 E/ (kJ/mol)	频率因子 A	相关系数 R^2	反应级数
小麦打捆秸秆	200～350	69.83	1.87×10^6	0.928 6	1
	350～550	39.2	1.26×10^9	0.981 3	2
玉米打捆秸秆	200～350	61.67	2.81×10^5	0.947 5	1
	350～550	90.48	2.97×10^{13}	0.936 4	2

由表 12-2、表 12-5 可知，在燃料燃烧的低温区，秸秆打捆燃料实际燃烧中的活化能均小于理论计算的活化能，这是因为打捆秸秆由于挤压作用内部的空隙变小，整个秸秆捆的致密度增加，致密度的增加加大了秸秆打捆燃料燃烧过程中内部的传热，有利于热解，因此，秸秆打捆燃料的热解反应所需能量较少；而在燃料燃烧的高温区，秸秆打捆燃料实际燃烧中的活化能均大于理论计算的活化能，这是因为秸秆打捆燃料致密度的增加减小了秸秆打捆燃料内部的空隙率，使得氧气在秸秆打捆燃料内部的扩散阻力增加，不利于焦炭燃烧，秸秆打捆燃料的焦炭反应所需能量较多。小麦秸秆打捆燃料在高温区，其活化能比玉米秸秆打捆燃料的小很多，这是由于小麦秸秆打捆燃料要比玉米秸秆打捆燃料的密度低，小麦秸秆打捆燃料内部比较松散，松散的内部更易于热量传递。

12.3　本章小结

（1）秸秆打捆燃料被点燃后，表面可燃物迅速被引燃，燃烧由表面向中心进行，燃烧分为四个过程：预热干燥、挥发分析出、挥发分燃烧和焦炭燃尽。燃烧火焰锋面从秸秆打捆燃料表面不断向燃料中心传递，秸秆打捆燃料燃烧初期速度较快，因其易于着火并伴随大量挥发分析出燃烧，燃烧后期主要是焦炭燃尽阶段，燃烧速度较慢。

（2）不同给风量条件下，秸秆打捆燃料内部的温度曲线形状相似，燃烧完全所需要的时间不同，着火锋面传播速率随着给风量的增加而增大。玉米秸秆打捆燃料在给风量 $70m^3/h$ 条件下，着火锋面向下传播的速度比向上传播的速度快，内层传播的速度比外层传播的速度快，燃烧完全需要的时间较长，随着风量的增加；在给风量为 $90m^3/h$、$110m^3/h$ 的条件下，火锋面向上传播的速度超过向下传播的速度，外层传播的速度超过内层传播的速度，着火锋面温度随着风量的增加而增大，当继续增大风量，给风量为 $130m^3/h$，燃烧完全需要的时间最短，但着火锋面温度峰值有所下降。

（3）两种不同种类的秸秆打捆燃料，同在 $90m^3/h$ 风量下，挥发分含量较少、内部较为松散的小麦秸秆打捆燃料向上、向下、内层燃烧的平均速度比玉米秸秆打捆燃料燃烧的速度快，各着火锋面温度也比玉米秸秆的高，小麦秸秆打捆燃料内部松散，较高的孔隙率加速了着火过程。

（4）完全燃烧实验条件下，由于打捆燃料致密度的增大，玉米和小麦秸秆打捆燃料低温区的活化能均有所减小，而在高温区的活化能均有所增加，活化能的变化与秸秆打捆的致密度有关，由于打捆方式的不同，小麦秸秆打捆燃料的内部比玉米秸秆较为松散，导致小麦秸秆打捆燃料在高温区的活化能比玉米秸秆燃料小。

13 秸秆捆烧设备的设计

为了更充分高效地利用秸秆打捆燃料，根据秸秆打捆燃料的燃烧特性设计研发专门的燃烧设备。捆烧设备包括进料装置、炉排、炉膛结构、受热面和除尘装置，其中炉排的选择和炉膛结构对炉内流动、温度场及组分浓度场的分布有直接影响，是燃烧设备的设计关键。秸秆打捆燃烧在我国刚刚开始研究，理论基础薄弱，存在很多技术问题，秸秆打捆燃烧设备的应用几乎没有，为加快生物质秸秆打捆燃料燃烧技术的发展，高效合理地利用秸秆打捆燃料，为我国设计和制造秸秆打捆燃料燃烧设备提供理论依据，本章对秸秆捆烧设备的炉排、炉膛、受热面以及除尘装置进行设计与研究。

13.1　秸秆捆烧设备设计指导思想

（1）该设备对燃料的适应性好，能较好燃用秸秆打捆燃料，燃烧热效率不低于 80%，污染物排放符合环保要求（Kaufmann et al.，2000）。

（2）考虑到试验的安全和方便性，选用低压蒸汽锅炉设计方法进行设计（Smith，1977）。

（3）燃烧设备设计参数的选取尽量以生物质燃料为主，但在无生物质燃料参数的情况下，可以参考烟煤的参数按经验选取（刘圣勇，2003）。

（4）在设计制造的燃烧设备上进行正反平衡燃烧试验（郑凯轩，2013）。

13.2　秸秆捆烧锅炉的设计计算

13.2.1　燃料的选取

在锅炉的设计中，燃料特性很重要，它直接关系到燃烧方式和燃烧设备的选择，为保证所设计秸秆打捆燃烧锅炉的应用广泛性和适用性，综合考虑了我国产量较大的农作物秸秆，因为秸秆含硫量极低，在这里忽略不计，并选取秸秆燃料水分未被干燥蒸发的各项参数值，燃料的成分如表 13-1 所示。

表 13-1 燃料成分平均值

序号	燃料成分	符号	单位	参数来源	参数值
1	收到基碳含量	C_{ar}	%	燃料分析	35.24
2	收到基氢含量	H_{ar}	%	燃料分析	4.35
3	收到基氮含量	N_{ar}	%	燃料分析	0.44
4	收到基硫含量	S_{ar}	%	燃料分析	0
5	收到基氧含量	O_{ar}	%	燃料分析	34.07
6	收到基水分含量	M_{ar}	%	燃料分析	25.09
7	收到基灰分含量	A_{ar}	%	燃料分析	0.81
8	收到基挥发分	V_{ar}	%	燃料分析	71.66
9	收到基净发热量	$Q_{net,ar}$	kJ/kg	燃料分析	15 739

13.2.2 秸秆捆烧锅炉的热力计算

热力计算是锅炉设计中的一项主要计算，可以保证锅炉的主要工作指标和参数，确定并校核各受热面的结构尺寸，热力计算包括燃烧计算、热平衡计算等。

13.2.2.1 燃烧计算

燃烧计算是根据燃料性质、燃烧方式，选取炉膛出口过量空气系数、漏风系数，进行空气平衡计算，确定燃料所需空气量、燃烧生成的烟气量，然后进行空气焓和烟气焓的计算，并编制空气、烟气焓温表。空气量和烟气量的计算见表 13-2，空气焓和烟气焓的计算见表 13-3，编制的空气、烟气焓温表见表 13-4。

表 13-2 空气量和烟气量的计算

序号	项目	符号	单位	计算公式	数值
1	过量空气系数	α			1.35
2	理论空气量	V_k^0	m³/kg	$0.088\,9\,(C_{ar}+0.375S_{ar})+0.265H_{ar}-0.033\,3O_{ar}$	3.151
3	二氧化物体积	V_{RO_2}	m³/kg	$0.018\,66\,(C_{ar}+0.375S_{ar})$	0.658
4	理论氮气体积	V_{N_2}	m³/kg	$0.008N_{ar}+0.79V_k^0$	2.493
5	理论水蒸气体积	$V_{H_2O}^0$	m³/kg	$0.111H_{ar}+0.012\,4M_{ar}+0.016\,1V_k^0$	0.845
6	理论烟气量	V_y^0		$V_{RO_2}+V_{N_2}+V_{H_2O}^0$	3.996

（续）

序号	项目	符号	单位	计算公式	数值
7	实际烟气量	V_y	m³/kg	$V_y^0 + 1.016\,1(\alpha-1)V_k^0$	5.099

表 13-3　空气焓和烟气焓的计算

序号	项目	符号	单位	计算公式
1	理论空气焓	I_k^0	kJ/kg	$V_k^0(C\theta)_k$
2	二氧化物气体焓	I_{RO_2}	kJ/kg	$V_{RO_2}(C\theta)_{RO_2}$
3	氮气焓	$I_{N_2}^0$	kJ/kg	$V_{N_2}(C\theta)_{N_2}$
4	水蒸气焓	$I_{H_2O}^0$	kJ/kg	$V_{H_2O}(C\theta)_{H_2O}$
5	理论烟气焓	I_y^0	kJ/kg	$I_{RO_2}+I_{N_2}^0+I_{H_2O}^0$
6	实际烟气焓	I_y	kJ/kg	$I_y^0+(\alpha-1)I_k^0$

表 13-4　空气、烟气的焓温表

θ/℃	I_{RO_2}/ (kJ/kg)	I_{N_2}/ (kJ/kg)	I_{H_2O}/ (kJ/kg)	I_y^0/ (kJ/kg)	I_k^0/ (kJ/kg)	I_y/ (kJ/kg)
100	111.86	324.09	127.595	563.55	415.932	709.12
200	234.91	648.18	256.88	1 139.97	838.166	1 433.32
300	367.82	977.256	391.235	1 736.31	1 269.853	2 180.76
400	507.98	1 313.811	528.97	2 350.76	1 707.842	2 948.50
500	654.05	1 655.352	671.775	2 981.18	2 155.284	3 735.53
600	806.05	2 004.372	818.805	3 629.23	2 615.33	4 544.59
700	962.00	2 363.364	970.905	4 296.27	3 081.678	5 374.85
800	1 121.89	2 727.342	1 127.23	4 976.46	3 557.479	6 221.58
900	1 284.42	3 096.306	1 289.47	5 670.19	4 039.582	7 084.05
1 000	1 450.23	3 470.256	1 455.935	6 376.42	4 527.987	7 961.22
1 100	1 617.36	3 849.192	1 626.625	7 093.18	5 025.845	8 852.23
1 200	1 787.79	4 230.621	1 801.54	7 819.95	5 523.703	9 753.24
1 300	1 958.87	4 619.529	1 980.68	8 559.08	6 031.014	10 669.93
1 400	2 131.26	5 008.437	2 162.355	9 302.05	6 541.476	11 591.57
1 500	2 304.97	5 399.838	2 348.255	10 053.07	7 055.089	12 522.35

注：$1\,000 \cdot \alpha_{fh} \cdot A_{ar}/Q_{net,ar} = 1\,000 \times 0.2 \times 8.65/15\,790 = 0.109 < 1.43$，飞灰焓 I_h 未计算在烟气焓内。

13.2.2.2　热平衡计算

锅炉的热平衡指的是输入锅炉的热量等于有效利用热量加各项热损失。热平衡计算是锅炉设计的重点，热平衡计算先假定排烟温度，然后估算锅炉各项热损失，计算出锅炉热效率、燃料消耗量和保热系数。表 13‐5 为秸秆捆烧锅炉的设计参数，表 13‐6 为秸秆捆烧锅炉的热效率、燃料消耗量和保热系数计算。

表 13‐5　锅炉主要设计参数

序号	主要设计参数	符号	单位	参数来源	参数值
1	锅炉额定蒸发量	D	t/h	设定	1
2	锅炉额定工作压力（绝对压力）	P	MPa	设定	1.373
3	给水温度	T_{gs}	℃	设定	20
4	给水压力（绝对压力）	P_{gs}	MPa	设定	1.373
5	出口蒸汽温度	t_{bq}	℃	查表	194
6	出口蒸汽压力（绝对压力）	P_{bq}	MPa	设定	1.373
7	蒸汽湿度	W	%	设定	3
8	冷空气温度（宋贵良，1995）	t_{lk}	℃	设定	20
9	排污率	P_{pw}	%	设定	3

注：查表指查《锅炉手册》中的表，本章表格中出现的查表均为此意，文中不再一一说明。

表 13‐6　锅炉热效率、燃烧消耗量和保热系数计算

序号	项目	符号	数据来源	数值	单位
1	燃料收到基单位发热量	$Q_{net,ar}$	燃料分析	15 739	kJ/kg
2	冷空气温度	t_{lk}	设定选取	20	℃
3	冷空气理论焓	I_{lk}^0	$V_{lk}^0 (ct)_{lk}$	79.71	kJ/kg
4	排烟温度	Q_{py}	先假定，后校核	115	℃
5	排烟焓	I_{py}	查焓温表	1 027	kJ/kg
6	固体未完全燃烧热损失	q_4	设定	10	%
7	排烟热损失	q_2	$100 (I_{py} - \alpha_{py} I_{lk}^0)$ $(1 - q_4/100) / Q_{net,ar}$	5.053	%
8	气体未完全燃烧损失	q_3	查表	1	%
9	散热损失	q_5	查表	2.9	%
10	灰渣温度	Q_{h2}	选取	600	℃
11	灰渣焓	$(ct)_{hz}$	表 2-21	560.22	kJ/kg
12	灰渣漏煤比	α_{hz+1m}	选取	0.85	
13	燃料收到基灰分	A_{ar}	燃料分析	0.81	%
14	灰渣物理热损失	q_6	$100 \alpha_{hz} (ct)_{hz} A_{ar} / Q_{net,ar}$	0.025	%

（续）

序号	项目	符号	数据来源	数值	单位
15	锅炉总热损失	$\sum q$	$q_2+q_3+q_4+q_5+q_6$	18.978	%
16	锅炉热效率	η	$100-\sum q$	81.022	%
17	饱和蒸汽焓	h_{bq}	查水蒸气表 2-50	2 787.32	kJ/kg
18	饱和水焓	h_{bs}	查水蒸气表 2-50	826.041	kJ/kg
19	给水焓	h_{gs}	查水蒸气表 2-51	85.155	kJ/kg
20	锅炉排污量	D_{pw}	DP_{pw}	0.03	t/h
21	锅炉有效利用热量	Q_{gl}	$10^3 \left[(h_{bq}-h_{gs}) + D_{pw} (h_{bs}-h_{gs}) \right]$	2 665 697	kJ/h
22	燃料消耗量	B	$100Q_{gl}/3\ 600Q_{net,ar}\eta$	0.058	kg/s
23	计算燃料消耗量	B_j	$B (1-q_4/100)$	0.052 2	kg/s
24	保热系数	Q	$1-q_5/(\eta+q_5)$	0.965	

13.3　炉排的设计

在燃烧平衡和热平衡计算的基础上可以进行燃烧设备的选择和设计，决定燃烧设备的结构尺寸，初步计算炉膛结构尺寸。

13.3.1　炉排形式的选取

根据燃料燃烧的特点选择合适的炉排，能够使空气和燃料充分混合，燃烧完全，不同的炉排及运动形式直接影响料床上燃料的燃烧。本节对生物质锅炉系统四种常见形式的炉排的优缺点进行比较，分析其对层燃的影响规律，选择适合秸秆打捆燃料的炉排形式（同济大学，1986；工业锅炉房常用设备手册编写组，1993）。

（1）固定炉排。固定炉排一般用于手烧炉，其结构简单，进料和清灰、清渣等操作全部由人工完成。固定炉排上的燃料需要更多的燃尽时间，为了燃料的完全燃烧，还需要更高的一次风配置，因为固定炉排燃烧效率低下、浪费人力、排放污染环境，已被现代化的燃烧系统所淘汰。

（2）链条炉排。链条炉排是一种机械化程度较高的炉排，炉排类似链条式履带，由电机驱动，可对链条上燃料的输送速度进行控制，炉排的运动可使床层上的燃料移动，完成自动进料和清灰、清渣，链条炉排燃烧稳定，操作方便，热效率比较高，排放污染少，应用非常广泛，适用于各种类型的工业锅炉，其制造工艺也相对成熟，发展较为完善。

链条炉排有链带式、横梁式和鳞片式三种形式，常见的为链带式炉排，因其结构轻巧常用在中小型锅炉。链条炉排结构如图 13‑1 所示，炉排自前向后缓慢平移，一次风从炉排下方的风仓送入，燃料进入炉膛后，在高温辐射下，从上向下着火燃烧，跟随着炉排移动至炉膛尾部燃尽。燃尽的灰渣在炉排转向时自动落入灰渣斗，炉排上残留的灰渣由除渣板俗称老鹰铁的装置清除干净。转入另一侧的炉排被送入的一次风冷却，可以避免出现炉排过热的问题，炉排的速度可以通过控制皮带轮转速来调节，保证燃料完全燃尽。

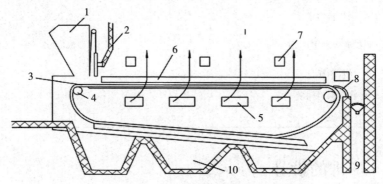

图 13‑1　链条炉排结构

1. 燃料斗　2. 燃料闸门　3. 炉排　4. 主动链轮　5. 分区送风仓　6. 防渣箱
7. 看火孔及检查门　8. 除渣板（老鹰铁）　9. 渣斗　10. 灰斗

燃料层在链条炉上的燃烧分为四个区域，如图 13‑2 所示，燃料在炉排上任何位置的燃烧进程都是固定不变的，燃料在炉排上从前向后持续燃烧，不存在固定炉排那样的间歇性、热力周期性，从而使燃烧工况得到改善。但链条炉排的着火条件不是很好，可以采取设置前拱、合理配风等有效措施，来改善炉内的燃烧工况，使炉内燃料燃烧完全。

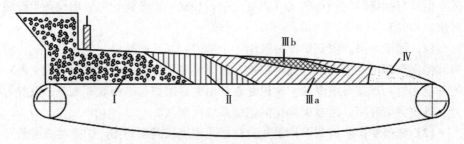

图 13‑2　链条炉排燃料燃烧区段

Ⅰ. 新燃料预热干燥区段　Ⅱ. 挥发分析出、燃烧区段　Ⅲa. 焦炭燃烧氧化层
Ⅲb. 焦炭燃烧还原层　Ⅳ. 燃烬区段

（3）往复推动炉排。往复推动炉排是通过炉排往复运动完成上料、拨火和

除渣的一种机械化的燃烧设备。使用广泛的往复推动炉排主要有三种类型，分别是倾斜式、水平式和抽条式。往复推动炉排的燃烧过程与链条炉排类似，燃料在炉排上随炉排往复运动进入炉膛，炉排的往复运动推动着燃料不断向前，在炉膛尾部燃尽，燃尽的灰渣落入灰渣斗。

　　如图 13-3 所示，燃料在往复推动炉排的燃烧同样是分区进行，三个区域分别是燃料的预热干燥区域、挥发分析出燃烧的主燃区域和焦炭燃尽区域，也是灰渣形成区域。往复推动炉排的着火条件较链条炉好，这是因为燃料在链条炉上是自上而下的单面燃烧，而往复推动炉排自带拨火能力，能使燃料双面着火，燃料层在炉排的往复推动作用下结构变得疏松透气，燃烧条件得到改善，燃烧效率得到提高。设计合理、运行得当的往复炉可以降低未完全燃烧热损失，减少污染物排放，消烟除尘，往复推动炉排比链条炉排的结构更加简便，能节约制造成本。但往复推动炉排也存在一些缺点，如往复炉排一直得不到冷却，导致主燃区与高温火焰接触的炉排容易烧坏，且不易更换，往复炉排比链条炉排更容易漏燃料和漏风。

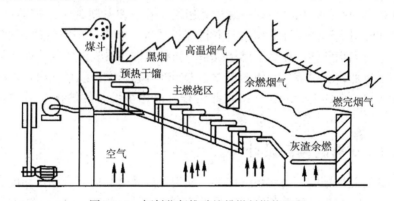

图 13-3　倾斜往复推动炉排燃料燃烧区段

　　图 13-4 所示为往复炉排炉膛中气体成分的分布，由图 13-4 可以看出，由于燃料燃烧是沿着炉排长度方向进行的，各种燃烧气体产物也沿着炉排的长度分布，然而气体分布很不均匀，在炉排前部和尾部氧气含量过剩，而中间部

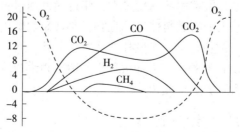

图 13-4　往复炉排沿长度方向的烟气分布

分氧气不足。往复推动炉排也需要采用分段送风、炉拱及二次风等措施来改善燃烧条件，同样，设计良好的前后炉拱、合理配风组织炉内流场等有效措施，可以有效改善往复炉排的燃烧。

(4) 振动炉排。 振动炉排也是一种机械化燃烧设备，炉排在偏心轮机的作用下不断上下振动，燃料在炉排上燃烧时由于振动作用，不易结渣，所以振动炉排适合比较容易结渣的燃料，但是炉排的振动作用会导致烟气中较高的飞灰含量，燃料和灰分的运动也难以控制，使固体未完全燃烧热损失增加。振动炉排根据炉排的冷却介质可以分为空冷式和水冷式。

振动炉排炉一般适用于中小型锅炉，因为成本较低、制造方便，过去常用来对工业锅炉进行改造，然而改造后的锅炉常存在潜在的危害，比如振动不仅会导致锅炉的炉拱的坍塌，还会造成地基的塌陷。由于炉排技术不成熟，因此振动炉排也不是最佳选择。

通过几种炉排类型的比较分析可知，链条炉排和往复推动炉排的技术最为成熟，运行最为稳定，然而对于秸秆打捆燃料而言，往复推动炉排是最佳选择。这是因为秸秆打捆燃料有一定的致密度，在往复炉排的不断推动过程中，秸秆打捆燃料受到往复推动作用而变得疏松透气，增大了与空气的接触面积，改善了燃料燃烧条件，提高了燃烧效率，秸秆打捆燃料表面的灰渣在往复推动的作用下更加容易脱落，可使燃料中心未燃部分暴露在高温烟气内，从而加速燃料的燃烧，使燃料燃烧充分。因此秸秆打捆燃烧设备的炉排选用往复推动炉排。

13.3.2 炉排的倾角设计

倾斜往复炉排的倾角对炉内燃料的输送量以及燃料的混合和扰动度有很大的影响，往复炉排的倾角不宜过大也不宜过小。炉排倾角增大时，炉排上燃料的倾斜度增加，从而增加了燃料向前的重力分力，则燃料的运动速度加大，燃料处理量增大，但是燃料和焦炭在炉排上的停留时间减小，达不到完全有效的燃烧，整个燃料层也无法形成有效翻滚。倾角较小时，则容易使燃料在炉排上的停留时间过长，燃料层堆积的高度过大，流通横截面过大，降低了燃料的输送效率；同时，由于堆积的燃料使通风孔隙变小，影响炉内助燃气体流通，阻碍燃料的充分燃烧，并且底层燃料搅拌效果差。因此，选取一个合适的炉排倾角对炉内燃料的燃烧非常重要。结合秸秆打捆燃料高水分、低热值的特点，本设计倾斜往复炉排系统的炉排倾角为 $15°$。

13.3.3 炉排的尺寸设计计算

炉排有效面积热负荷也称为炉排面积热强度，是决定炉排尺寸的主要指标，它是指单位炉排面积上燃料燃烧放热的热功率。炉排有效面积热负荷是炉排锅炉主要的热力特性参数中的一个，通过它可以确定炉排有效面积。炉排有效面积热负荷是根据燃料燃烧特性、燃料灰熔融性和燃烧设备形式来取值的。表 13 - 7 为炉排尺寸设计计算。

表 13 - 7　炉排尺寸设计计算

序号	项目	符号	数据来源	数值	单位
1	燃料的消耗量	B	由热平衡计算得出	0.058	kg/s
2	燃料收到基低位发热量	$Q_{net,ar}$	燃料分析	15 739	kJ/kg
3	炉排面积热强度	q_R	查表	326	kW/m^2
4	炉排面积	R	$BQ_{net,ar}/q_R$	2.8	m^2
5	炉排有效长度	L_p	选取	3 000	mm
6	炉排有效宽度	B_p	选取	950	mm

13.4　炉膛的设计

设计炉膛时，不仅要保证具有足够的容积，使燃料能够迅速着火并能燃烧完全，还要保证其能长期可靠地运行。炉膛尺寸对锅炉内燃料的燃烧状况有着重要影响，合理的炉膛容积能使炉内气体混合充分，燃烧完全，炉膛温度升高；不合理的炉膛容积，将会造成炉膛燃烧效率低、固体和气体未完全燃烧损失增大等问题。炉膛容积热负荷或热强度是决定炉膛容积的重要指标，其值的选取综合考虑燃料特性、燃烧方式以及锅炉容量等因素。表 13 - 8 为炉膛尺寸设计计算。

表 13 - 8　炉膛尺寸设计计算

序号	项目	符号	数据来源	数值	单位
1	燃料消耗量	B	由热平衡计算得出	0.058	kg/s
2	燃料收到基低位发热量	$Q_{net,ar}$	燃料分析	15 739	kJ/kg
3	炉膛容积热强度	q_V	查表	207	kW/m^3
4	炉膛容积	V_L	$BQ_{net,ar}/q_V$ 或 $360B/k$	4.41	m^3
5	炉膛有效高度	H_{lg}	V_L/R	1.6	m

13.5　燃烬室的设计

由于秸秆燃料质地较轻，很容易造成未充分燃烧就随烟气排出，为延长烟气在炉膛内的停留时间，炉膛的后边部分隔出一个燃烬室，一是可以加长烟气的行程，提高燃尽率，二是便于灰渣沉降，减少烟尘的排放。燃烬室尺寸设计如表 13 - 9 所示。

表 13 - 9　燃烬室尺寸设计

序号	项目	符号	数据来源	数值	单位
1	燃烬室包覆面积	F_{rjb}	设计取定	6.64	m²
2	燃烬室容积	V_{rj}	设计取定	0.8	m³

13.6　炉拱的设计

炉拱的作用是促进炉内高温和低温气流的混合，控制炉内的热辐射和热烟气的流动，减少散热损失，提高锅炉热效率。合理地在炉膛内设置炉拱可以改善燃料的着火情况和燃烧状况。炉拱分为前拱、中拱和后拱。前拱位于燃料层前部的上方，能够对新燃料进行热辐射，引燃新燃料，加快燃料的着火速度，又名引燃拱。中拱位于燃料层中间部分的上方，用来加速燃料的燃烧，一般较短，用于锅炉改造。后拱位于燃料层后部的上方，其主要作用一是与前拱组成喉口，加强炉膛内的气流燃动，有利于挥发分与空气充分混合燃烧；二是将高温烟气和炽热的碳粒输送至燃料燃烧区，进一步加强燃烧；三是将灼热烟气和火红炭粒冲刷至前拱，使火红炭粒在惯性作用下与烟气分离，掉在新燃料上，加速新燃料的燃烧；四是对焦炭燃烬区域进行热辐射，保证焦炭的燃尽，提高锅炉的热效率。

13.6.1　炉拱的设计方法

炉拱要以燃料的特性以及其燃烧特点为依据来进行布置。锅炉炉拱的设计通常有两种方法，一种是经验设计法，即按经验推荐的数值进行设计的方法，另一种是动量设计法，即根据动量原理并通过计算来确定拱形的方法。动量设计法实际上是一种半经验方法，是以试验为基础的通过动量的矢量合成法则计算来设计炉拱的方法，其设计的关键是将炉内气流流动路线由 L 形改成 α 形，如图 13 - 5 所示。气流流动的 α 路线能够使后拱流出的高温烟气在前拱下产生回流区，增强高温烟气与低温烟气的混合，提高新燃料的着火速度；同时能够搅混挥发分、炽热炭粒和氧气的流动，加强三者间的混合，减低固体和气体未完全燃烧热损失；还能够增大炉膛的充满度，提高锅炉燃烧效率，同时降低烟气中的飞灰含量（宋贵良，1995）。

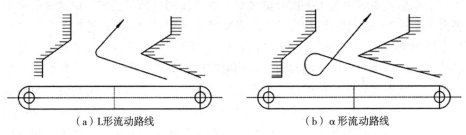

（a）L形流动路线　　　　　　　　（b）α形流动路线

图 13-5　炉内气体流线

13.6.2　炉拱的动量设计法

如图 13-6 所示，根据简化计算的假定，先求出后拱出口气流与上升气流动量的合成角 γ、合成动量与前拱交点 K 的位置以及合成动量与前拱的夹角 δ 的大小。动量合成角 γ 由后拱出口烟气流动量 I_1 和上升烟气流动量 I_2 的大小计算获得，δ 角由 β 角和 K 点的位置决定。β 角的大小是由炉膛喉口的几何尺寸和流速决定的，其取值一般应不小于 30°。为改善新燃料的着火条件和燃料的燃尽，前拱有 2/3 以上的高温烟气流做回流运动，如果要满足此要求，以往的计算试验，得出点 K 的位置一般在前拱直段的 65%～80% 取值范围，合成动量方向与前拱的夹角 δ 应大于 110°。最后根据合成角 γ、点 K 的位置和 δ 角的大小确定出前拱高度 h_1 和前拱角 β（宋贵良，1995）。

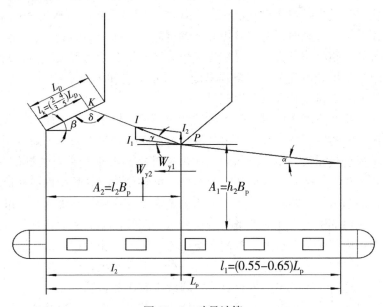

图 13-6　动量计算

中小型链条炉中很大一部分是水平式的，我国早期对层燃炉炉拱的研究也多以水平式炉为基础。而往复炉大多是倾斜的，炉排倾角对炉膛的前后拱区几何空间影响很大，炉排的倾角影响前后拱与炉排之间有效辐射层的厚度，也就直接影响前后拱对于床层的辐射，从而影响引燃效果。因而，在分析倾斜式炉排炉时，既不能忽视炉排倾角，也不能直接用炉排与前后拱的夹角直接代替水平炉排炉的前拱倾角。本往复炉炉排倾角设计为 15°，参照动量设计计算，结合前、后拱尺寸确定原则以及秸秆打捆燃料的燃烧特性，制定几个前后拱设计方案（前拱倾角选取 45°、50° 和 55°，后拱倾角选取 30°、25° 和 20°，炉排覆盖率选取 55%、60% 和 65%）。在第 15 章分别对前拱、后拱以及后拱炉排覆盖率对炉内燃烧的影响进行数值模拟分析，并根据正交模拟实验，选出最佳组合，据此来确定炉拱的基本尺寸。

13.7　配风设计

配风设计包括一次风设计和二次风设计，锅炉最初的一次风配风方式是统仓配风，后来逐渐改为分段配风。统仓配风容易造成风量与燃烧不匹配，燃料刚进入炉膛时，温度较低，处于干燥阶段，需氧量极低，统仓配风却配给较大的风量，过量的氧气穿过燃料层，基本上不参加反应，导致燃料的温度降低；到了中后期，燃料层温度升高，且床层整体全部引燃，需要大量氧气时，统仓配风供应空气过少，焦炭在缺氧情况下燃烧，燃烧放热少，床层表面温度低，难以快速燃尽，结束时仍有大量焦炭在燃烧耗氧，床层表面氧气水平较低。如此，不管是在燃料的着火区还是在焦炭燃烬区，统仓配风都无法满足燃烧的需要，导致燃料燃烧不完全，燃烧效率低，因此统仓配风非常不利于燃料燃烧，燃烧设备的一次风设计采取分段配风。

二次风是在不增大过量空气系数的情况下从床层上方通过压力进入炉膛的强烈气流，它的主要作用是对炉内气流进行混扰，提高热效率，减少固体和气体未完全燃烧热损失。布置恰当的二次风能够把高温烟气带至炉排前端部分，有利于新燃料的引燃；二次风的对吹布置，能够使烟气在炉膛内漩涡流动，延长气体在炉膛内的行程，有助于气体完全燃烧，还有助于消烟除尘、减少飞灰损失；二次风的引流布置能使烟气按所要求的路线流动，从而达到延长烟气流程、改善炉内气流的充满度、控制燃烧中心位置、防止炉内局部结渣等目的。

层燃炉二次风的布置方式有两种，一种是单面布置，即二次风仅布置在前墙或后墙，适合二次风量不太充足或炉膛深度较小的情况。对含挥发分较高的燃料二次风的喷口可设置在前墙，对含挥发分较低的燃料二次风喷口可设置在后墙。另一种是双面布置，即前后墙同时设置二次风喷口，适合于容量较大的锅炉。二次风的喷口优先设置在前后拱组成的喉口处。

二次风喷口的设置方向，主要应考虑与炉膛形状能合理配合，常用有水平式和下倾式两种。前后墙设置二次风喷口时，下倾角在 $10°\sim25°$ 的范围。二次风喷口位置应尽量接近炉排面，一般离燃料层表面距离应不低于 600mm，最高不超过 2m。根据二次风的布置原则，将二次风喷口位置分别布置在前拱 1/2 处、下倾角为 $25°$ 和后拱喉口的水平方向上。

13.8 传热计算

锅炉传热计算是热力计算的核心部分，包括炉膛传热计算和对流受热面传热计算（宋贵良，1995）。

13.8.1 炉膛传热计算

炉膛传热校核计算是预先布置好炉膛结构和辐射受热面，校核炉膛烟气出口温度是否在合理范围，若布置不合理，则修改后再进行计算。炉膛出口烟气温度过高，则应增加辐射受热面；反之，则应减少辐射受热面。辐射受热面布置见图 13-7，炉膛传热计算见表 13-10。

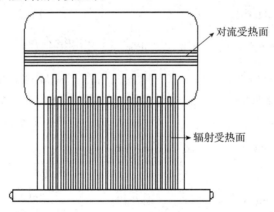

图 13-7　辐射受热面布置

表 13-10　炉膛传热计算

序号	项目	符号	单位	数据来源	数值
1	管子类型			设计取定	光管
2	烟气冲刷方式			设计取定	横向冲刷
3	烟气冲刷方式			设计取定	顺排
4	管子直径	d	mm	设计取定	51

（续）

序号	项目	符号	单位	数据来源	数值
5	管子厚度	δ	mm	设计取定	3.5
6	横向排数	Z_1	排	设计取定	3
7	纵向排数	Z_2	排	设计取定	11
8	横向节距	S_1	mm	设计取定	127
9	纵向节距	S_2	mm	设计取定	225
10	有效辐射层厚度	s	m	$0.9d\left(\dfrac{4S_1S_2}{\pi d^2}-1\right)$	0.596
11	对流受热面积	H_d	m^2	《标准》8.1.1 条	4.18
12	烟气流通截面面积	F	m^2	《标准》8.3.14 条	0.15
13	进口烟温	θ'	℃	由前一部件出口烟气温度获得	754.61
14	进口烟焓	I'	kJ/kg	查焓温表	6 519.616
15	出口烟温	θ''	℃	先假定，后校核	560.104
16	出口烟焓	I''	kJ/kg	查焓温表	4 851.116
17	烟气侧放热量	Q_{rp}	kJ/kg	$\varphi\left(I'-I''+\Delta I_{1e}^0\right)$	1 614.692
18	管内工质温度	t	℃	《标准》附表 13	194.134
19	平均温压	Δt	℃	$\left(\Delta t_b-\Delta t_{sm}\right)\big/\left(2.31\lg\dfrac{\Delta t_p}{\Delta t_{sm}}\right)$	456.848
20	烟气计算温度	θ_{pj}	℃	$t+\Delta t$	650.982
21	烟气平均流速	w	m/s	$\dfrac{B_{cal}V_g}{3\,600F}\left(\dfrac{\theta_{av}+273}{273}\right)$	6.879
22	烟气中水蒸气容积份额	r_{H_2O}		查烟气特性表	0.15
23	三原子气体容积份额	r_q		查烟气特性表	0.262
24	气体减弱系数	k_q	1/(m·MPa)	$\left(\dfrac{2.49+5.11r_{H_2O}}{\sqrt{r_{tri}PS}}-1.02\right)r_{tri}\left(1-\dfrac{0.37T}{1\,000}\right)$	4.346
25	烟气中飞灰浓度	μ_{fh}	kg/kg	$\dfrac{A_{ar}\alpha_{f\cdot a}}{100G_g}$	1.58E−04
26	飞灰减弱系数	k_{fh}	1/(m·MPa)	$7752\mu_{f\cdot a}\big/\sqrt[3]{T^2}$	0.166
27	烟气减弱系数	k	1/(m·MPa)	$k_{tri}+k_{f\cdot a}$	4.512
28	管壁积灰层表面温度	t_b	℃	$t_{av}+\Delta t_{wal}$	254.134
29	烟气黑度	α_y		$1-e^{-kps}$	0.232
30	辐射放热系数	α_f	W/(m²·℃)	$\dfrac{5.7\left(a_{awl}+1\right)}{2\times10^8}a_gT_{av}^3\cdot\left(1-\dfrac{T_{wal}}{T_{av}}\right)\Big/\left(1-\dfrac{T_{wal}}{T_{av}}\right)$	18.962

（续）

序号	项目	符号	单位	数据来源	数值
31	对流放热系数	α_d	W/（m²·℃）	$0.2C_sC_z\dfrac{\lambda}{d}\left(\dfrac{\omega d}{v}\right)^{0.65}Pr^{0.33}$	54.749
32	热有效系数	ψ		《标准》7.2.1条	0.6
33	传热系数	K	W/（m²·℃）	$K\psi(\alpha_{con}+\alpha_r)$	44.227
34	传热量	Q_{cr}	kJ/kg	$\beta\dfrac{3.6KH\Delta t}{B_{eal}}$	1 616.141
35	误差	ΔQ	%	$\Delta Q<\Delta$ 计算有效	0.09
36	允许误差	Δ	%	《标准》8.6.2条	2

注：《标准》指《工业锅炉设计计算标准方法》，本章表格中出现的标准均为此意，不再一一说明。

13.8.2　对流受热面传热计算

对流受热面传热计算是根据受热面所需的传热量和工质的进、出口温度确定所需的受热面面积。采用校核计算法，预先布置好受热面结构，再进行验证修改。对流热面布置见图 13-8，对流受热面传热计算见表 13-11。

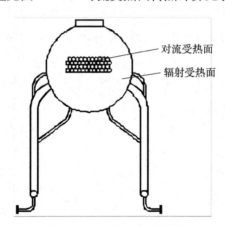

图 13-8　对流受热面布置

表 13-11　对流受热面传热计算

序号	项目	符号	单位	数据来源	数值
1	烟管根数	n_a	根	设计取定	38
2	烟管直径	d_a	mm	设计取定	57
3	烟管壁厚	δ_a	mm	设计取定	3.5
4	管子长度	L	m	设计取定	3.565
5	螺纹管节距	P	mm	设计取定	30

（续）

序号	项目	符号	单位	数据来源	数值
6	螺纹管槽深	ε	mm	设计取定	1.5
7	烟气流通截面积	F	m^2	几何结构计算	0.075
8	管束传热面积	H	m^2	几何结构计算	21.28
9	当量直径	D_1	mm	几何结构计算	50
10	管束进口烟温	θ'	℃	由前一部件出口烟气温度获得	560.104
11	管束进口烟焓	I'	kJ/kg	查焓温表	4 851.075
12	管束出口烟温	θ''	℃	先假定，后校核	242.452
13	管束出口烟气焓	I''	kJ/kg	查焓温表	2 064.075
14	平均温压	Δt	℃	$(\Delta t_b - \Delta t_{sm})/\left(2.3\lg\dfrac{\Delta t_b}{\Delta t_{sm}}\right)$	156.885
15	烟气侧对流放热量	Q_{rp}	kJ/kg	$\varphi\ (I'-I''+\Delta I^0_{1e})$	2 690.693
16	烟气计算温度	θ_{pj}	℃	《标准》8.3.6条	351.019
17	烟气平均流速	W_y	m/s	$\dfrac{B_{eal}V_g}{3\ 600F}\left(\dfrac{\theta_{av}+273}{273}\right)$	9.597
18	烟气运动黏度系数	ν	m^2/s	《标准》附表9、线算图1	4.84E−05
19	烟气导热系数	λ	W/（m·℃）	《标准》附表9、线算图1	0.049
20	烟气普朗特数	Pr		《标准》附表9、线算图1	0.61
21	烟气雷诺数	Re		$\theta\cdot d/\nu$	9 919.078
22	烟气流阻系数	λ'		《常压热水锅炉》公式8-3	0.069
23	斯坦顿数	St		《常压热水锅炉》公式8-4	7.73E−03
24	努谢尔特数	Nu		$St\cdot Re\cdot Pr$	46.728
25	螺纹管对流放热系数	α_{d1}	W/（m^2·℃）	$\lambda\cdot Nu/d$	46.04
26	烟气有效辐射层厚度	s	m	$3.6\dfrac{V}{F_{wal}}$	0.05
27	管子积灰层表面温度	t_3	℃	$t_{av}+\Delta t_{wal}$	254.134
28	三原子气体减弱系数	K_q	1/（m·MPa）	$\left(1-\dfrac{0.37T}{1\ 000}\right)\left(\dfrac{2.49+5.11r_{H_2O}}{\sqrt{r_{tri}PS}}-1.02\right)r_{tri}$	19.168
29	烟气黑度	α		$[1+(2\sigma_1-3)(1-\dfrac{\sigma_2}{2})^3]^{-2}$	0.09
30	辐射放热系数	α_f	W/（m^2·℃）	$\dfrac{5.7\ (a_{awl}+1)}{2\times10^8}a_g T_{av}^3$ $\left[1-\left(\dfrac{T_{wal}}{T_{av}}\right)\right]/\left[1-\left(\dfrac{T_{wal}}{T_{av}}\right)\right]$	3.538

（续）

序号	项目	符号	单位	数据来源	数值
31	热有效系数	ψ		《标准》7.2.1 条取定	0.85
32	传热系数	K	W/（m²·℃）	$K\psi$（$\alpha_{con}+\alpha_r$）	42.142
33	传热量	Q_{cr}	kJ/kg	$\beta\dfrac{3.6KH\Delta t}{B_{eal}}$	2 692.174
34	误差	ΔQ	%	$\Delta Q < \Delta$ 计算有效	0.055
35	允许误差	Δ	%	《标准》8.6.2 条	2

13.9　烟气净化除尘系统设计

为了减少尾气中飞灰的含量，设计采用二级除尘系统，尾气首先经过陶瓷多管旋风除尘器除尘，再利用布袋除尘器除尘，最后从烟囱排出，设备结构如图 13-9 所示。

陶瓷多管旋风除尘器为旋风类除尘器，当含尘气体进入除尘器后，通过陶瓷导向器，在导流叶片的旋转作用下，气体旋转并自圆周螺旋形向下流动，在离心力的作用下，密度较大的粉尘和气体分离，甩在筒壁上的粉尘在重力作用下降落在集尘箱内，净化的气体形成上升的旋流，通过排气管排出，达到除尘

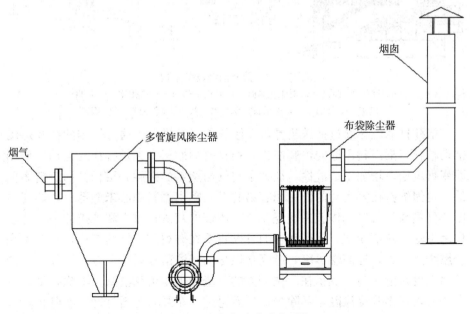

图 13-9　烟气净化除尘系统

效果。陶瓷多管旋风除尘器适用于大、中、小型工业锅炉的尾气除尘。

布袋除尘器是利用纺织布纤维的过滤作用进行除尘的，滤布可以将尾气中的细小、干燥的粉尘过滤掉，当尾气进入布袋除尘器时，质量较大的粉尘颗粒受重力作用落进灰斗，细小的粉尘被布袋阻留。然而当尾气中含有水分或飞灰含量较高会将滤袋堵塞，气体无法排出，所以布袋除尘只适合干燥尾气，且对飞灰含量较高的秸秆燃料锅炉，布袋除尘只能作为二次除尘系统（焦斌，2009）。

13.10 秸秆捆烧设备结构的总体设计

设计的秸秆打捆燃料燃烧设备由炉膛、倾斜往复炉排、前拱、后拱、燃烬室、辐射受热面、对流受热面、一二次进风系统、多管旋风除尘器、布袋除尘器、烟囱等部分组成，其结构布置如图 13‑10 所示。

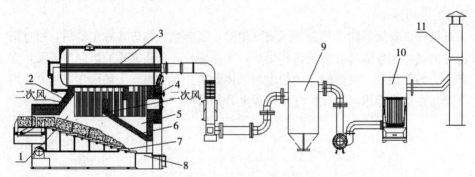

图 13‑10　秸秆捆烧设备结构

1. 炉膛　2. 前拱　3. 对流受热面　4. 辐射受热面　5. 燃烬室　6. 后拱
7. 炉排　8. 接渣口　9. 多管旋风除尘器　10. 布袋除尘器　11. 烟囱

秸秆打捆燃料通过推送装置落在倾斜往复炉排上，通过炉排的往复运动推动秸秆打捆燃料不断向炉膛前进，秸秆打捆燃料受到炉排往复运动的作用而变得疏松，增加了透气性，加大了空气与燃料的接触，秸秆打捆燃料表面的灰也因炉排往复运动的作用而容易脱落，露出燃料中心未燃部分，燃烧强度得到提高，可燃气体较易燃烧完全，燃烧的灰渣在重力和炉排的往复运动作用下落入灰渣斗室，夹带残存的可燃物质在燃烬室内继续燃烧，降低未完全燃烧热损失，提高燃尽率，燃烬室燃尽的灰渣落在后拱上方。炉膛后端的炉墙上设置清灰门，沉积在后拱上方的灰渣和烟尘可从清灰门清除，烟气首先进入陶瓷多管旋风除尘器除尘，然后再进入布袋除尘器进行二次除尘，最后从烟囱排出。

13.11　本章小结

本章从秸秆打捆燃料的燃烧特性出发，对秸秆捆烧设备进行了总体设计，包括热力计算、炉排的设计计算、炉膛的设计计算、炉拱设计、配风设计以及除尘系统的设计。根据炉拱的动量设计法设计了不同的前拱和后拱组成的炉膛结构，以待通过秸秆捆烧设备的燃烧模型选择出合适的炉拱和配风。

14 秸秆捆烧锅炉的数值模型

锅炉燃烧的数值模拟是以燃烧学、计算流体力学、动力学、传热学、燃烧数值模拟学为基础，以计算机计算为载体，对建立的基本方程进行求解来模拟锅炉燃烧过程的数学方法。基本方程的建立要遵守燃料在燃烧过程中的质量、能量和动量守恒定律。在锅炉燃烧的数值模拟中，炉排炉比粉体炉燃烧过程的数值模拟更为复杂，因为炉排炉不仅要考虑燃料在炉排上的传质传热转化，还要考虑炉膛稀相空间的燃烧过程。秸秆打捆燃料在往复炉排锅炉内的燃烧分为床层燃烧和炉膛内燃烧两个部分，床层燃烧发生在往复炉排上秸秆打捆燃料构成的填充床上，包含气固两项的热量和能量交换；炉膛内稀相空间的燃烧是指可燃气体的燃烧和辐射，二者之间并不是单独进行的，它们之间互相作用，互相影响。床层燃烧得到挥发分的组分的浓度、速度和温度分布，为炉膛燃烧提供边界条件，同时又会吸收炉膛燃烧产生的热量，二者的相互耦合组成了整个锅炉的燃烧。在秸秆捆烧锅炉燃烧过程的数值模拟中，对于燃料在床层上燃烧包含固相和气固间的质量、动量和热量的传递和转换的过程，采用基本的守恒方程、多孔介质模型和辐射模型来进行数学建模；对于炉膛稀相空间内可燃气体的燃烧可采用基本守恒方程、湍流燃烧模型和辐射换热模型进行数学求解。

14.1 床层模型

根据拉格朗日法，即通过对固定床随时间的燃烧特征模拟来推测移动床上不同炉排位置的燃烧特征。假定稳态燃烧时秸秆打捆燃料在往复炉排作用下运动的速度不变，不同位置上的燃料燃烧情况只与燃料在炉排上燃烧的时间有关。在 t 时刻，燃料在炉排上位置为

$$l = l_0 + ut$$

式中　　l——t 时刻燃料随炉排走过的长度；

　　　　l_0——燃料在炉排上所处的最初位置；

　　　　u——燃料随炉排运动的速度；

t——燃料燃烧的时间。

这样可以采用一维的非稳态的固定床模型来近似地描述秸秆打捆燃料在往复炉排上的燃烧过程。一次风与辐射条件都作为与时间有关的函数，模拟秸秆打捆燃料的一维非稳态燃烧过程，然后把时间与位置一一对应，即可获得秸秆打捆燃料在往复炉排连续燃烧的过程。

14.1.1　模型假设

对秸秆打捆燃料在往复炉排上的燃烧过程进行以下简化假定：

（1）只考虑床层纵向上的变化，不考虑横向上的相互影响，简化为一维情况。

（2）整个床层的打捆秸秆内部分布均匀，视为多孔介质。

（3）打捆秸秆和炉排间无相对滑移。

（4）不考虑打捆秸秆散塌、灰熔融、结渣。

床层用多孔介质模型，对多孔介质中的固相和气相分别建立控制方程。

14.1.2　气相控制方程

质量方程：

$$\frac{\partial \rho_g}{\partial t} + \frac{\partial}{\partial x_i}(\rho_g u_i) = S_m \tag{14-1}$$

式中　　ρ_g——气体密度；

u_i——气体速度；

S_m——燃料燃烧生成的气体质量。

动量方程：

$$\frac{\partial (\rho_g u_i)}{\partial t} + \frac{\partial}{\partial x_j}(\rho_g u_i u_j) = -\frac{\partial p}{\partial x_i} + \frac{\partial \tau_{ij}}{\partial x_j} + \rho_g g_i + S_i$$

$$\tag{14-2}$$

等号左边是气体对流加速度项，等号右边分别是压力产生的风阻、黏度产生的风阻、重力产生的风阻和多孔介质附加阻力源项。p 是气体的静压，τ_{ij} 是应力张量，g_i 为 i 方向上的重力体积力。

应力张量由下式给出：

$$\tau_{ij} = \varepsilon \cdot \mu \left(\frac{\partial u_i}{\partial x_j} + \frac{\partial u_j}{\partial x_i} - \frac{2}{3} \frac{\partial u_l}{\partial x_l} \delta_{ij} \right) \tag{14-3}$$

多孔介质附加阻力源项：

$$S_i = -\left(\frac{\mu}{\alpha} v_i + C_2 \frac{1}{2} \rho |v| v_i \right) \tag{14-4}$$

式（14-4）中等号右边的第一项为黏性损失项，第二项为惯性损失项。μ 为黏性系数，α 为渗透性系数，C_2 是惯性阻力系数。

秸秆打捆燃料被认为是有着高黏性阻力的多孔介质，在干燥的初始阶段，秸秆打捆燃料内的速度几乎为零，燃料中的雷诺数忽略了惯性阻力的可能性，惯性阻力被简单地忽略掉，常数 C_2 可以认为是零，多孔介质的动量方程源项可由 Dancy 定律描述：

$$S_i = -\frac{\mu}{\alpha}v_i$$

组分方程：

$$\frac{\partial(\rho_g Y_{i,\,g})}{\partial t} + \frac{\partial}{\partial x_j}(\rho_g u_{i,\,g} Y_{i,\,g}) = \frac{\partial}{\partial x_j}\left(\rho_g D_{g,\,eff}\frac{\partial Y_{i,\,g}}{\partial x_j}\right) + S_{Y_{i,\,g}}$$

$$(14-5)$$

式中　$Y_{i,\,g}$——气体组分 i（CH_4、O_2、CO_2、H_2O、CO、N_2）的质量分数；

$\quad\quad D_{g,\,eff}$——流体在多孔介质中的扩散系数；

$\quad\quad S_{Y_{i,\,g}}$——各组分浓度变化的源项。

能量方程：

$$\frac{\partial(\rho_g h_g)}{\partial t} + \frac{\partial}{\partial x_j}(\rho_g u_i h_g) = \frac{\partial}{\partial x_j}\left(\lambda_{g,\,eff}\frac{\partial T_g}{\partial x_j}\right) + h_{s,\,g}S(T_n - T_g) +$$
$$\varepsilon\sigma S(T_n^4 - T_g^4) + H_g + Q_{sg} + Q_{H_2O}$$

$$(14-6)$$

等式右边项分别是气相导热换热、气固间的对流换热、气固辐射换热、气体反应热、异相反应中焦炭燃烧产生的热量和水分蒸发进入气相的热量，h_g 是气相的焓［单位：J/（kg·K）］，$\lambda_{g,\,eff}$ 为气体有效导热率，T_n 为固体表面温度，T_g 为气体温度，$h_{s,\,g}$ 为气固对流换热系数，S 为多孔介质的比表面积，σ 为斯蒂芬-玻尔兹曼常数，ε 为固体与气体辐射的系统黑度。

14.1.3　固相控制方程

质量方程：
$$\frac{\partial\rho_s}{\partial t} + \frac{\partial}{\partial x_j}(\rho_s u_{j,\,s}) = -S_g \quad\quad (14-7)$$

失去的固相质量与气相质量方程中的 S_g 互为负数关系。

组分方程：
$$\frac{\partial(\rho_g Y_{i,\,s})}{\partial t} + \frac{\partial}{\partial x_j}(\rho_g u_{i,\,s} Y_{i,\,s}) = -S_{Y_{i,\,g}} \quad\quad (14-8)$$

$Y_{i,\,s}$ 包括固相组分中水分、挥发分、焦炭和灰分的质量分数，其质量的变化与气相组分方程中的质量变化 $S_{Y_{i,\,g}}$ 互为负数。

如上所述，打捆秸秆被建模为一个多孔的区域，由气体和固体组成。为了包括这两种材料（空气和固体）的热传导的影响，一种基于孔隙度的有效导热系数被引入，这种方法通常被广泛应用于充满燃料的固定床模型中，为代表秸秆打捆燃料，初始孔隙率设置一个较低值（$r=0.2$），包含大量固体和少量孔隙，燃料受到热源的辐射及燃料内部和外部气相的辐射，因为燃烧的作用，燃料孔隙率逐渐增大，来自燃料内部气体的辐射也随之增强，其他由化学反应和挥发热引起的热源也与之相结合，由于蒸发吸热，水分蒸发的潜热要从总能源中减去。

能量方程：

$$\frac{\partial (\rho_s h_s)}{\partial t} + \frac{\partial}{\partial x_j}(\rho_s u_i h_s) = \frac{\partial}{\partial x_j}\left(\lambda_{s,\,eff}\frac{\partial T_n}{\partial x_j}\right) - h_{s,\,g}S(T_n - T_g) -$$
$$\varepsilon\sigma S(T_n^4 - T_g^4) - Q_{H_2O} + Q_{sg} \qquad (14\text{-}9)$$

等式右边项分别是固相传导换热、气固对流换热、气固辐射换热量、水分蒸发热损失、异相反应进入固体的质量。h_s 为固相的焓［单位：J/（kg·K）］，$\lambda_{s,\,eff}$ 为固体有效导热率。

14.1.4　秸秆打捆燃料内部物理化学反应模型

秸秆打捆燃料燃烧有四个过程，分别是水分析出、挥发分析出、挥发分燃烧和焦炭燃烧。除挥发分燃烧发生在气相流体域外，其他三个过程的燃料都发生在内部的固相域。

（1）水分析出。 秸秆打捆燃料在进入炉膛后，首先被加热干燥，析出水分。水分的析出在不同温度范围有不同的蒸发速率，当温度小于373K时，蒸发速率只受到传质控制，向含水量较低的气相扩散，当温度大于373K时，水分吸收热量直接成为水蒸气，水分蒸发速率由吸收热量和蒸发潜热来确定，表达式为

$$R_{H_2O}=\begin{cases} S \cdot D_m(C_{s,H_2O}-C_{g,H_2O}) & T_n<373K \\ Q_{H_2O}/\gamma & T_n\geqslant 373K \end{cases}$$

当秸秆打捆燃料表面温度 $T_n<373℃$ 且表层水分未析尽时，为传质控制

$$R_{H_2O} = S \cdot D_m(C_{s,\,H_2O} - C_{g,\,H_2O}) \qquad (14\text{-}10)$$

式中　　R_{H_2O}——单位体积内水分的蒸发速率［kg/（m³·s）］；

$\qquad C_{s,\,H_2O}$——固相表面的水汽密度（kg/m³）；

$\qquad C_{g,\,H_2O}$——气相中的水汽密度（kg/m³）；

$\qquad D_m$——表面传质系数（m/s）。

当 $T_n\geqslant 373℃$ 时，蒸发速率 R_{H_2O} 由固相吸收热量和水的汽化潜热来确定：

$$R_{H_2O} = Q_{H_2O}/\gamma \qquad (14\text{-}11)$$

式中　Q_{H_2O}——固相的吸收的热量，包含对流和辐射两部分热量；

γ——水的蒸发潜热。

$$Q_{H_2O} = h_{s, g}S(T_n - T_g) - \varepsilon\sigma S(T_n^4 - T_g^4) \qquad (14\text{-}12)$$

(2) 挥发分析出。 干燥的秸秆打捆燃料上升到一定温度后，开始析出挥发分。挥发分析出采用阿累尼乌斯定律一级反应方程描述，其析出速率和燃料中的剩余挥发分质量成正比：

$$R_{vol} = k_{vol}(m_\infty - m_t) \qquad (14\text{-}13)$$

式中　m_∞——燃料可析出挥发分的总质量；

m_t——t 时刻析出的挥发分质量；

k_{vol}——挥发分析出的速度常数：

$$k_{vol} = A\exp\left(-\frac{E}{RT_s}\right) \qquad (14\text{-}14)$$

式中　A、E——反应速率指前因子和活化能；

T_s——由燃料单元离散体温度；

R——通用气体常数，值为 8.314J/（mol·K）。

(3) 挥发分燃烧。 开始焦炭被氧化成 CO，然后从燃料中释放到固体外的气相中，通过在气相中进一步氧化生成 CO_2，所有释放的挥发分 CH_4、CO、H_2 被氧化燃烧。床层中挥发分与氧气的混合速率因为多孔介质孔隙率的影响，与纯气相中的混合速率不一样。它改写表示为

$$R_{mix} = 0.83\left[150\frac{D_{g, eff}(1-\varepsilon)^{2/3}}{d^2\varepsilon} + 1.75\frac{u_g(1-\varepsilon)^{1/3}}{d\varepsilon}\right]\min\left(\frac{C_{fuel}}{\Omega_{fuel}}, \frac{C_{ox}}{\Omega}\right)$$

$$(14\text{-}15)$$

式中　$D_{g, eff}$——有效扩散系数；

ε——孔隙率（%）；

d——假设的颗粒直径（mm）；

u_g——气体速度（m/s）；

C_{fuel}——组分浓度（kg/m³）；

C_{ox}——氧气浓度（kg/m³）；

Ω——反应当量系数。

挥发分在燃料层的燃烧选用有限速率/涡耗散模型（赵坚行，2002），燃烧速率采用阿累尼乌斯速率与混合速率较小的一个，即

$$R = \min(R_{lam}, R_{mix}) \qquad (14\text{-}16)$$

式中　R_{lam}——根据阿累尼乌斯公式求得的层流反应速率。

$$R_{lam} = \Omega\left(k\prod_{j=1}^{N}[C_j]^{\eta_j}\right) \qquad (14\text{-}17)$$

式中　C_j——组分 j 的浓度；

$\quad\quad\eta_j$——浓度指数；

$\quad\quad k$——阿累尼乌斯反应速率常数。

$$k = AT_g^{\beta}\exp\left(-\frac{E}{RT_g}\right) \tag{14-18}$$

式中　A、E——指前因子和表观活化能；

$\quad\quad\beta$——温度指数；

$\quad\quad R$——摩尔气体常量，值为 8.314J/（mol·K）。

气体均相燃烧主要反应方程如下：

(1) $CH_4 + 2O_2 \longrightarrow CO_2 + 2H_2O$

(2) $H_2 + 0.5O_2 \longrightarrow H_2O$

(3) $CO + 0.5O_2 \longrightarrow CO_2$

(4) $CH_4 + 1.5O_2 \longrightarrow CO + 2H_2O$

(5) $CH_4 + 0.5O_2 \longrightarrow 2H_2 + CO$

(6) $CO_2 \longrightarrow CO + 0.5O_2$

(7) $CH_4 + H_2O \Longleftrightarrow 3H_2 + CO$

气体均相反应的层流反应速率见表 14-1。

表 14-1　气体均相反应的层流反应速率

方程序号	层流反应速率	参考文献
1	$R_1 = 1.58 \times 10^{13} [CH_4]^{0.7} [O_2]^{0.8} \exp(-24\ 343/T)$	（Fluent 公司，2006）
2	$R_2 = 10^{11} [H_2] [O_2] \exp(-5\ 050/T)$	（Johansson et al.，2007）
3	$R_3 = 2.239 \times 10^{12} [CO] [O_2]^{0.25} [H_2O]^{-0.5} \exp(-20\ 446/T)$	（Fluent 公司，2006）
4	$R_4 = 1.6 \times 10^{10} [CH_4]^{0.7} [O_2]^{0.8} \exp(-24\ 157/T)$	（Zhou et al.，2005）
5	$R_5 = 4.4 \times 10^{11} [CH_4]^{0.5} [O_2]^{1.25} \exp(-15\ 106/T)$	（Jones et al.，1988）
6	$R_6 = 7.5 \times 10^{11} [CO_2] \exp(-46\ 500/T)$	（Cooper et al.，2000）
7	$R_{7a} = 3 \times 10^8 [CH_4]^{0.7} [O_2]^{0.8} \exp(-15\ 106/T)$	（Jones et al.，1988）
	$R_{7b} = 5.12 \times 10^{-14} [H_2] [CO] \exp(-3.3/T)$	（Watanabe et al.，2006）

(4) 焦炭燃烧。小麦和玉米秸秆打捆燃料中的碳含量约为 35%，焦炭燃烧的产物主要是 CO 和 CO_2，即

$$C(s) + \alpha O_2 \rightarrow 2(1-\alpha)CO + (2\alpha - 1)CO_2 \tag{14-19}$$

CO 对 CO_2 生成率的比值（Borman et al.，1998）为

$$CO/CO_2 = 2\ 500\exp(-6\ 420/T_s) \tag{14-20}$$

焦炭反应速率受氧气扩散和化学反应动力的影响，焦炭总燃烧速率（Yao

et al.，2007）为

$$R_{\text{char}} = P_{O_2}/(1/k_c + 1/k_d) \tag{14-21}$$

式中　P_{O_2}——焦炭附近氧气分压力；

　　　k_c——化学反应动力系数；

　　　k_d——氧气扩散系数。

14.2　炉膛气相燃烧的控制方程

炉膛气相燃烧的控制方程可以表示成以下通用形式：

$$\frac{\partial}{\partial x_j}(\rho u_j \varphi) - \frac{\partial}{\partial x_j}\left(\Gamma \frac{\partial \varphi}{\partial x_j}\right) = S_\varphi \tag{14-22}$$

式中等号左边为对流项和扩散项，等号右边为源项，其中 φ 为通用变量，能够代表各种不同的量，Γ 为因变量 φ 的扩散率。炉膛气相燃烧的控制方程如表 14-2 所示。

表 14-2　炉膛气相燃烧的控制方程

方程	φ	Γ	S_φ
连续	1	0	$\sum R_i$
动量	u_i	$\mu + \mu_t$	$-\dfrac{\partial p}{\partial x_i} + \dfrac{\partial}{\partial x_j}\left[\mu_{\text{eff}}\left(\dfrac{\partial u_j}{\partial x_i}\right) - \dfrac{2}{3}\left(\rho k + \mu_{\text{eff}}\dfrac{\partial u_1}{\partial x_1}\right)\delta_{ij}\right]$
能量	$C_p T$	$\rho a + \mu_t$	$\sum R_i Q_i + S_{\text{rad}}$
组分	Y_i	$\rho D + \mu_t$	R_i
湍动能	k	$\mu + \dfrac{\mu_t}{\sigma_k}$	$G - \rho \varepsilon$
湍动能耗散率	ε	$\mu + \dfrac{\mu_t}{\sigma_\varepsilon}$	$\dfrac{\varepsilon}{k}(C_1 G - C_2 \rho \varepsilon)$

14.3　床层和炉膛的耦合

锅炉整体模型的主要计算区域为床层和炉膛两部分，床层设置为多孔介质区，采用多孔介质模型建模，炉膛为纯气相区，两个计算区域利用 Fluent 软件进行计算。床层模拟为炉膛稀相空间提供燃料层逸出的气体组分的浓度、速度和温度分布，炉膛稀相空间内的模拟可以反过来为模拟燃料层的燃烧模型提供对流和辐射热流密度等边界条件，对于燃料炉排上的燃烧和炉膛稀相空间燃烧之间相互的影响，通过 UDF 程序将多孔介质区域和流体域进行耦合。

14.4　湍流模型和辐射传热模型

炉膛内气相湍流模型采用标准的 k-ε 模型，标准的 k-ε 模型自从被 Launder 和 Spalding（1974 年）提出之后，迅速成为工程流场中计算的普遍使用模型，其计算收敛性和精确性都非常符合工程计算的要求，k-ε 模型中湍流黏性系数的表达式为

$$\mu_\mathrm{t}=\rho C_\mu k^2/\varepsilon \tag{14-23}$$

炉膛气相燃烧速率模型也采用有限速率/涡耗散模型。

气相辐射采用 P-1 辐射模型：

$$\frac{\partial}{\partial x_i}\left(\frac{1}{3a_\mathrm{g}}\frac{\partial G}{\partial x_j}\right)=a_\mathrm{g}G-4a_\mathrm{g}\sigma T_\mathrm{g}^4 \tag{14-24}$$

式中　G——入射辐射；

a_g——气体的吸收系数，采用 WSGGM 模型描述。

14.5　数值计算方法及边界条件

床层多孔介质模型中的气相、固相和炉膛气相燃烧的控制方程统一按照式（标准形式）书写，方程采用二阶迎风格式离散，采用 SIMPLE 算法计算求解。整个区域的划分的网格数约为 40 000。计算中，边界条件设置如下：

（1）计算域底部的边界为一次风进口，共分为 5 个进口域，可以通过改变 5 个一次风进口的速度进行不同配风方式的模拟。

（2）炉膛出口压力设置为 −40Pa。

（3）壁面边界条件中，炉拱设置为绝热，黑度设置为 0.8，水冷壁假定温度为 300K，黑度设置为 0.8。

14.6　本章小结

本章从流体质量守恒、能量守恒、动量守恒和组分守恒等基本方程出发，结合燃烧过程，分别对秸秆打捆燃料燃烧设备的床层燃烧和炉膛气相燃烧构建了模型，并将二者进行耦合，建立了秸秆打捆燃料燃烧设备的整体燃烧数值模型。

15 秸秆捆烧锅炉炉拱与配风的数值优化设计

炉拱和配风是炉排炉燃烧优化的主要方式，合理的炉拱和配风可以很好地组织炉膛内气体燃烧，控制床层燃烧的进程。炉拱设计时，为使烟气在前拱下形成回流区，前拱的倾角不能过大，后拱的长度不能过短，但后拱设计得过长又会导致拱下压力过高，产生正压燃烧问题（徐通模等，1994）。配风设计时一是要保证可供燃料燃烧的足够风量；二是要合理分配一次风各风仓的风量比例，使风量适合燃料燃烧的各个区域；三是要合理分配二次风风量，改善炉膛火焰的充满度，使炉膛温度升高，提高热效率。设置的前拱、后拱只要配合合适，一二次风配风合理，可以优化燃烧，提高锅炉燃烧效率并减少污染物排放。然而经验设计常常难以考虑周全，在此情况下，若采取数值模拟方法监测炉内流场、速度场、温度场和压力分布，则可较准确地对炉拱和配风进行参数优化设计，从而改善经验设计的盲目性。

15.1 炉拱确定

15.1.1 前拱倾角对炉内燃烧影响的数值分析

前拱倾角大小的改变会使炉膛结构产生变化，进而导致炉内的流场发生改变，本部分对前拱倾角为 45°、50°和 55°的数值模型进行模拟。经对数值模拟结果的后处理得到前拱倾角分别为 45°、50°和 55°时炉内流场和速度矢量分布图，如图 15-1、图 15-2 和图 15-3 所示。

从图 15-1、图 15-2 和图 15-3 可以看出，在倾斜往复炉中，前拱倾角为 50°时，中后部燃料燃烧的高温烟气涌向前拱，并在前拱下方即新燃料入口附近旋转形成了回流区，回流区的产生将使高温烟气将热量传递给新燃料，有利于新燃料的引燃，而当前拱倾角增大到 55°时，中后部燃料燃烧的高温烟气大部分直接从喉口流出，未进入前拱区，前拱下方未形成回流区。当前拱倾角从 50°降至 45°时，中后部燃料燃烧的高温烟气对前拱的冲刷强烈，回流强度较前

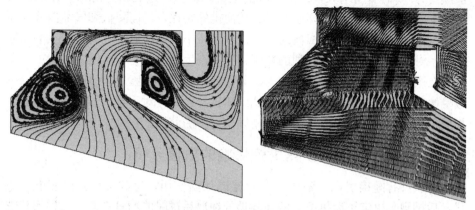

图 15-1　前拱倾角为 45°的炉内流场和速度矢量分布

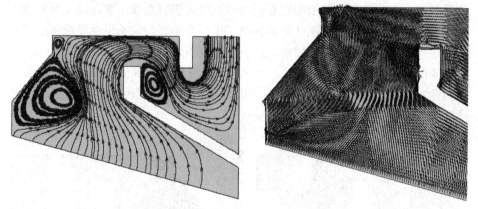

图 15-2　前拱倾角为 50°的炉内流场和速度矢量分布

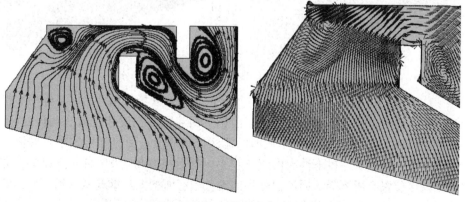

图 15-3　前拱倾角为 55°的炉内流场和速度矢量分布

拱倾角为 50°时有所增大，回流区范围也有所扩大。这是因为前拱倾角的增大增加了中后部燃料燃烧的高温烟气到达前拱的路程，进而降低烟气涌向前拱面的动量，所以不容易产生回流区，前拱倾角减小，则高温烟气到达前拱的路程变短，对前拱面产生较为强烈的冲刷，更易产生回流。

在燃煤锅炉的设计中，设计人员为保证燃料进入炉膛后能够顺利着火，一般更倾向于采用倾角较小、高度较低的前拱，然而，对于着火温度比较低的生物质秸秆燃料来说，一般不需要采用倾角过小的前拱。

15.1.2 后拱倾角对炉内燃烧影响的数值分析

后拱具有间接引燃、强化混合及尾部保温作用，有利于燃料的引燃、燃尽，后拱倾角决定了后拱下方的高温烟气冲出后拱时的动量方向。后拱倾角越大，中后部燃料燃烧的高温烟气越易从喉口流出；不易在前拱区产生回流；而后拱倾角也不能过小，否则中后部燃料燃烧的火焰容易被压熄，还会导致烟气闷塞，大量烟气滞留在后拱区形成局部正压。而正压燃烧不仅会降低锅炉热效率，还会造成回火，炉体部件烧毁，引发安全事故（唐方平，2014）。

本部分将对后拱倾角为 25°、30°和 35°的模型进行数值模拟计算，研究后拱倾角对炉内燃烧的影响，得到的炉内流场流线图、速度场分布如图 15-4、图 15-5 和图 15-6 所示。

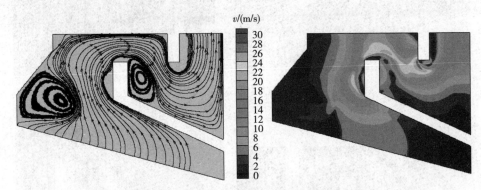

图 15-4　后拱倾角 25°的炉内流场和速度场分布

从图 15-4、图 15-5 和图 15-6 所示流场和速度场可以看出，不同的后拱倾角，其前拱下方都出现回流区，但前拱下回流区的强度和位置有明显变化。后拱倾角为 35°时前炉拱下方形成的回流区位置靠上，回流强度较小，回流区范围不大，烟气从后拱下冲出的流速较小。当后拱倾角为 30°时，前炉拱下方的回流区位置有所下降，回流强度和回流范围有所增大，烟气从后拱下冲出的流速也有所增大。当后拱倾角为 20°时，前拱下方形成回流区位置进一步下移，涡旋强度进一步增大，烟气从后拱下冲出的流速显著增大。后拱倾角越

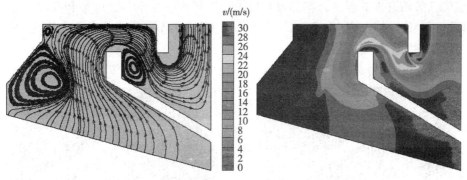

图 15-5　后拱倾角 30°的炉内流场和速度场分布

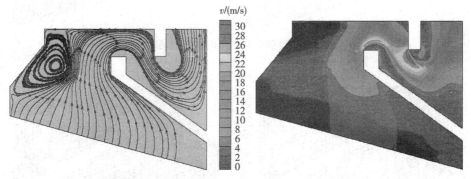

图 15-6　后拱倾角 35°的炉内流场和速度场分布

小，前拱下的涡旋强度越大，出现位置越低。造成这种现象的原因是后拱倾角越小，后拱对烟气的向前逼迫作用越强，后拱出口的烟气速度就越大，越有利于强旋转回流区的形成，由于后拱下方的烟气方向基本与后拱方向平行，后拱倾角决定了烟气冲刷前拱面的位置。后拱倾角越小，回流区出现的位置越低；后拱倾角变大，进入前拱区烟气的流速降低，后拱下方的烟气更容易流出前拱区，冲刷后形成的涡旋也就变弱。

　　然而，在后拱设计中，不能为获得强度较大的回流区而选择过小的后拱倾角，过小的后拱倾角会导致炉内流速过大，适当的炉内流速可以加强炉内气流的混合，从而提高燃烧效率，炉内流速过大，烟气中会夹带大量未燃尽的可燃物，从而增大固体未燃烧热损失，反而降低锅炉热效率，而且过小的后拱倾角会导致后拱下的压力升高，产生正压燃烧的隐患（丁仁荣，1980）。

15.1.3　后拱覆盖长度对炉内燃烧影响的数值分析

　　在设计后拱的覆盖长度时，一般要能覆盖住炉排上的主燃区和焦炭燃烬区，一是能够保持焦炭燃烬区的温度，保证焦炭燃尽，二是保证流入前拱区高温烟气量的进入的程度。本部分对后拱长度覆盖率为 50%、60% 和 65% 的模型进行数值模拟，图 15-7、图 15-8 和图 15-9 为不同后拱长度覆盖率炉内的流场流线图、速度场分布图。

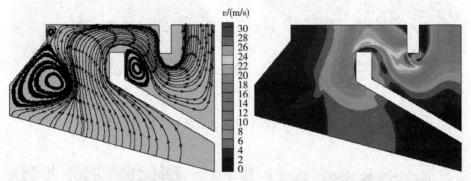

图 15-7　后拱长度覆盖率为 50% 的炉内流场和速度场分布

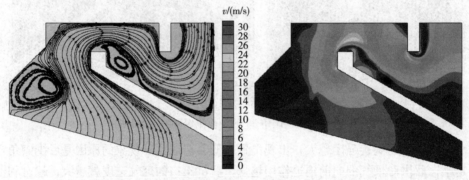

图 15-8　后拱长度覆盖率为 60% 的炉内流场和速度场分布

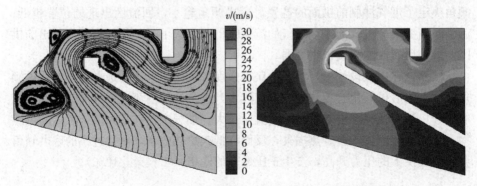

图 15-9　后拱长度覆盖率为 65% 的炉内流场和速度场分布

由图 15-7、图 15-8 和图 15-9 可见，不同后拱长度覆盖率的前拱下方都形成了回流区，不同的是，后拱长度覆盖率为 65% 时，后拱下方的高温烟气对前拱冲刷强烈，在前拱靠下的位置附近形成旋转较强的回流区，由于炉膛喉口过小，导致炉内流速过大。后拱长度覆盖率减小为 60%，产生回流区的位置稍有升高，回流区强度相对减弱，但回流区范围稍有增大，当后拱长度覆盖率继续减小至 50% 时，回流区强度进一步减弱，但回流区范围也进一步增大。这是因为后拱的覆盖长度越长，高温烟气到达前拱的行程缩短，对前拱的有效冲刷就越大，回流强度就越强，后拱覆盖长度缩短会使部分烟气直接上升流出炉膛，后拱下方烟气对前拱形成有效的冲刷减少，速度也有所降低，而较长的后拱压低了烟气的流动，使得回流区的位置偏低。

在后拱长度设计中，覆盖率要适中，不能过大，否则会导致喉口过小，形成正压燃烧，后拱下方温度过高，导致燃料过早结渣黏结。

15.1.4　前后拱的确定

以上利用数值模拟讨论了炉拱对炉内燃烧影响，得到了一些结论。优良的拱型必须合理地组织炉内流场，使燃料层燃尽率高，且燃料层产生的可燃气体在炉膛内燃尽，同时又不能使后拱下方的压力过高，产生正压燃烧。利用正交试验对其他拱型进行数值分析，考察炉内流场、温度场和压力分布（表 15 - 1）。图 15 - 10、图 15 - 11 和图 15 - 12 所示为三种拱型备选方案的炉内流场、温度场和床层表面压力分布，由于篇幅，其他不一一列出。

表 15 - 1　三种拱型备选方案

方案	前拱倾角	后拱倾角	后拱覆盖率
1	50°	30°	50%
2	45°	30°	50%
3	50°	30°	60%

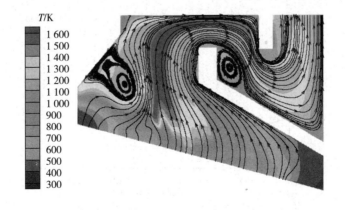

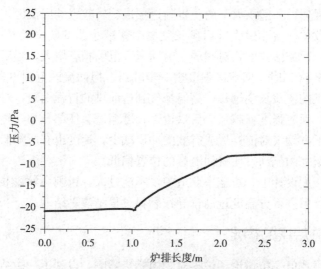

图 15 - 10　方案 1 炉内温度场和床层表面压力

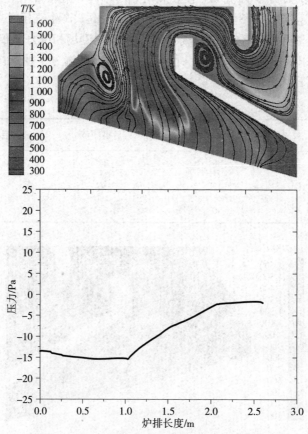

图 15 - 11　方案 2 炉内温度场和床层表面压力

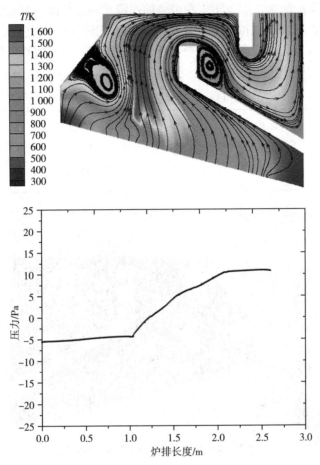

图 15-12　方案 3 炉内温度场和床层表面压力

从图 15-10、图 15-11 和图 15-12 可以看出，三种备选方案前拱下方都能形成火焰漩涡，备选方案 3 回流强度较大，但后拱下方的最高压力超出 10Pa，超过了大气压，产生了正压。方案 2 的回流区过于靠下，拱下温度不高，且后拱下方压力处于临界，也不宜采用。综合比较，方案 1 前拱下方的回流区靠近燃料层位置，强度适中，并且后拱区最高压力低于 −5Pa，没有产生正压。因此，采用方案 1 进行炉拱设计。

15.2　配风的优化选择

15.2.1　一次风配风方式对炉内燃烧影响的数值分析

分段配风一般可以分成两种，一种是尽早配风，另一种是推迟配风。尽早配风是提前配给较大风量，大风量集中在炉排的中段及靠前部位，推迟配风是延迟较大风量的配给，配风集中在炉排的中段及靠后部位。本节将对这两种分段配风方式进行数值模拟，考察尽早配风和推迟配风炉内流场、温度场的变化，本模型将一次风分成五个风仓，对风仓的风量进行不同的风量配比实现两种配风方式的模拟，如表 15 - 2 所示。

表 15 - 2　两种配风方式风量配比

配风方式	风仓 1	风仓 2	风仓 3	风仓 4	风仓 5
尽早配风	5%	40%	40%	10%	5%
推迟配风	5%	5%	40%	40%	10%

经数值模拟计算，两种配风方式炉内流场和温度场图如图 15 - 13 和图 15 - 14 所示。

图 15 - 13　推迟配风炉内流场和温度场

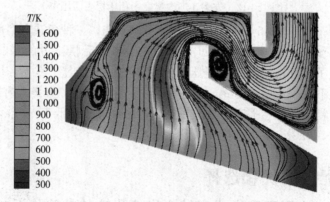

图 15 - 14　尽早配风炉内流场和温度场

通过两种不同配风方式下的流场和温度场可以看出，推迟配风和尽早配风前拱下都形成了回流，不同的是，推迟配风前拱下的温度较高，而尽早配风前拱下的温度较低。这种现象产生的原因是，推迟配风方式的中后段风仓送出的风量比较大，能使燃料燃烧产生的高温烟气以较高的速度冲刷前拱区形成回流，高温烟气在前拱下与低温烟气进行混合，使前拱下方的温度升高；而尽早配风虽然在前拱下也产生回流，但因为其炉排中前部的大风量直接冲刷前拱而形成的回流，形成的原因和推迟配风不一样，这种方式形成的回流并没有将高温烟气引流至炉排前段，所以前拱下平均温度较低。

设计往复炉排配风方式时应采用推迟配风，推迟配风有利于后拱下高温烟气与前拱下的低温烟气混合，有助于新燃料的着火和燃烧，而且推迟配风由于炉排中后部供风量较大，可以集中促进焦炭的燃烧，这是推迟配风的优势所在，对提高往复炉的燃烧特性具有重要意义。

15.2.2 推迟配风的风量分配

确定往复炉采用推迟配风方式后，进一步对风仓风量配比进行优化，本部分将对五个风仓配比不同的风量进行模拟，研究其对炉内燃烧的影响。四种不同风量配比工况如表5-3所示。

表 15-3 四种不同分配比例推迟配风的工况

工况	风仓1	风仓2	风仓3	风仓4	风仓5
1	0	20%	40%	30%	10%
2	5%	5%	40%	40%	10%
3	5%	5%	30%	50%	10%
4	5%	10%	45%	35%	5%

经数值模拟计算，四种工况下炉内流场和温度场如图15-15至图15-18所示。

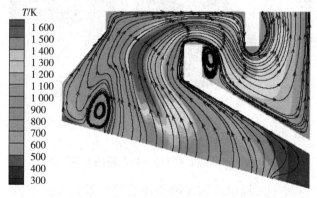

图 15-15 工况1条件下炉内流场和温度场

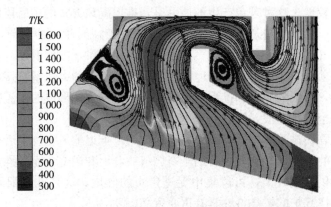

图 15 - 16　工况 2 条件下炉内流场和温度场

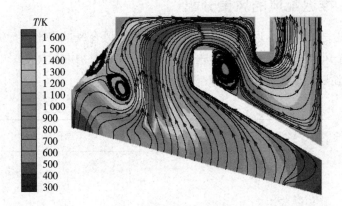

图 15 - 17　工况 3 条件下炉内流场和温度场

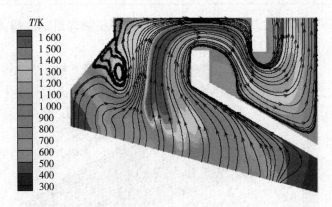

图 15 - 18　工况 4 条件下炉内流场和温度场

　　通过分析四种不同风量分配比例条件下的推迟配风温度场和流场可以看出，工况 1 条件下由于风仓 1 的速度为零，风仓 2 的速度又过大，导致炉排热解区域的烟气回流到前拱下方，前拱下的温度没有提高，而工况 4 也存在同样的问题，第二风仓供风相对太大，导致前拱下方形成回流区温度不高，两种工况均未起到引燃作用，工况 2 和工况 3 条件下，前拱区均形成回流区，高低温烟气进行混合，前拱下方温度都有提高，但是工况 3 风仓 4 供风增大，引起炉内流速的升高，会导致固体未完全燃烧热损失。所以工况 2 的风量分配比例最有利于燃料的燃烧。

15.2.3 二次风布置对炉内燃烧影响的数值分析

二次风布置能对炉内气流进行扰混，使可燃气体充分燃烧，减少气体未完全燃烧损失和飞灰损失，能够改善炉膛的充满度，提高锅炉热效率，还可用来降低火焰最高温度，从而减少 NO_x 的形成（张无忠等，1983；赵志宽，2004）。根据第 13 章二次风的布置原则，将二次风喷口位置分别布置在前拱 1/2 处、下倾角为 25° 和后拱喉口的水平方向上。本部分将研究不同一、二次风风量配比对炉内燃烧的影响，不同一、二次风配比如表 15-4 所示，燃烧工况如图 15-19 至图 15-22 所示。

表 15-4 不同一、二次风配比工况

工况	一次风	二次风	
		前拱二次风	后拱二次风
1	60%	20%	20%
2	50%	25%	25%
3	40%	30%	30%
4	30%	35%	35%

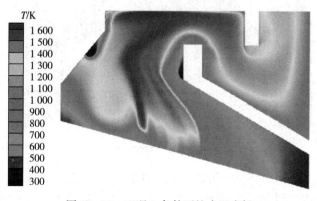

图 15-19 工况 1 条件下炉内温度场

图 15-20 工况 2 条件下炉内温度场

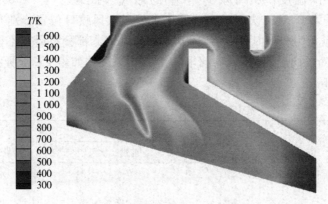

图 15-21 工况 3 条件下炉内温度场

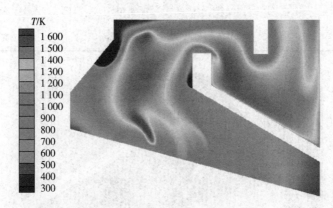

图 15-22 工况 4 条件下炉内温度场

从图 15-19 至图 15-22 可以发现，随着二次风比例的增大，炉膛空间的燃烧逐渐向炉膛后方移动，燃烧偏离炉膛，炉膛温度将下降，不利于辐射换热面的热量交换，降低锅炉热效率，当二次风的配比超过 50% 时，燃烧出现在后拱上方的燃烬室内，后拱上方温度升高，容易导致安全隐患。所以，二次风配比应小于50%，工况1和工况2较好。然而比较工况1和工况2条件下NO浓度分布图（图15-23和图15-24）得到，工况1条件下炉膛出口NO浓度为115μL/L，工况2条件下炉膛出口浓度NO为314μL/L，二次风配比50%的工况2其NO排放高于二次风配比40%的工况1。从燃烧区域的最高火焰温度来看，工况2条件下的火焰温度较高，这是因为NO的生成机理主要有燃料型、热力型和快速型，热力型NO是空气中的氮气在高温下氧化而生成的，工况2高温火焰为热力型NO的产生提供了条件。

NO物质的量分数

0.000 2 0.000 6 0.001 0.001 4 0.001 8 0.002 2 0.0026 0.003 0.003 4

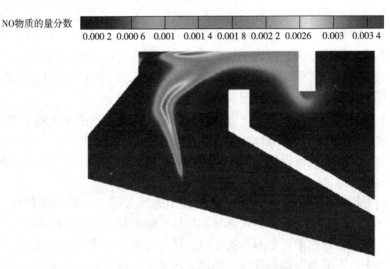

图15-23　工况1条件下NO浓度分布

NO物质的量分数

0.000 2 0.000 6 0.001 0.001 4 0.001 8 0.002 2 0.0026 0.003 0.003 4

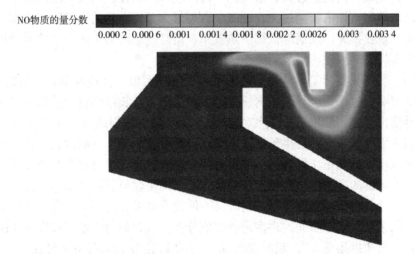

图15-24　工况2条件下NO浓度分布

15.2.4 配风方式及风量配比的确定

综上所述，设计的往复炉排捆烧设备配风采用推迟配风，五个风仓的风量配比采用 5%、5%、40%、40%、10%，一、二次配风风量比采用 60%、20%、20%，此在工况下，炉膛燃烧状况较好，且 NO 的污染排放较低。

15.3 本章小结

本章通过数值模拟对秸秆打捆燃烧设备的炉拱进行了研究，得出不同的前拱的倾角、后拱倾角、后拱长度覆盖率对炉内流场、速度场、温度场以及压力分布的影响；模拟了锅炉运行中的两种不同配风方式，并通过调整不同风仓的风量，进行燃烧工况模拟；同时模拟了不同一、二次风的风量配比下的工况，得出秸秆打捆燃烧设备最佳工况，得到的相关结论如下：

（1）前拱倾角越大，前拱下方越不易形成回流区，前拱倾角较小时，后拱烟气能对前拱进行较为强烈的冲刷，前拱下方的回流强度增强，回流区面积增大；对于着火温度比较低的生物质秸秆燃料来说，一般不需要采用倾角过小的前拱。

（2）后拱倾角越小，烟气从后拱下冲出的流速越大，前拱下的涡旋越强烈，出现位置越低，炉膛整体流速增加，后拱倾角越大，进入前拱区烟气的流速越低，后拱下方的烟气更容易流出前拱区，冲刷后形成的涡旋也就变弱。在后拱设计中，不能为获得强度较大的回流区而选择过小的后拱倾角，过小的后拱倾角会导致炉内流速过大，适当的炉内流速可以加强炉内气流的混合，从而提高燃烧效率；炉内流速过大，烟气中会夹带大量未燃尽的可燃物，从而增大固体未燃烧热损失，反而降低锅炉热效率，而且过小的后拱倾角会导致后拱下的压力升高，产生正压燃烧的隐患。

（3）后拱长度覆盖率越大，前拱下方出现的回流区强度越强，位置越低，由于炉膛喉口过小，会导致炉内流速过大，后拱覆盖长度缩短会使部分烟气直接上升流出炉膛，后拱下方烟气对前拱形成有效的冲刷减少，速度也有所降低，回流强度减弱。在后拱长度设计中，覆盖率要适中，不能过大，否则会导致喉口过小，形成正压燃烧，后拱下方温度过高，导致燃料过早结渣黏结。

（4）优良的拱型必须合理地组织炉内流场，使燃料层燃尽率高，且燃料层产生的可燃气体在炉膛内燃尽，同时又不能使后拱下方的压力过高，产生正压燃烧。利用正交试验不同的拱型进行数值分析，考察炉内流场、温度场和压力分布，得出前拱倾角 50°、后拱倾角 30°、后拱覆盖率 50% 的方案最佳。

（5）推迟配风有利于拱下烟气的混合，有助于炉排前段新燃料的引燃和炉排上燃料的充分燃烧，而且推迟配风由于炉排中后部供风量较大，可以集中促进焦炭的燃烧，有利于燃料燃尽，秸秆打捆燃烧设备的配风设计采用推迟配风方式。

（6）采取推迟配风方式，风量配比为 5%、5%、40%、40%、10% 时，最有利于燃料的燃烧。

（7）一二次风配比中，随着二次风比例的增大，炉膛空间的燃烧逐渐向炉膛后方移动，燃烧偏离炉膛，炉膛温度下降，不利于辐射换热面的热量交换，降低锅炉热效率，当二次风的配比超过 50% 时，燃烧出现在后拱上方的燃烬室内，后拱上方温度升高，容易导致安全隐患，二次风配比应小于 50%。随着一次风比例的降低，污染物的排放逐渐增大，当一二次配风比在 6：2：2 时炉膛燃烧工况较好，NO 的污染排放较低。

（8）设计的往复炉排配风采用推迟配风，五个风仓的风量配比采用 5%、5%、40%、40%、10%，一二次配风风量比采用 60%、20%、20% 的工况下，炉膛燃烧状况较好，而且 NO 的污染排放较低，为最佳工况。

16 秸秆捆烧锅炉运行试验

为了说明所设计的秸秆打捆燃烧设备适用于秸秆打捆燃料，能真正达到秸秆打捆燃料专用燃烧设备的要求，能够为设计完善的秸秆打捆燃料设备奠定基础并提供科学指导，因此，通过燃烧试验对秸秆打捆燃烧设备进行燃烧性能的评价与分析。在设计的秸秆打捆燃烧设备上进行燃烧试验，验证秸秆打捆燃烧设备的设计，包括热工性能测试、锅炉在玉米秸秆打捆燃料和小麦秸秆打捆燃料的燃烧效率测试、大气污染物排放测试，保证能够达到相应的热效率和污染物排放标准。

16.1　试验仪器及试验材料

试验仪器：①QUINTOX-KM9106综合烟气分析测量仪，在线测量O_2、CO_2、CO 和 NO_x 的体积分数，测量精度为±5％；②移动式红外烟气分析仪，测量精度为±0.5％；③便携式快速红外测温仪，测量精度为±1℃；④热电偶温度计，精度为±0.3％；⑤烟气黑度仪，测量精度为±1％；⑥皮托管流量计；⑦微机全自动立式量热仪，精度为±0.2％；⑧米尺、秒表、磅秤、水银温度计；⑨烘干箱、马弗炉。

试验材料：本试验选取第13章选用的玉米和小麦秸秆小方捆燃料（图16-1），

图 16-1　小麦秸秆小方捆燃料

横截面尺寸为 460mm×360mm、长度为 500mm 的小方捆，小麦秸秆是直接捡拾打捆，玉米秸秆打捆燃料密度约为 100 kg/m³，小麦秸秆打捆燃料密度约为 80kg/m³。

16.2 锅炉测试内容及方法

以所选小麦秸秆打捆燃料为试验原料，根据 GB/T 10180—2017《工业锅炉热工性能试验规程》、GB 13271—2014《锅炉大气污染物排放标准》、GB 5468—1991《锅炉烟尘测试方法》等标准对所设计的秸秆捆烧设备进行热工及环保指标试验。试验前确定好测点并提前打孔（炉膛出口、烟管出口、省煤器前后端烟道、除尘器前后端烟道、烟囱以及风机出口处各打一孔，以方便对其流量、温度和灰尘浓度以及烟气成分进行测量），各试验仪器及测试系统安装调试结束；机组辅设备无故障，确保机组能安全、稳定运行；主要运行表计（主汽温度、主汽压力、蒸汽流量、给水流量、引送风机电流、电量等表计）经过校验，指示正确有效；阀门控制系统运行可靠（孙锐等，2007；费俊，2006）。试验时由于没有合适的用汽设备，锅炉属于空载状态，蒸汽直接释放到大气中；为保证试验安全，同时降低高压蒸汽喷射出来时产生的巨大噪声，适当降低蒸汽压力，将压力控制在 0.7MPa 左右。测试内容包括其在 60%、80%、100%额定负荷下的热效率，过量空气系数，烟气成分检测（含氧量、氮氧化物、硫氧化物、烟尘浓度、一氧化碳等），以及各负荷下的运行参数测试、燃烧效率等。每次试验结束时都需要对燃料的用量进行统计，并将出渣口中的灰分掏出进行称量，同时将灰渣和除尘器中的飞灰进行取样保存，方便后续对炉渣以及飞灰中的残余碳含量进行测定。试验现场如图 16-2 所示。

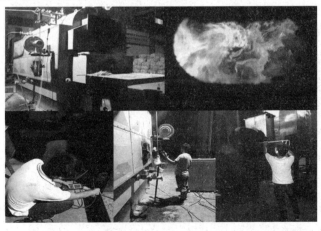

图 16-2 试验现场照片

16.3　热工试验结果

试验时间为 2018 年 8 月 21—27 日，试验地点为河南太康县斯威锅炉厂区，当地气温为 26～37℃，气压约为 9 968hPa，正式试验前先进行两天的预燃烧试验，将锅炉制造过程中残留在炉体中的水分蒸发干净，使锅炉保持最佳的工作状态。正式试验时每个工况下要进行不少于 4h 的试验。试验结果如表 16-1 所示。

表 16-1　锅炉测试报告书

序号	项目	符号	单位	数据来源或计算公式	数值		
一、燃料特性							
1	收到基元素碳	C_{ar}	%	化验结果	40.68		
2	收到基元素氢	H_{ar}	%	化验结果	5.91		
3	收到基元素氧	O_{ar}	%	化验结果	35.05		
4	收到基元素氮	N_{ar}	%	化验结果	0.65		
5	收到基元素硫	S_{ar}	%	化验结果	0.18		
6	收到基灰分	A_{ar}	%	化验结果	10.40		
7	收到基水分	M_{ar}	%	化验结果	7.13		
8	收到基低位发热量	$Q_{net,ar}$	kJ/kg	化验结果	15 740		
二、锅炉正平衡					100%	80%	60%
9	平均蒸发量	D	kg/h	实测	970	765	567
10	蒸汽压力（表压）	P	MPa	实测	0.7	0.7	0.7
11	蒸汽温度	t	℃	实测	170.5	170.5	170.5
12	蒸汽焓	h_{bq}	kJ/kg	查表	2 768.5	2 768.5	2 768.5
13	给水温度	t	℃	实测	20	20	20
14	给水压力	P_{gs}	MPa	实测	0.7	0.7	0.7
15	给水焓	h_{gs}	kJ/kg	查表	84.6	84.6	84.6
16	蒸汽湿度	W	%	实测	3.5	3.5	3.5
17	气化潜热	r	kJ/kg	查表	2 046.5	2 046.5	2 046.5
18	平均每小时燃料量	B	kg/h	实测	200	160	120

（续）

序号	项目	符号	单位	数据来源 或计算公式	数值		
19	锅炉正平衡效率	η_z	%	$100D\ (h_{bq}-h_{gs}-rW/100)\ /$ $BQ_{net,ar}$	80.49	79.35	78.42

三、锅炉反平衡

序号	项目	符号	单位	数据来源 或计算公式	数值		
20	平均每小时炉渣质量	G_{lz}	kg/h	实测	16.5	12.7	8.8
21	炉渣中可燃物含量	C_{lz}	%	化验结果	4.36	4.54	4.61
22	飞灰中可燃物含量	C_{fh}	%	化验结果	3.73	4.35	5.12
23	炉渣百分比	a_{lz}	%	$100G_{lz}(100-C_{lz})/(BA_{ar})$	75.87	72.86	67.26
24	飞灰百分比	a_{fh}	%	$100-a_{lz}$	24.13	27.14	32.74
25	固体未完全燃烧损失	q_4	%	$327.61A_{ar}\ [a_{lz}C_{lz}/$ $(100-C_{lz})\ +a_{fh}C_{fh}/$ $(100-C_{fh})\ ]\ /Q_{net,ar}$	0.95	1.02	1.09
26	排烟中三原子气体容积百分数	RO_2	%	烟气分析	6.72	6.35	5.95
27	排烟中氧气容积百分数	O_2	%	烟气分析	11.96	12.12	12.52
28	排烟中一氧化碳容积百分数	CO	%	烟气分析	0.22	0.19	0.18
29	排烟处过剩空气系数	a_{py}		$21/\ [21-79\ (O_2-0.5CO)\ /$ $(100-RO_2-O_2-CO)\ ]$	2.22	2.25	2.35
30	理论空气需要量	V^0	m³/kg	$0.088\ 9C_{ar}+0.265H_{ar}-$ $0.033\ 3\ (O_{ar}-S_{ar})$	4.02	4.02	4.02
31	三原子气体容积	V_{RO_2}	m³/kg	$0.018\ 66\ (C_{ar}+0.375S_{ar})$	0.76	0.76	0.76
32	理论氮气容积	$V^0_{N_2}$	m³/kg	$0.79V^0+0.8N_{ar}/100$	3.18	3.18	3.18
33	理论水蒸气容积	$V^0_{H_2O}$	m³/kg	$0.111H_{ar}+0.012\ 4M_{ar}+$ $0.016\ 1V^0$	0.81	0.81	0.81
34	排烟温度	t_{py}	℃	实测	152	150	149
35	三原子气体焓	$(ct)_{RO_2}$	kJ/m³	查表	267.49	263.75	261.87
36	氮气焓	$(ct)_{N_2}$	kJ/m³	查表	197.36	194.75	193.45
37	水蒸气焓	$(ct)_{H_2O}$	kJ/m³	查表	230.57	227.49	225.95
38	湿空气焓	$(ct)_k$	kJ/m³	查表	202.07	199.40	198.06
39	1kg燃料理论烟气量焓	I^0_y	kJ/kg	$V_{RO_2}\ (ct)_{RO_2}+V^0_{N_2}$ $(ct)_{N_2}+V^0_{H_2O}\ (ct)_{H_2O}$	1 017.98	1 004.33	997.52
40	1kg燃料理论空气量焓	I^0_k	kJ/kg	$V^0\ (ct)_k$	812.61	801.85	796.47

（续）

序号	项目	符号	单位	数据来源 或计算公式	数值		
41	排烟焓	I_{py}	kJ/kg	$I_y^0 + (\alpha_{py} - 1)I_k^0$	2 009.86	2 009.05	2 074.24
42	冷空气温度	t_{lk}	℃	实测	32	32	32
43	冷空气焓	$(ct)_{lk}$	kJ/m³	查表	42.37	42.37	42.37
44	1kg 燃料冷空气焓	I_{lk}	kJ/kg	$\alpha_{py} V^0 (ct)_{lk}$	378.37	383.88	400.73
45	排烟热损失	q_2	%	$(I_{py} - I_{lk})(100 - q_4)/Q_r$	10.27	10.22	10.52
46	干烟气容积	V_{gy}	m³/kg	$V_{RO_2} + V_{N_2}^0 + (\alpha_{py} - 1)V^0$	8.85	8.98	9.38
47	气体未完全燃烧损失	q_3	%	$126.36 V_{gy} CO(100 - q_4)/Q_r$	1.55	1.36	1.34
48	散热损失	q_5	%	查表	4	4	4
49	灰渣温度	t_{hz}	℃	实测	500	500	500
50	灰渣焓	$(ct)_{hz}$	kJ/kg	查表	458	458	458
51	灰渣物理热损失	q_6	%	$A_{ar}(ct)_{hz}[a_{lz}/(100 - C_{lz})]/Q_r$	0.24	0.2341	0.21
52	锅炉反平衡效率	η_f	%	$100 - (q_2 + q_3 + q_4 + q_5 + q_6)$	82.99	83.18	82.84
53	锅炉正反平衡效率偏差	$\Delta\eta$	%	$\eta_z - \eta_f$	2.5	3.82	4.43
四、污染物排放							
54	排烟中 NO_x 含量		mg/m³	实测	125	114	106
55	排烟中 SO_2 含量		mg/m³	实测	42	41	39
56	排烟中烟尘含量		mg/m³	实测	26	25	27
57	林格曼黑度		级	实测	<1	<1	<1

从锅炉的热性能测试中可知，三种工况下，都能达到较高的热效率（＞65％）（季俊杰，2008），并且在最佳工况下其输出蒸汽量、蒸汽温度、蒸汽压力均满足设计要求，热效率达到80.49％，相较于早期生物质捆烧锅炉73.1％（林学虎，1999）的热效率来说有较大的提升，说明这种往复炉排、多拱炉膛结构与各受热面能较好匹配，锅炉设计合理。该锅炉排烟中 SO_2、NO_x、烟尘含量和林格曼黑度符合国家锅炉大气污染物排放标准，说明该锅炉烟尘沉降室和除尘系统设计布置适当，环保性能好。

16.4 锅炉结渣问题

由于生物质秸秆灰分低熔点的特性，燃烧秸秆燃料时极易出现结渣现象，

熔融的灰分会黏结在炉排上，造成除渣困难，且易对炉排造成损坏。图 16 - 3
为三种工况下打捆燃料的灰分结渣情况，以及用于对比的成型燃料链条锅炉的
灰渣图。图 16 - 4 为结渣率对比。

（a）100%工况下灰渣　　　　　（b）80%工况下灰渣

（c）60%工况下灰渣　　　　　（d）成型燃料链条锅炉灰渣

图 16 - 3　灰渣形态

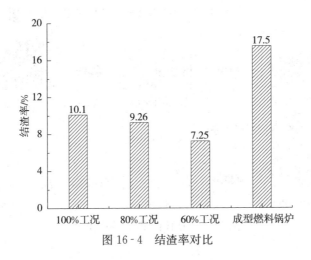

图 16 - 4　结渣率对比

从图16-3及图16-4中可以看出，秸秆捆烧锅炉在三种工况下的灰分结渣情况总体来说较轻，灰渣结构较为疏松，灰渣块也较为细碎，内部有大量孔隙，质地较为柔软，且随着负荷的降低，灰分的结渣率也随之降低，灰渣的形态也变得越来越松散，推测是由于负荷较低，炉内燃料量少，进而导致炉内温度降低，没有足够的温度使得灰分熔融结渣，并且由于往复炉排与燃料间存在相对运动，使得灰层间出现松动，灰分不易搭结形成较大的灰渣块；而作为对比的成型燃料链条锅炉的灰渣表面已呈熔融状态，结渣严重，硬度较高，不易破碎；且从试验后的观察可以看出，往复炉排上的灰渣黏结情况很轻微，受热面的结渣也不明显，初步来说，该秸秆打捆燃料往复炉排锅炉系统能很好地解决生物质秸秆燃料灰分结渣的问题。

16.5　燃烧机理模型

图16-5所示的是秸秆打捆燃料在该锅炉上的燃烧机理模型。秸秆打捆燃料是一种低密度的成型燃料，故而其燃烧过程与成型燃料存在一定相似性，但是，由于秸秆捆较成型燃料大得多，所以其分阶段燃烧的特点十分明显，总体来说，秸秆打捆燃料是先由外部燃烧再逐渐往内深入。燃料进入炉

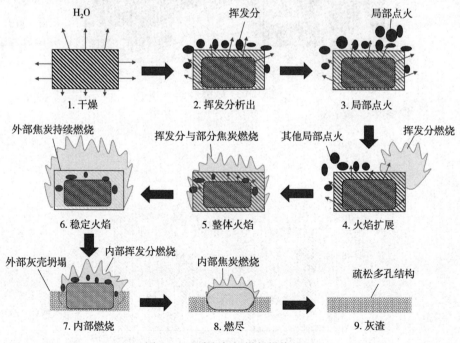

图16-5　秸秆打捆燃料燃烧机理

膛后，受到炉膛内的高温辐射，开始进入脱水干燥阶段，之后挥发分开始析出，通常在燃料侧面或顶角处先被点燃，因为这些地方与空气接触面积大，挥发性可燃气体浓度较高，随着火焰的传播，燃料表面析出的挥发分开始全面燃烧，外层的部分焦炭也开始燃烧，随后进入稳定燃烧阶段，即燃料外层的焦炭持续燃烧，以及内部析出的挥发分少量逸出燃烧，外部焦炭燃烧完之后，灰壳附着在燃料表面并随着往复炉排的抖动而坍塌，露出内部未燃烧的部分，之后内层燃料也开始燃烧燃尽，最后在炉排拨动灰层的作用下形成疏松多孔的灰渣。

16.6　炉膛内过量空气系数对锅炉性能的影响

适宜的过量空气系数能使燃料完全燃烧，提高燃烧效率。一般的小型锅炉炉膛内的过量空气系数为 1.2～1.5，过低的过量空气系数易造成燃料未完全燃烧，增加未完全燃烧损失，而过大的空气系数又会带走炉内的热量，增加排烟热损，故而找出合适的过量空气系数，对于提高锅炉效率有较大的意义。为了探究炉膛内过量空气系数对燃烧的影响，在额定进料量条件下，通过改变进风量大小，研究其对烟气成分、固体未完全燃烧损失、气体未完全燃烧损失及燃烧效率等参数的影响。具体数据如图 16-6 所示。

从图中可以看出，当过量空气系数过低时，燃料在炉膛内由于没有得到充分燃烧，炉膛内温度较低，且不充分燃烧造成 CO 含量较高，气体与固体的未完全燃烧热损均很高。随着过量空气系数的增加，燃烧逐渐加强，CO 含量开始降低，CO_2 含量开始升高，炉膛温度也开始升高，气体未完全燃烧损失 q_3 和固体未完全燃烧损失 q_4 开始降低，在过量空气系数等于 1.5 时，CO 含量达到最低点，CO_2 含量达到最高点，此时炉膛内温度也达到最高点，热损失最低，表明此时燃烧最为完全，燃料释放的挥发分完全燃烧，释放的热量将炉膛加热到最高温度，锅炉处于最佳工作状态。之后随着过量空气系数的继续增加，由于风量过大，风速过快，烟气滞留时间短，导致可燃性挥发气体在炉膛内没有完全燃烧，气体未完全燃烧热损失 q_3 增大，炉膛内的热量被带出炉膛，排烟温度增高，故而炉膛温度降低，而炉膛出口温度则有上升的趋势，灰分随着风被大量带出炉膛，但是由于飞灰中的可燃物与炉渣中的可燃物较少，所以整体来说固体未完全燃烧热损失 q_4 呈微弱的下降趋势，燃料燃烧效率由于 q_3 的增加而降低，同时较高的排烟温度增大了排烟热损，浪费了燃料的同时也影响了锅炉的热效率。

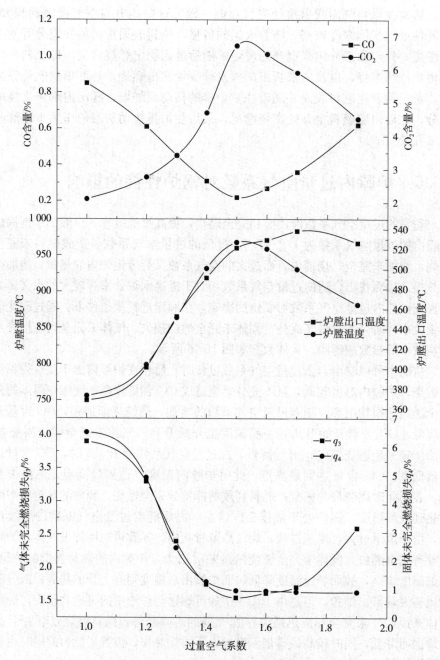

图 16 - 6　炉膛过量空气系数对燃烧的影响

16.7　本章小结

通过在该秸秆打捆燃料锅炉上进行的一系列试验，表明所设计的锅炉适宜燃用秸秆打捆燃料，并且能达到较高的热效率，锅炉输出的蒸汽量、蒸汽温度以及蒸汽压力能满足工业和生活用能需求。烟气中的颗粒物浓度经过除尘器净化之后能达到环保排放标准，并且该锅炉灰渣结渣率较低，且灰渣较疏松易去除，不会对炉排以及受热面造成腐蚀。建立了打捆燃料在该锅炉上的燃烧机理模型，能更直观地了解其燃烧过程。最后还研究了过量空气系数对燃烧以及锅炉效率的影响，确定了过量空气系数为 1.5 时较为适合高挥发分的秸秆打捆燃料。总的来说，该锅炉的设计较为成功，也获得了一些有意义的研究数据和成果。

17 生物质粉体燃料

17.1 生物质粉体燃料的物理特性分析

生物质粉体燃料是生物质原料经干燥、粉碎等预处理后，在特定的设备中被加工成的粉体形状的固体燃料（孙鹏，2012）。其中，生物质的堆积密度、机械耐久性等物理特性对燃料的储存和燃料的燃烧技术有着很大的影响（张中波，2013）。

17.1.1 生物质粉体堆积密度

堆积密度是指在自然堆积情况下包括燃料颗粒空间在内的密度，表明了单位容积中燃料的质量。粉体燃料的堆积密度对于其能量密度有很大的关联，也关乎着生产者和消费者的运输、储存及使用成本（吴成宝，2009）。

堆积密度对生物质燃烧有着很大的影响，当生物质受热时，挥发分首先从粉体燃料中的空隙处挥发，剩余的木炭机械强度高，可以保持原来的形状，进一步形成较多的孔隙、基本均匀的反应区域。由于生物质秸秆中碳的机械强度较低，原先的形状不被固定，细而散的颗粒也降低了反应层的活性和透气性。从小麦、玉米等生物质秸秆自然风干后的产物纵剖面的显微结构来看，是靠着疏松的纤维状物质支撑原料的形状；生物质粉体燃料的粉体粒度能够影响堆积密度和燃烧特性，粉体密度越小，析出挥发分越快，易点火。在河南农业大学毛庄试验基地选取的花生壳生物质粉体燃料的堆积密度，其中玉米秆的为$190\sim 220\mathrm{kg/m^3}$，麦秆生物质粉体燃料的堆积密度也能达到$180\mathrm{kg/m^3}$左右，均能够满足SS187120的参考值（大于$1.12\mathrm{kg/m^3}$）要求。

17.1.2 生物质粉体燃料机械耐久性

生物质机械耐久性是指生物质抵抗自身以及自然环境两者因素很长时间下破坏作用的能力。生物质机械耐久性是生物质燃料非常重要的因素。如生物质颗粒燃料，在生产者和消费者运输以及储存过程中，机械强度比较低的生物质颗粒燃料容易破碎形成粉末，不仅影响生物质锅炉的进料，也关系着在生物质燃料燃烧过程中烟气的排放，有一些国家还要求生物质颗粒燃料机械耐久性大于95％（霍丽丽，2010）；再如生物质捆烧燃料，在用户运输以及储存过程中，其机械强度太低的生物质捆烧燃料容易形成一头松一头紧，在生物质捆烧锅炉中，生物质进料口的直径是固定的，变形的捆烧燃料进入生物质锅炉会很麻烦，即使能勉强进入也会导致生物质捆烧燃烧受热不均匀（刘圣勇，2010）。

但是，生物质粉体燃料机械耐久性很好，由于不用考虑生物质燃料的破碎及松散等问题，因此极有利于生物质粉体燃料的储存和运输，也不会影响生物质粉体燃烧过程烟气排放、受热不均匀及混合不均匀等情况。我国的此三种生物质粉体燃料具有很强的机械耐久性，也表示我国的生物质粉体燃料的粉碎技术要求不会太过于苛刻（李华，2012）。

17.2　生物质粉体燃料的化学特性分析以及热值分析

17.2.1　生物质工业成分分析

工业分析包括灰分、固定碳、挥发分以及全水。生物质粉体燃料的组成成分以及含量如表17-1，其中挥发分含量最高，其次为固定碳。生物质粉体主要由可燃成分与不可燃成分组成。生物质粉体燃料的可燃成分为可燃物，可燃物即是木质纤维素，包括纤维素、半纤维素、木质素等（姚穆，2009）。在生物质粉体燃料燃烧时，纤维素和半纤维素析出挥发分，木质素在最后阶段转化成固定碳；生物质粉体的不可燃成分包括水分和灰分。生物质粉体燃料水分为游离水和化合结晶水，其中游离水（自由水）为附着于生物质颗粒表面或吸附于毛细孔内，它又分为外在水分和内在水分，具有流动性，会因加热蒸发流失。化合结晶水是同生物质内矿物质成分结合在一起的水。当生物质粉体经晒干后，其外在水分即可消失。生物质水分会降低生物质的热值，使生物质着火困难，燃烧后的烟气体积增加并较大。

表 17-1　几种生物质粉体燃料的工业分析

原料	水分/%	挥发分/%	固定碳/%	灰分/%
麦秆	4.39	67.36	19.35	8.90
玉米秆	4.87	71.45	17.75	5.93
稻壳	4.97	65.11	16.06	13.86
棉柴	6.78	68.54	20.71	3.97
木屑	7.81	70.12	20.08	0.9

由表 17-1 可知，生物质粉体燃料的挥发分均在 75% 左右，远远高于煤，但固定碳含量为 20% 左右，较低，其灰分也较少。由于挥发分较高，生物质粉体燃料的着火点较低，因此生物质粉体燃料着火性能较好，而且燃烧相对剧烈。

17.2.2 生物质粉体元素成分分析

生物质粉体元素分析是指组成生物质粉体燃料的碳、氢、氧、氮、硫等（王剑，2014）。元素分析必须明确分析基础，不同基的元素分析结果可用下列公式表示：

收到基：$C_{ar} + H_{ar} + O_{ar} + N_{ar} + S_{ar} + M_{ar} + A_{ar} = 100\%$

空气干燥基：$C_{ad} + H_{ad} + O_{ad} + N_{ad} + S_{ad} + M_{ad} + A_{ad} = 100\%$

干燥基：$C_d + H_d + O_d + N_d + S_d + A_d = 100\%$

干燥无灰基：$C_{daf} + H_{daf} + O_{daf} + N_{daf} + S_{daf} = 100\%$

各项值可通过元素分析仪测得，表 17-2 列出的是麦秆、玉米秆等几种生物质燃料的元素组成。由表可知，在几种生物质粉体的元素组成中，碳和氧含量最高，其中碳含量高于 40%，碳是燃料中最基本的可燃元素，一般与氢、氮、硫等元素形成复杂的有机物，在受热分解或燃烧以挥发物的形式析出；氢是燃料中仅次于碳的可燃成分，氢的含量直接影响生物质粉体的着火温度及燃烧的难易程度，氢在生物质粉体燃料中主要以碳氢化合物形式存在，当燃料被加热时，碳氢化合物以气态挥发出来，故燃料中含氢量越高，越容易着火易燃，燃烧得越好；氮和硫在生物质粉体燃料中含量较少，硫元素更少甚至没有，因此生物质粉体燃料燃烧后，排放的 SO_2 和 NO_x 很少，燃烧非常清洁，减少了污染物的排放。

表 17-2　几种生物质粉体燃料的主要元素分析

原料	灰分/%	C/%	H/%	O/%	N/%	S/%
麦秆	8.90	41.28	5.31	36.9	0.65	0.08
玉米秆	5.93	42.17	5.45	35.2	0.74	0.02
稻壳	15.8	38.9	5.1	37.9	2.17	0.12
棉柴	17.2	39.5	5.07	38.1	1.25	0.02
木屑	0.9	49.2	5.7	41.3	2.5	0

17.2.3 生物质热值分析

生物质热值是指在一定温度下，单位质量的生物质燃料完全燃烧时所释放的热量。其中，燃料的燃烧热值一般分为高位发热值和低位发热值（路学军，

2013）。低位发热值是指燃烧产物中的水蒸气仍以气态存在状态时所得的反应热，二者的公式分别为

$$Q_{gw} = 0.349\ 1X_C + 1.178\ 3X_H + 0.100\ 5X_S -$$
$$0.015\ 1X_N - 0.103\ 4X_O - 0.021\ 1X_{灰} \qquad (17\text{-}1)$$
$$Q_{dw} = Q_{gw} - 25(9H + W) \qquad (17\text{-}2)$$

式中　　　　　　Q_{gw}、Q_{dw}——高位发热量、低位发热量；

X_C、X_H、X_S、X_N、X_O、$X_{灰}$——碳（C）、氢（H）、硫（S）、氮（N）、氧（O）和灰分的干基质量分数（%）。

根据表 17-3 可以看出，高位发热量与低位发热量区别在于水蒸气的气化潜热。但锅炉运行中，排出的烟气温度较高，烟气内的水蒸气并不冷凝释放出气化潜热，因此，我们一般取燃料的低位发热值。生物质燃料低位发热值一般与其化学组成有关，如水分能降低生物质的热值，含碳量的高低决定了生物质燃料的热值的高低，氢的含量直接影响燃料的热值。如表 17-4 列出的是麦秆、玉米秆等几种生物质燃料的热值。由表 17-4 可知，生物质燃料的发热量与劣质煤相当。

表 17-3　高位发热量与低位发热量之间的换算公式

种类	换算公式	单位
收到基发热量	$Q_{dw} = Q_{gw} - 225H_{ar} - 25M_{ar}$	kJ/kg
空干基发热量	$Q_{dw} = Q_{gw} - 225H_{ad} - 25M_{ad}$	kJ/kg
干燥基发热量	$Q_{dw} = Q_{gw} - 225H_d$	kJ/kg
干燥无灰基发热量	$Q_{dw} = Q_{gw} - 225H_{daf}$	kJ/kg

表 17-4　四种生物质燃料发热值

原料	高位热值/（MJ/kg）	低位热值/（MJ/kg）
麦秆	18.487	15.374
玉米秆	18.101	15.550
稻草	15.954	14.920
棉柴	15.830	14.274

在生物质燃烧器的设计和改造工作之中，燃料发热量是组织生物质燃烧器和锅炉的热平衡、计算燃烧燃料平衡等各种参数和设备的重要依据。在生物质燃烧器和锅炉运行管理中，燃料发热量也是指导合理分配燃料、掌握燃烧、计算燃料消耗量等的重要指标。

17.3 影响生物质粉体燃烧的因素

生物质粉体燃料被点火后，会在燃烧室内发生剧烈的燃烧（唐秋霞，2012）。为保证生物质燃烧能朝着期盼的方向进行，必须对其影响因素进行全面的分析。

17.3.1 挥发分

生物质燃料中的挥发分是指其有机质的可挥发的热分解产物（郭晓亚，2004）。其中除含有氮、氢、甲烷、一氧化碳、二氧化碳和硫化氢等气体外，还有一些复杂的有机化合物。生物质粉体燃料具有挥发分含量高和碳含量低的特点，说明其燃烧过程主要是挥发分的燃烧过程，这是一个失重的过程。挥发分含量越高，着火点越低，一般来说，生物质挥发分含量比较高，并且在温度380℃时，析出80%左右的挥发分，因此，生物质着火点比较低，易燃烧（蒋绍坚，2015）。生物质挥发分的高低对生物质着火点的影响很大，挥发分低的生物质粉体燃料，着火点就比较低，加热到着火温度所需的热量比较多，燃烧速度比较慢。

17.3.2 粒径

粒径是描述秸秆燃料单个粒度大小的重要指标，一般用在一维空间范围占据的线性尺寸来表示。其实，粒度就是球状的小颗粒（何万良，2013）。在生物质粉体燃烧中，粒径过大使粉体燃料与氧气的接触面积变小，燃烧困难甚至燃烧不完全；粒径较小能够增加粉体燃料与氧气的接触面积，燃烧比较完全，但是也容易形成一定的气流阻力，阻碍气体的流动，增加了送风机负荷。粒径越小，挥发分析出速度也会变快，析出量也会增加，降低了生物质点火难度。

在生物质粉体燃料利用技术中，一般要对原料进行前期的粉碎（王奔，2011）。粉碎后的生物质原料是由大量单个小粒子组成的，这些粉体的粒径各不相同，分布比较杂乱。在实际运用中，粒度分布尽量保持均匀，不能相差过大或者过小，可以控制在一定的误差范围。如果粒度分布超出了误差范围会直接影响气化设备的负荷，影响粉体燃料的相对燃烧速度，这是燃料特性变差的一个典型现象。

17.3.3 灰分

如果生物质粉体燃料灰分大于38%，高浓度灰阻隔着可燃物燃烧（罗思义，2007）。生物质锅炉燃烧时混入的风量需要穿透灰垢层才能与燃烧混合。大量的空气消耗在料层、灰层的扰动中，氧气不能与可燃成分迅速反应，建立起燃烧结构，从而造成生物质锅炉燃尽困难、未完全燃烧热损失增加，并且燃烧配风困难，生物质锅炉蓄热能力不够，燃烧的热惯性不能迅速建立，导致生物质锅炉很难高负荷运行。

一般生物质的灰分含量不是很高，挥发分含量相对很高（张浩，2010），在生物质燃烧过程中，很少出现未燃尽的碳粒被灰所包裹的现象。灰分较少也会对炉排进行一定的保护，因为灰分少，其结渣也就相对减少。

对于不同种类的生物质粉体燃料，其生物质的灰分含量也是不一样的，因此在设计生物质燃烧器时，一定要准确地选择相应的生物质原料，避免产生设计的生物质燃烧器不适合所需实验的生物质燃料，如果强行实验，则容易导致生物质燃烧器的损伤以及达不到想要的实验结果。因此对生物质灰分的分析与研究还是很必要的。

17.3.4　含水量

水分是生物质原料的一个重要因素，且是容易改变的一个因素（沈莹莹，2013）。水分是生物质燃料中不可燃的部分（伍强，2014）。生物质燃料所含的水分分为两部分：一部分为自由水，另一部分为生物质结合水（田仲富，2014）。

如果生物质燃料的含水量过大，生物质燃料在炉膛中，在预热和气化过程中会释放出大量的水蒸气，降低了炉膛温度，生成的水雾烟气像淋雨喷雾一样围绕在火焰周围，抑制了火焰的长度和刚性，使得生物质锅炉无法进行良好的燃烧，降低了锅炉的热效率；并且在燃烧过程中，大量的水雾使得可燃成分与氧气的结合有了一定的阻碍，这样不但制约着生物质锅炉容积热负荷，而且烟流速的增加形成了极大的阻力。

含水率影响燃烧性能、燃烧温度和所产生的烟气体积。如果生物质燃料含水率太高，那么在燃烧时水分的蒸发就要消耗大量的热，热值便有所下降，点火困难，燃烧温度相应变低，产生的烟气体积也随即增大。可以表现下列几点：

（1）炉膛温度降低，高效燃烧不能形成。

（2）炉膛燃烧没力，动力燃烧区域不完全。

（3）为克服烟气阻力，引风机液力耦合器开度增大，增加了用电率。

（4）烟气中水蒸气充斥在生物质锅炉尾部烟道里，其中的酸性物质加速了烟气冷却器的腐蚀。

（5）水分使燃料吸热过程增加，烟气容积增加，剧烈燃烧无法生成，不能使锅炉达到额定的出力。

因此，对于生物质粉体燃料，含水量是非常重要的一个因素，要在生物质燃料进入试验区或者厂房时就要保证生物质是干燥的，含水量非常低的才能确保生物质燃料燃烧时避免水雾的生成，使得生物质锅炉能安全高效地运行。

17.4 生物质粉体燃烧的优点

生物质是一种污染较小的能源。国外也正在研究生物质技术，加快生物质的利用。我国也做出了相应的扶持政策来开发生物质能源（章恬，2013）。生物质利用途径有生物质发酵、生物质气化、生物质燃烧等。其中生物质燃烧是生物质转化技术中利用较高的一种方式。生物质直接燃烧技术是生物质直接利用，不用转化其他形式再加以利用，这样就节省了中间环节和一些技术，在其他利用技术中，中间环节的技术很复杂，而且成本也很高，生存率也不是很高，这就存在生物质资源的不合理利用甚至资源浪费的问题。

生物质直接燃烧又包括生物质直接散烧、生物质颗粒燃烧、生物质捆烧、生物质粉烧等（白冰，2010）。由于生物质碳含量不是很高，而且生物质挥发分含量较高，这就注定了生物质单位体积能量不是很高，密度也较小，这对生物质散烧是很不适合的。生物质颗粒燃烧需要生物质成型技术，生物质颗粒燃料虽然相对密度很大，但是这对生物质燃烧的状况是有影响的，生物质颗粒由于被压缩而结构结实，燃烧时氧气不能与颗粒内部充分接触，使燃烧存在一定的不完全，降低锅炉的热效率，再者颗粒燃烧结渣性也较强，对炉排有一定的腐蚀作用，因此颗粒燃烧也很难成为生物质直接燃烧技术的一种主打方式；生物质捆烧技术是将松散、没有定型的生物质秸秆通过机械打捆形成具有一定形状的固体燃料，其密度大于原生物质的密度，但是打捆燃料降低了挥发分的析出速度和传热速度，点火温度上升，点火性能变差，并且由于生物质打捆燃料也是将生物质压缩打捆，阻碍了其本性的一些优点，影响了生物质捆烧技术的推广与应用。而生物质粉体燃烧技术是一种生物质直接燃烧利用的一种最佳方式，它解决了因生物质原料压缩，氧气不能与生物质燃料内部充分接触而造成的燃烧不完全现象，也解决了生物质灰渣对炉排的侵蚀作用，而且又能使得挥发分能快速析出，点火性能变好，也能使得生物质燃烧加快，且不会增加气体未完全燃烧损失与排烟热损失，更减少了固体未完全燃烧热损失。生物质粉体燃料具有生产容易、燃烧效率高、易于使用等优点，是生物质直接燃烧利用技术的一个重要发展方向。

17.5 生物质粉体燃烧的基础特性

生物质粉体燃料是经过粉碎机将原生物质原料粉碎而具有粒径非常小的固体燃料（冯莉等，2015），其密度比生物质成型燃料密度小，表面积远远大于生物质成型燃料，说明挥发分的析出速度很快，传热速度也很快，点火温度不会太高，点火性能也非常好。生物质粉体燃料中含有较高比例的碳，含氢和水分比较少，含挥发分较高，灰分比较低，因此生物质粉体燃料着火点低，易点火。生物质粉体热分解的温度很低，一般在380℃就分解释放出80%左右的挥发分，在预燃室中能够形成一种悬浮状的体积燃烧。在燃烧初期，生物质粉体燃料经过热分解析出挥发分，并分离出焦炭，先是挥发分的燃烧，然后是固定碳的旋流燃烧，由于粉体燃料粒径很小，分布均匀，故其燃烧形式接近于气体燃料。生物质粉体表面积较大，也加速了挥发分的析出速度，减小了固定碳的粒径，提高了燃烧速度和燃烧效率。生物质粉体燃料燃烧充分，且随着粒径的减少，结渣率降低。

17.6 生物质粉体燃料悬浮燃烧技术

生物质悬浮燃烧技术是将生物质粉体燃料与一次风混合后一起喷入燃烧室，形成涡流呈悬浮燃烧状态。悬浮燃烧设备要求生物质颗粒尺寸小于1mm，含水率不能超过13%。采用分段配风以及良好的混合可以减少NO_x的生成。但由于颗粒的尺寸较小，高燃烧强度将导致炉墙表面温度过高，构成炉墙的耐火材料容易损坏（邢献军，2015）。

在国外，对生物质粉体燃烧的研究已很平常，而在我国，肖波、杨加宽等根据生物质能现状研制出一种生物质粉体燃烧技术，设计出生物质粉体三段式燃烧模型——立式双回旋燃烧炉（肖波等，2007）。第一段，风粉混合物被点燃，析出挥发分，形成一次燃烧；第二段，未燃尽挥发分上升到主燃室内充分燃烧，并且烟气进到扩散室；第三段，固定碳回流到主燃室燃烧。实验证明生物质粉体燃料燃烧充分，且随着粒径越来越小，结渣率降低，并且生物质粉体在燃烧中悬浮燃烧近似于气体燃烧，使得其燃烧以及控制方式也类似于气体燃料，这对立式双回旋燃烧炉的设计更加容易，进而能推广到工业化中。郭献军（2009）等研究出一种生物质粉体燃烧炉，其中该燃烧炉使用燃料为粒径＜250μm的生物质粉体。由于燃料的粒径小，燃烧时着火点较低（200℃），燃烧速率高；并且该燃料的水蒸气气化效果好，气化产物中氢气含量可达到50%以上。经过实验，该燃烧炉能够稳定燃烧，且炉膛温度稳定在900℃左右，主燃室温度稳定在 1 150℃。烟气呈浅白色，燃烧效果很好，能适应工业化应用需要。

17.7　本章小结

本章主要对生物质粉体的物理特性、化学特性以及发热量进行了研究与分析，也对影响生物质粉体燃烧的几个因素进行了分析，并对生物质粉末悬浮燃烧技术的发展现状进行了介绍。

18 生物质悬浮燃烧器的设计

生物质粉体燃料的燃烧，是燃料和空气发生剧烈化学反应同时伴有发光和发热现象的过程，是与空气的一个热转化过程（屈庆武，2007）。如果要达到让人满意的燃烧结果，需要满足下列三点：

(1) 燃烧温度。 燃烧温度是指燃料燃烧时所放出的热量传给气态的燃烧产物而产生的温度。反应速率一般随温度的升高而增大，根据以前的实验，温度每增加 $100℃$，反应速率可增加 $1\sim2$ 倍，温度对化学反应速率的影响表现在反应常数 k 上，可用下面公式表示：

$$k = k_0 e^{-E/RT} \qquad (18-1)$$

式中　　k——化学反应常数；

k_0——频率因子；

R——普适气体常数，取 $8.31kJ/(kmol \cdot K)$；

E——活化能（kJ/mol）；

T——热力学温度（K）。

燃烧温度的高低对生物质挥发分的析出速度有着很大的影响，温度高，挥发分析出速度很快，缩短了点火燃烧的时间，使生物质粉体燃料的点火更加简单；并且燃烧温度高对燃料的预热也起到了良好的作用，又能提高烟气的温度，而且不会引起烟气量的增大。影响燃烧温度的因素有燃料的发热量、过量空气系数、空气中氧浓度、热量损失以及燃料与空气的预热。

(2) 反应时间与空间。 燃烧反应发生时，必定在一定的时间和空间内进行（朱传强，2014）。因此，对于生物质粉体燃料燃烧，时间和空间是两个重要的因素。如果燃烧空间不足，燃料的停留时间很短，空气量供应有限，燃烧还未进行完全就已经进入低温区，或者像粉体燃料燃烧一样非常剧烈（如轰然式燃烧），容易发生爆炸等安全事故；假如燃烧空间过大，燃料燃烧时空气量很足，但是由于空间过大，热损失增加，而且也不能保证空间的每个角落都能充分完全燃烧，这样增加了燃料燃烧的难度。所以为保证燃料的充分完全燃烧，必须对燃烧空间做出相应的计算，设计出大小恰当的燃烧空间。

(3) 气流扩散速率。 气流扩散速率主要指接触燃料表面的氧的浓度。

$$M = C_k (c_{gl} - c_{jt}) \tag{18-2}$$

式中　M——单位时间内氧扩散到固体表面上的量（kg/h）；

　　　C_k——质量交换系数；

　　　c_{gl}——气流的氧浓度（%）；

　　　c_{jt}——生物质表面上的氧浓度（%）。

　　燃烧过程中，气流扩散越快，氧气能及时到达生物质表面，即生物质燃烧时需要适宜的空气量并且需要空气能良好地接触，也即是燃料与空气接触的表面积越大混合也就越均匀，燃烧速率越快。在生物质燃烧时，如果燃料与空气混合不均匀，这样将会有一部分燃料因没有与空气很好混合而不能燃烧或燃烧不完全，这样就会增加固体未完全燃烧热损失，导致燃烧温度的降低，降低了烟气温度，锅炉的热效率也随之降低，并且也浪费了资源。但是气流过大，会降低燃烧室的温度，同时烟气速度增高而且还带走很多热量，不利于燃烧。因此气流扩散速率是生物质燃烧的一个非常重要的条件。

18.1　基本参数计算

18.1.1　理论空气量与实际空气量的确定

　　理论空气量是指单位质量燃料完全燃烧所供给的最少空气量（Andersson K. G. et al.，2002）。此时空气中所有的氧气全都和燃料中的可燃元素化合并使它们得到完全氧化，因此燃烧后产物中不会再有自由氧的存在，也不会有其他可燃气体的存在。计算理论空气量应从燃料中可燃元素完全燃烧所需要的氧气量入手。

　　确定理论空气量：生物质粉体燃料中可燃成分主要是碳、氢元素，它们完全燃烧发生的反应（王君，2011）如下：

$$C + O_2 = CO_2$$

$$2H_2 + O_2 = 2H_2O$$

　　1kg 生物质粉体燃料完全燃烧时，由外部供给标准状态下的理论氧气量（m^3/kg）为

$$V_{02} = 1.866 C_{ar} + 0.7 S_{ar} + 5.55 H_{ar} - 0.7 O_{ar} \tag{18-3}$$

那么 1kg 粉体燃料完全燃烧所需的理论空气量（m^3/kg）为

$$V_k = V_{02} / (0.21 \times 100) \tag{18-4}$$

式中　C_{ar}——碳占燃料全部成分的百分比（%）；

　　　S_{ar}——硫占燃料全部成分的百分比（%）；

　　　H_{ar}——氢占燃料全部成分的百分比（%）；

　　　O_{ar}——氧占燃料全部成分的百分比（%）。

实际燃烧中，为了保证燃料能获得充分完全的燃烧，供给的空气量往往会很多，此时供应的空气量为实际空气量。其之间的关系可以用下式表示：

$$V_0 = \alpha V_k \tag{18-5}$$

式中　α——过量空气系数；

　　　V_0——实际空气量（m^3）。

一般情况，α 是一个大于 1 的数值。如在捆烧锅炉中，若使燃料完全充分燃烧必须有多余的空气存在。对于平常的生物质燃烧器通常采用 1.2～1.5 的过量空气系数，由于生物质粉体燃料空隙大，燃烧速率非常快，所以较低的空气流量不利于粉体燃料与空气的充分接触，但过大的空气流量又容易降低燃烧器内的温度进而不利于燃烧。因此，本试验将空气过量系数设定为 1.3。本试验采用 0.5T 热水锅炉，锅炉每小时燃烧器进料量设计为 13kg/h，可通过计算得出所需的进风量为 25m^3/h。

18.1.2　理论烟气量与实际烟气量的计算

烟气就是燃料燃烧时产生的气态燃烧产物。在燃料为生物质粉体的燃烧过程中，充分完全燃烧产生的烟气成分为二氧化碳、二氧化硫、氮气、水蒸气、氧气等；而未完全燃烧也即是未充分燃烧时，生产的烟气中除上述以外，还有一氧化碳、甲烷和氢等少量的可燃气体。

理论烟气量是指单位质量接收基燃料在理论空气量的条件下完全燃烧而产生的烟气量（陆小荣，2005）。同样，实际烟气量是指单位质量接收基燃料在实际空气量的条件下完全燃烧而产生的烟气量。下面是关于理论烟气量与实际烟气量的计算。

(1) 理论烟气量的计算。理论烟气量是根据生物质燃料完全燃烧的化学方程式来计算的。完全燃烧时理论烟气量由 CO_2、SO_2、N_2、H_2O（理论水蒸气）等部分组成。可根据下列公式计算：

$$V_y = V_{CO_2} + V_{SO_2} + V_{H_2O} + V_{N_2} \tag{18-6}$$

$$V_{CO_2} = 0.018\ 86 C_{ar} \tag{18-7}$$

$$V_{SO_2} = 0.007 S_{ar} \tag{18-8}$$

$$V_{H_2O} = 0.111 H_{ar} + 0.012\ 4 M_{ar} + 0.016\ 1 V_k \tag{18-9}$$

$$V_{N_2} = 0.008 N_{ar} + 0.79 V_k \tag{18-10}$$

式中　V_y——理论烟气量（m^3）；

　　　V_{CO_2}——烟气中二氧化碳的体积（m^3）；

　　　V_{SO_2}——烟气中二氧化硫的体积（m^3）；

　　　V_{H_2O}——烟气中理论水蒸气的体积（m^3）；

　　　V_{N_2}——烟气中理论氮气的体积（m^3）；

C_{ar}——碳占燃料全部成分的百分比（%）；

S_{ar}——硫占燃料全部成分的百分比（%）；

H_{ar}——氢占燃料全部成分的百分比（%）；

V_k——理论空气量（m^3）；

N_{ar}——氮占燃料全部成分的百分比（%）；

M_{ar}——粉体燃料中全水分（%）。

（2）实际烟气量的计算。实际烟气量由理论烟气量和过量空气组成。其中过量的空气包括氧气、氮气以及相应的水蒸气。其计算如下：

$$V = 1.016\ 1(\alpha - 1)V_k + V_y \qquad (18\text{-}11)$$

式中 　V——实际烟气量（m^3）；

V_k——实际供给空气量（m^3）；

V_y——理论烟气量（m^3）；

α——过量空气系数。

18.2　进料系统的设计

进料系统的作用是控制物料进入炉膛，其设计直接影响燃烧系统的实用性和性能。如图 18-1 所示，进料系统由进料仓、进料螺旋、变速电机、下粉管及料仓等部件组成。处于进料仓的生物质粉体燃料在螺旋桨机的推送下，经下粉管进入料仓，与空气混合进入燃烧系统。这种输送方式能够有效保证预燃室进料的持续性，并且进料螺旋可通过变频器来调控转速，从而实现进料工况的调整，为实现多工况运行提供了基础。生物质粉体进料量的大小由变速电机、进料螺旋来调节，并与电机转速成正比，下粉管用于防止一次风管内压力过高而导致的反喷现象，进料螺旋及料仓防止物料过密形成真空压力而导致粉体被压制成块状，从而堵塞下粉管。

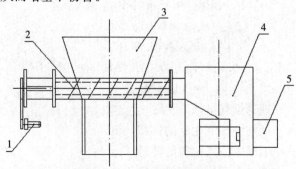

图 18-1　进料系统结构

1. 变速电机　2. 进料螺旋　3. 进料仓　4. 料仓　5. 下粉管

18.2.1　进料螺旋的设计

进料螺旋也称为螺旋输送机，是一种无绕性牵引构件的连续输送机械，它借助旋转螺旋叶片推力将物料沿着机槽进行输送。市场上一般较为常用的生物质给料机为螺旋进料和平仓进料，这两种进料装置经过历年的使用及改进，已经是故障率低和非常可靠的设备。由于生物质粉体燃料本身的特点，不能直接采用煤粉给粉机以及生物质颗粒进料装置。

生物质颗粒与生物质粉物理状态不同，前者粒径较大而且密度也大，后者粒径很小，密度较小，其堆积密度更是不同，再者生物质颗粒一般是在炉排上燃烧，很少甚至没有在炉排上进行悬浮燃烧的，因此生物质颗粒进料装置不能直接拿来运用，应经过改装才能适用于生物质粉体；煤粉的堆积密度一般为710kg/m³，生物质粉的堆积密度一般为 100～300kg/m³，煤粉的堆积密度远大于生物质粉体，对于同样功率的燃烧器，生物质的给粉体积流量是非常大的，因此也不能直接采用煤粉给粉器。生物质粉体种类不同堆积的密度也不同，如麦秆粉的堆积密度为120kg/m³，玉米秆粉的堆积密度为150kg/m³，花生壳粉的堆积密度为300kg/m³，生物质粉体的内摩擦系数较大，在与生物质燃烧器的壁面发生相对摩擦时，生物质粉体容易形成自锁而造成卡涩，所以生物质粉体进料系统的给粉环节需要特定的设计或者有相应的选取，为保证进料的持续连贯，还是以可控的进料螺旋为主要装备，并且添加一个料仓与之配合，从而可设计出生物质粉体进料系统。具体设计步骤如下：

(1) 进料螺旋直径的确定。

$$Q_{输} = A v \rho \qquad (18\text{-}12)$$

$$A = \frac{\pi D^2}{4} \psi \beta_0 K_1 \qquad (18\text{-}13)$$

式中　$Q_{输}$——进料螺旋的输送量（kg）；

　　　A——机槽内燃料的横断面积（m²）；

　　　v——燃料的轴向推进速度（m/h）；

　　　ρ——燃料的密度（kg/m³）；

　　　D——螺旋直径（m）；

　　　Ψ——机槽的满载系数，取 $\Psi = 0.4$；

　　　β_0——进料螺旋对 A 的修正系数，取 $\beta_0 = 1$；

　　　K_1——螺旋叶片的形式对输送量的影响系数，$K_1 = 1$。

选取 $Q_{输} = 13$kg/h，$\rho = 155$kg/m³，$v = 2.2$m/h，经式（18-12）和式（18-13）计算：$D = 0.35$m。

(2) 驱动功率的计算。进料螺旋的驱动功率主要取决于粉体燃料在输送过程中克服与螺旋之间各种阻力所消耗的能量，以及燃料之间的相对运动所消耗的能量。在生产中依据下列经验公式计算：

$$P_{轴} = \frac{Q}{367}(L_{平}\ \omega \pm H) \qquad (18\text{-}14)$$

$$P_{驱} = K\frac{P_{轴}}{\eta_{总}} \qquad (18\text{-}15)$$

式中　$P_{轴}$——进料螺旋输送机所需轴功率（W）；

　　　$L_{平}$——进料螺旋水平投影长度（m）；

　　　ω——燃料的总阻力系数，一般为 $1.2\sim1.4$，取 $\omega=1.2$；

　　　H——倾斜时输送燃料的提升高度，向上取"$+$"，向下取"$-$"，水平时 $H=0$；

　　　$\eta_{总}$——进料螺旋传动装置的总效率，此处为自锁蜗杆油润滑，取 $\eta_{总}=0.38$；

　　　K——功率储备系数，一般取 $1.2\sim1.4$，取 $K=1.3$；

　　　$P_{驱}$——进料螺旋输送机的驱动功率（W）。

选取 $L_{平}=1.44\text{m}$，由式（18-14）和式（18-15）计算可得，$P_{驱}=0.21\text{kW}$。

其实，在很多实际运用中，进料螺旋输送机的工作条件很难符合计算的理论要求，而且，不同进料螺旋输送机的螺旋直径、螺距各不相同，不同燃料的摩擦系数也不一样，进料口处燃料堆积压力对进料螺旋输送机的启动及运行也有相关的影响。因此，在实际使用时，常常把进料螺旋输送机的功率选择大一点，否则，很容易会在使用时发生电机堵转现象。

18.2.2　料仓的设计

料仓是专门为生物质粉体螺旋进料设计的。这是因为生物质粉体的堆积密度小而且流动性较差，粒径也不是很均匀，在生物质粉体进入燃烧器前容易形成起拱及板结，从而导致生物质粉体的供应出现时断时续的现象，例如容易形成瞬间的给粉量不连续（给粉量或多或少），导致在燃烧器中形成爆燃或断火现象。而设计出料仓后，其装在进料螺旋和燃烧器之间分别用下粉管连接，这样就能恰当地解决这个问题了。同时料仓还可以防止燃烧器的回火等现象。

18.3　燃烧系统的设计

燃烧系统最重要的两个部分为炉圈和预燃室，两者的结构和参数对生物质燃烧器热效率起着至关重要的影响。在预燃室容积不变化的情况下，预燃室设置成细长形，既增加了粉体燃料与空气的充分混合，又延长了粉体燃料在预燃室中的燃烧时间，这样不仅可以有效地提高粉体燃料燃烧效率，还可以使粉体燃料燃烧的尾气更加清洁。

18.3.1　炉排的设计

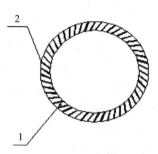

如图 18-2 所示，炉排设计成炉圈形式，炉圈内的斜楞倾角设置为 35°，使粉体燃料在二次风作用下以螺旋形式进入预燃室，这有助于空气与粉体燃料的均匀混合与充分接触，并延长粉体燃料在预燃室中的燃烧路程，使其得到充分燃烧，降低排烟热损失。粉体燃料的初步燃烧在预燃室内进行，不在炉排上进行，这样避免了单位面积炉排的放热较多，形成高温，致使炉排上的燃烧条件变差甚至炉排变形，引起通风不匀，引诱"火口"现象的形成，最终导致预燃室温度降低，排烟热损失增加。

图 18-2　炉排结构
1. 风孔　2. 斜楞

18.3.2　预燃室的设计

如图 18-3 所示，生物质粉体预燃室主要由一次风口、二次风口和燃烧器组成。预燃室是一个有限空间的绝热燃烧室。由于着火和稳定的需要，一、二次风在点火的时候启动时间应该有所间隔，一次风生物质粉气流进入预燃室内的流动和燃烧工况与一次风将生物质粉吹入炉膛后的情况不同。在预燃室内，风粉混合气流在有限空间中受外壁限制下流动，故外部回流区较小或者几乎没有，燃烧的组织主要靠中心回流以及旋流，但由于空间尺寸小，中心回流不可能很大，所以着火过程相对其他生物质燃烧器显得过长。

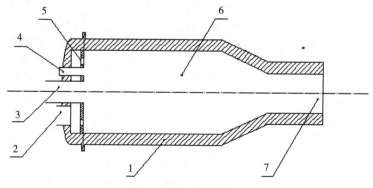

图 18-3　预燃室结构
1. 耐火层　2. 二次进风口　3. 底料进风口　4. 观察孔　5. 炉排　6. 预燃室　7. 喷口

18.3.3　预燃室容积的计算

预燃室主要是给生物质粉体燃料预燃提供合适的区域。由于生物质粉体燃料的粒径很小，挥发分又很高，燃烧时固体小粒子瞬间被加热，挥发分很快析出并进行燃烧，此时生物质粉体燃料燃烧的状态和气体初步燃烧的状态很类似。如果预燃室设计不合理，会造成生物质粉体燃料不能完全预燃或者提前充分燃烧，这都能造成粉体燃料的未完全燃烧损失。具体来说，如果预燃室空间过大，就会造成生物质粉体燃料提前充分燃烧；如果预燃室空间过小，会造成生物质燃料还未充分完全预燃就已经被吹到炉膛内，容易形成断火或者造成未完全燃烧损失增加。通过预燃室容积与燃料处理量及预燃室热强度的关系，确定计算公式为

$$V = BQ_{dw}/q_V \tag{18-16}$$

式中　V——预燃室容积（m^3）；

　　　B——燃料消耗量（kg/h）；

　　Q_{dw}——燃料低位发热量（kJ/kg）；

　　　q_V——预燃室热强度，为 $253kW/m^3$。

选取 $Q_{dw} = 15\,550kJ/kg$，$B = 13kg/h$，代入式（18-16）计算可得 $V = 0.22m^3$。

18.3.4　预燃室特征参数值的计算

在一次风机的作用下粉体燃料与空气混合后进入预燃室，由于一次风机可以保持功率的稳定，并且粉体燃料的粒径很小，因此可以将粉体燃料与空气的混合体视作均匀流体，这样就可以对预燃室进行简单的计算了。预燃室特征参数主要包括燃烧器预燃室截面直径 D_1、预燃室喷口截面直径 D_2、渐缩段的长度 L，其计算过程如下：

$$\rho_1 = \frac{p_1}{RT_1} \tag{18-17}$$

$$\rho_2 = \frac{p_2}{RT_2} \tag{18-18}$$

$$A_1 = \frac{m}{\rho_1 v_1} \tag{18-19}$$

$$A_2 = \frac{m}{\rho_2 v_2} \tag{18-20}$$

$$D_1 = \sqrt{\frac{4A_1}{\pi}} \tag{18-21}$$

$$D_2 = \sqrt{\frac{4A_2}{\pi}} \tag{18-22}$$

$$L = \left(\frac{D_2 - D_1}{2}\right) c \tan\left(\frac{\alpha}{2}\right) \tag{18-23}$$

式中　ρ_1、ρ_2——粉体燃料进口密度、出口密度（kg/m³）；

p_1、p_2——预燃室进口压力、出口压力（Pa）；

R——热力学常数，为8.134J/（mol·K）；

T_1、T_2——进口温度、出口温度（K）；

A_1、A_2——进口截面积、出口截面积（m²）；

m——流量（kg/s）；

v_1、v_2——粉体燃料流速（m/s）；

c——比热容，为1.62kJ/（kg·℃）；

α——渐缩角，一般选定13°。

选取 p_1＝140 000Pa、p_2＝97 770Pa、T_1＝25℃、T_2＝400℃、m＝0.003 6kg/s、v_1＝2.33m/s、v_2＝1.3m/s，代入式（18-17）至式（18-23）可得 D_1＝0.535m、D_2＝0.34m、L＝0.34m。

18.4　供风系统的设计

供风系统的作用是实现一次风和二次风的供给。生物质粉体燃料粒径小，分布均匀，若在炉膛内完全燃烧，则需要燃料与风量配合恰当。风量过大，燃料还未燃烧充分就会被吹进换热锅炉中，增加了固体未完全燃烧热损失，并且降低了烟气温度，影响燃烧器热效率；风量过小，燃料燃烧后，其灰渣会落在预燃室内，这样会使预燃室容积变小，并且影响二次风的输入，降低燃烧器的燃烧效率。根据生物质粉体燃料悬浮燃烧特性设计合理的供风系统，配合适宜的风量，从而达到合适的燃烧温度，使燃料充分燃烧产生高温烟气，以提高燃烧效率与燃烧器热效率。

该生物质悬浮燃烧器的供风系统由两个供风机组成。一次风为底料进风与粉体均匀混合形成风粉气流，二次风用于补充适量的空气，对气粉起到混合搅匀的作用，并对预燃室的气流状态进行微调。风机与变频器结合，从而实现变频调整风机转速，控制与调整送风量的功能。

18.4.1　一二次风量的计算

一、二次风量对生物质粉体燃料的混合以及状态起到重要的作用，其计算见表18-1。

表 18-1　一、二次风量的计算

序号	项目	符号	计算公式或数据来源	数值	单位
1	燃料消耗量	B	给定	13	kg/h
2	理论空气量	V_k	燃烧计算选定	70	m^3
3	过量空气系数	α	选取查表	1.3	
4	实际空气量	V_0	燃烧计算选定	91	m^3
5	理论烟气量	V_y	燃烧计算选定	3.42	m^3
6	实际烟气量	V	燃烧计算选定	3.8	m^3
7	一次风供给系数	α_1	$\dfrac{g_1\left[(1+K_{1f})-r_{zk}\right]}{1.285V_k} \cdot \dfrac{Z_m B_m \times 10^3}{B_j}$	1.5	
8	二次风供给系数	α_2	$\alpha_2 = \alpha_r - \alpha_1$	0.2	
9	一次风量	V_1	$\dfrac{\alpha_1 V_k B_j}{3\,600}\left(\dfrac{t_1+273}{273}\right)\left(\dfrac{P_0}{P_1}\right)\left[\dfrac{1.24\Delta M}{g_1(1+K_{1f})}+1\right]$	25	m^3/h
10	二次风量	V_2	$\dfrac{\alpha_1 V_k B_j}{3\,600}\left(\dfrac{t_1+273}{273}\right)\left(\dfrac{P_0}{P_2}\right)$	19.6	m^3/h
11	一次风率	r_{1k}	选取，查表	67%	
12	二次风率	r_{2k}	$(1-r_{1k}-r_{1f})\times 100\%$	33%	
13	一次风喷口截面积	A_1	$\dfrac{V_1}{Z_r w_1}$	9 203.8	mm^2
14	二次风喷口截面积	A_2	$\dfrac{V_2-V_b}{Z_r w_1}$	7 165.6	mm^2
15	燃烧室容积	q_V	燃烧计算选定	0.22	mm^3
16	燃料收到基低位发热量	Q_{dw}	查表，选定	15 550	kJ/kg
17	燃烧器热强度	E	燃烧计算选定	253	kW/m^2
18	燃烧器横截面积	S	燃烧计算选定	0.286	m^2
19	燃烧器直径	D_1	燃烧计算选定	0.535	m

18.4.2　一次风机的选型

　　一次风机即底料风机用于输送粉体燃料与一次风，引风机的选型应能保证燃烧器在既定的工作条件下满足燃烧器正常运行时对粉体燃料持续均匀的供应需要。它的选型需依据计算粉体量和全压降。由于风机运行与计算条件之间有所差别，在选择风机时应考虑一定的储备（用储备系数修正）。引风机选型主要由其流量、压头及风机功率确定。

$$Q_j = \beta_1 V \frac{1.013\,25 \times 10^5}{b_0 \pm \beta_2 H'} \tag{18-24}$$

$$H_j = \beta_2' \Delta H \tag{18-25}$$

$$N = \frac{Q_j H_j \psi}{3\,600 g \eta} \tag{18-26}$$

$$N_d = N\,(1+KC) \tag{18-27}$$

式中　Q_j——风机流量（m³/h）；

　　　β_1、β_2——风机风量和压头裕量系数；

　　　V——粉体流量（m³/h）；

　　　b_0——当地大气压（Pa）；

　　　H'——风机入口截面处的负压（Pa）；

　　　H_j——风机全压降（Pa）；

　　　β'_2——风机全压降修正系数；

　　　ΔH——风机全压（Pa）；

　　　Ψ——风机的介质压缩修正系数；

　　　g——重力加速度（m/s²）；

　　　η——风机效率（％）；

　　　N_d——通过粉体燃料时的功率（kW）；

　　　N——通过净空气时的功率（kW）；

　　　C——粉体燃料含量（kg/m³）；

　　　K——系数，当风机叶片为 6 时，$K=1.2$；当风机叶片为 24 时，$K=0.7$。

把选定参数代入式（18-24）至式（18-27）中即可计算出引风机计算流量及压头。根据风机制造厂产品目录选择出引风机类型，选用引风机型号为 Y6-417.1C，风量为 13 640m³/h，风压为 1 670Pa，根据风机型号选择电机为 Y160L-4，功率为 15kW，转速为 1 450r/min。

18.4.3　二次风机的选型

二次风主要作用是对一次风辅助，用于将生物质粉体燃料与一次风混合后直线前进状态改变为螺旋前进状态。二次风机可以根据表 18-2 进行计算并得出相应的选择。选用送风机型号为 G4-726C，风量为 9 497m³/h，风压为 1 736Pa，根据风机型号选择电机为 Y132M-4，功率为 7.5kW，转速为 1 600r/min。

18-2　二次风机的计算与选择

序号	项目	符号	数据来源	数值	单位
			一、送风机流量计算		
1	额定负荷时风量空气流量	V_{lk}	风道阻力计算	5 760	m³/h
2	流量储备系数	β_{s1}	选定	1.1	

（续）

序号	项目	符号	数据来源	数值	单位
3	当地平均大气压	b	给定	100 391	Pa
4	送风机计算流量	V_{sj}	$\beta_{s1} V_{lk} \times 101\,325/b$	6 394.9	m³/h
			二、送风机压头计算		
5	锅炉风道全压降	ΔH	风道阻力计算	1 124.8	Pa
6	压头储备系数	β_{s2}	选取	1.2	
7	送风机计算压头	H_{sj}	$\beta_{s2} \Delta H$	1 349.7	Pa
8	送风机入口空气温度	t_{lk}	热平衡计算	20	℃
9	送风机铭牌的气体温度	t_{sf}	送风机设计温度	30	℃
10	送风机压头	H_{sf}	$H_{sj} (t_{lk}+273) \times 101\,325/ [(t_{sf}+273) b]$	1 362.27	Pa
			三、送风机选择		
11	型号		G4-726C		
12	风压	H	产品参数	1 749	Pa
13	流量	V	产品参数	9 559	m³/h
14	配用电动机型号		Y132M-4		

18.5 点火装置的选择

为保证预燃室中点燃生物质粉体-空气流并使其稳定燃烧，需要相应的点火装置（VisserB. et al.，2012）。该生物质燃烧器选择液化气点火装置，主要依据烧嘴的直径 d、长度 L 以及可燃混合物喷出的速度 V。其计算公式如下：

$$F_1 = A[Bmn - C(m-1)(n-1)] \tag{18-28}$$

$$d = d_1 \sqrt{\frac{mn(1+\varepsilon)\Delta p_c}{F_1(\Delta p_c - \Delta p_{炉})}} \tag{18-29}$$

$$L = (d_A - d)/2\tan\frac{\beta}{2} \tag{18-30}$$

$$V = \frac{q(1+\alpha L_1)T_1 \times 10^6}{0.785 d^2 T_2} \tag{18-31}$$

式中　F_1——混合管与液化气喷嘴的最佳面积比；

A——修正系数，取 $A=1$；

B——引射器内空气、液化气混合气的沿程阻力；

m——体积喷射比；

n——重量喷射比；

C——引射器内空气沿程流动阻力；

ε——烧嘴喷头阻力系数，取 0.2；

Δp_c——烧嘴内混合气体压力的增高值（Pa）；

$\Delta p_{炉}$——预燃室内粉体-空气混合物压力的升高值（Pa）；

d_A——扩张管的最粗直径（m）；

β——烧嘴的收缩角，取 14°；

T_1、T_2——可燃物混合温度、空气温度（K）；

α——引射器过量空气系数。

选定参数后，依次代入式（18-28）至式（18-31），可得到相对应的参数，在此选型号为 HX160/9.8-Ⅱ1、编号为 26ES-3SM 的点火器。

18.6 本章小结

本章对生物质粉体悬浮燃烧器进行了设计，根据对影响生物质燃烧的重要因素进行了简单的分析，并依据生物质悬浮燃烧特性进行了设计。对基本参数如理论空气量、实际空气量、过量空气系数、理论烟气量、实际烟气量等进行计算确定。对燃烧器的结构，包括燃烧器的进料系统、燃烧系统及供风系统进行了计算与选择。对于进料系统中的进料螺旋、料仓等进行了设计，对于燃烧系统中预燃室容积、喷口、预燃室直径、预燃室外形、预燃室不同结构的截面等进行了详细的设计，对于供风系统中的一次风机与二次风机进行了设计。

19 生物质悬浮燃烧锅炉炉膛的设计

19.1 炉膛的设计原则

炉膛是锅炉最重要的结构部件之一。设计炉膛首先应满足燃料燃烧的要求：具有足够的燃烧容积，保证燃料燃烧完全；合理组织空气动力工况，使火焰不贴壁、不冲墙，充满度高，壁面热负荷尽量均匀。

生物质粉体燃料燃烧在炉膛内主要有三个阶段：充分燃烧阶段、继续燃烧阶段和燃尽阶段。

(1) 充分燃烧阶段。此阶段是挥发物燃烧激烈以及焦炭燃烧的阶段。当挥发物快速充分燃烧，同时余下的焦炭也发生猛烈的燃烧，这是一个氧化的阶段。如果此时生物质粉体在炉膛中有着足够的停留时间和充足的空气，那么这一阶段的燃烧将是一个快速、迅猛以及充分的燃烧。焦炭燃烧不充分会出现烟气量增加的现象，使未完全燃烧热损失增大，而且炉膛温度也达不到所预期的温度。

(2) 继续燃烧阶段。当炉膛内的火焰温度达到很高时，使炉顶以及炉壁上未燃尽的少量焦炭温度升高，使之继续燃烧。即使生物质粉体的灰分含量并不是很大，也不能忽略。当灰分在烧着的焦炭外围逐渐积累增多时，焦炭便不能很好地与空气相互"拥抱"了，CO 开始增多，而 CO_2 开始降低，燃烧程度变得越来越小。

(3) 燃尽阶段。当焦炭的燃烧减弱的时候，由于此时的燃烧方式为悬浮燃烧，粉体在炉膛内的状态不但是悬浮而且还是旋流向上的，因此燃烧的气流将会冲散即将包裹未燃尽焦炭的外围大量灰分，而运动的焦炭也会撞击它，使得灰分不能迅速包裹未燃尽的焦炭，这样未燃尽的焦炭得到进一步的燃烧；一氧化碳受炉膛内旋流的影响，不会立即进入烟道而是在炉顶处旋流慢出，又遇见灼热的气流便开始燃烧了，使得化学和机械的未燃烧热损失得到进一步的减少。

19.2 炉膛的设计计算

19.2.1 炉膛容积的设计计算

生物质燃料锅炉内，一般火焰温度均低于1 300℃，因此对炉膛耐火材料的选用要求不是太高，但是炉膛负压较低，所以密封性要求较高。目前，在设计和制造锅炉过程中，为使既定的条件下节约所消耗的钢材而减小锅炉的体积。炉膛容积是锅炉炉膛一个重要参数，其计算公式如下：

$$V = \frac{BQ_{dw}}{q_V} \qquad (19-1)$$

式中　V——炉膛容积（m^3）；

　　　B——燃料进料量（kg/h）；

　　　Q_{dw}——燃料低位发热量（kJ/kg）；

　　　q_V——炉膛容积热负荷（kW/m^3）。

一般正确选 q_V 值是为了避免炉膛整体结渣率高以及燃烧效率低的问题，确保炉膛中有足够的受热面，使炉膛出口处不易结渣。由式（19-1）可以知道，在燃烧燃料量确定之后，炉膛容积的大小就确定了，并且炉膛容积与 q_V 成反比，q_V 值越高，炉膛容积 V 越小。设计生物质悬浮燃烧器的目的就在于单位时间内燃烧一定量的生物质粉体，并且燃烧进行得完全充分。如果炉膛容积过小，会使生物质粉体在炉膛内停留时间较短，使燃烧不充分，造成未完全燃烧热损失增加。

综合考虑，选取 $B=13kg/h$、$Q_{dw}=15\ 550kJ/kg$、$q_V=251kW/m^3$，代入式（19-1）中可得 $V=0.223m^3$。

19.2.2 炉膛截面积的计算

在进行炉膛的设计过程中，要选择炉膛截面的形状和尺寸，其公式如下：

$$A = \frac{BQ_{dw}}{q_A} \qquad (19-2)$$

式中　A——炉膛容积（m^3）；

　　　B——燃料进料量（kg/h）；

　　　Q_{dw}——燃料低位发热量（kJ/kg）；

　　　q_A——炉膛截面热负荷（kW/m^2）。

由于 q_A 指的是锅炉标高处的炉膛截面热负荷，因此它与 q_V 的含义不一样。q_A 能表达出炉膛截面以及附近水冷壁的热负荷，选定它的合理值能避免燃烧器附近水冷壁的热负荷因为过高而造成的结渣。由式（19-2）可知炉膛截

面积与 q_A 成反比，q_A 越小，炉膛截面积就越大，那么燃烧器区域需要布置较多的辐射受热面，也不易再出现结渣现象。

由于设计的是常用热水锅炉，综合考虑，选取 $B=13\text{kg/h}$、$Q_{dw}=15\,550\text{kJ/kg}$、$q_A=300\text{kW/m}^3$，代入式（19-2）中可得 $A=0.187\text{m}^2$。

截面形状可以设置为圆形，那么直径 $D=0.488\text{m}$，炉膛高度 $H=V/A=1.192\text{m}$，考虑制造方便，采用的炉膛尺寸为 $D=0.5\text{m}$、$H=1.2\text{m}$。设计的炉膛结构如图 19-1 所示。

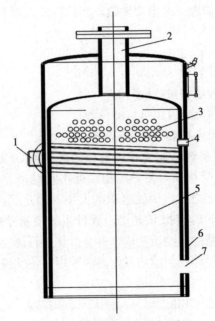

图 19-1　生物质锅炉炉膛结构
1. 检查孔　2. 烟道　3. 横水管　4. 除灰孔
5. 炉胆　6. 炉壁　7. 进火口

19.3　生物质锅炉受热面的设计

在炉膛满足燃料燃烧要求的前提下，需要满足炉膛辐射换热要求：合理布置炉膛辐射受热面，满足炉膛吸热量要求，使烟气冷却到合适的炉膛出口温度，保证对流受热面不结渣。

一般炉膛内布置辐射受热面，不仅可以保护炉壁，在恰当布置时还可以充分利用辐射受热强度高于对流热强度的特点，降低锅炉总受热面的金属耗量。而在此燃烧器的试验中，为方便配合燃烧器的性能测试，设计了简单的受热面。

19.3.1 辐射受热面的计算

实际锅炉炉膛中，由于火焰与炉壁之间存在热交换，因此火焰及烟气的温度远低于理论燃烧温度。由能量守恒定律可知，从烟气在炉膛内的换热量可以看出烟气从理论燃烧温度降到炉膛出口温度所释放的焓差值。在此这里采用直接计算辐射换热式计算，即将火焰和炉壁看成两个无限大的平面，那么其换热量为

$$Q = \alpha_{xt} F_1 \sigma_0 (T_{hy}^4 - T_b^4) \tag{19-3}$$

$$Q_{gl} = D(h_{cs} - h_{gs}) \tag{19-4}$$

$$Q = \frac{(\theta_0 - \theta_1)Q_{gl}}{\theta_0 - \theta_2} \tag{19-5}$$

式中　Q——炉壁的辐射换热量（kW）；

F_1——炉壁有效辐射受热面积（m²）；

σ_0——绝对黑体的辐射常数，其值为 5.70×10^{-11} kW/（m² · K⁴）；

T_{hy}、T_b——火焰、炉壁的平均温度（K）；

α_{xt}——系统黑度，取 $\alpha_{xt} = 0.15$。

Q_{gl}——炉膛有效利用热量（kW）；

D——锅炉热水量（kg/h）；

h_{cs}、h_{gs}——热水焓、给水焓（kJ/kg）。

θ_0——理论燃烧温度（℃）；

θ_1、θ_2——炉膛出口温度、炉膛排烟温度（℃）。

由上面已给数值，再选取 $D = 13$kJ/kg、$h_{cs} = 397.1$kJ/kg、$h_{gs} = 83.6$kJ/kg、$\theta_0 = 1\,200$℃，$\theta_1 = 950$℃、$\theta_2 = 180$℃，代入式（19-3）、式（19-4）、式（19-5），可得 $F_1 = 0.22$m²。

19.3.2 对流受热面的计算

设计锅炉时，由于对流受热面传热计算方法都比较复杂。为了较快地做出锅炉设计的方案，并得出所需材料和预算，可采用对流受热面传热设计计算，先求出对流受热面面积，然后再对受热面进行布置。对流受热面可依据下面公式计算：

$$Q_{gs} = \frac{(\theta' - \theta'')Q_{gl}}{\theta_0 - \theta_2} \tag{19-6}$$

$$H = \frac{Q_{gs}}{K\Delta t} \tag{19-7}$$

式中　Q_{gs}——锅炉烟管吸收热量（kW）；

　　θ'、θ''——工质进口、出口温度（℃）；

　　　H——对流受热面积（m^2）；

　　　K——换热过程传热系数［kW/（$m^2 \cdot ℃$）］；

　　　Q_{gl}——炉膛有效利用热量（kW）；

　　　Δt——平均温差（℃）。

　　选取 $\theta'=800℃$、$\theta'=200℃$、$K=0.03kW/$（$m^2 \cdot ℃$）、$\theta_2=180℃$、$\Delta t=350℃$，代入式（19-6）和式（19-7），可得 $H=2.08$。

19.4　本章小结

　　本章对生物质锅炉炉膛内生物质粉体燃料燃烧情况进行了三个阶段即充分燃烧阶段、继续燃烧阶段和燃尽阶段的分析；对炉膛容积以及炉膛截面积进行了相关的设计与计算，并对炉膛辐射受热面和对流受热面进行了分析与计算。

20 生物质悬浮燃烧锅炉热性能试验

20.1 试验原料

对玉米秆、麦秸秆、花生壳 3 种生物质粉体燃料（河南农业大学毛庄试验基地）进行工业分析、元素分析和发热量测定，结果如表 20-1 所示。从表中看出，不同种类的生物质粉体燃料的组成成分存在差异，但总体看来，其挥发分 V 含量较高，易着火；灰分 A 含量较低，燃烧所产生的固体排放污染较少；几乎不含硫，因此燃烧后不会排放 SO_x，有利于环保；低位热值 Q_{dw} 约为无烟煤热值的 2/3。

表 20-1 三种典型生物质粉体燃料的工业分析、元素分析和发热量

燃料种类	工业分析/%				元素分析/%						低位热值 Q_{dw}/
	M	A	V	F_{cad}	H	C	S	N	O	P	(kJ/kg)
花生壳	4.97	13.86	65.11	16.06	5.06	38.32	0.01	0.63	35.6	0.146	13 980
麦秆	4.39	8.90	67.36	19.35	5.31	41.28	0.08	0.65	36.9	0.33	15 374
玉米秆	4.87	5.93	71.45	17.75	5.45	42.17	0.02	0.74	35.2	2.60	15 550

注：M、A、V、F_{cad} 分别表示燃料水分、灰分、挥发分、固定碳含量，H、C、S、N、P、O 分别表示燃料中氢、碳、硫、氮、磷、氧含量。

20.2 试验装置

本试验装置如图 20-1 所示，主要包括进料系统、供风系统、预燃室、测温系统等。其中，自行设计的燃烧器以及常用热水锅炉等其他试验设备均由河南力威锅炉厂提供。

生物质粉体燃料由进料仓经进料螺旋进入料仓，一次风与粉体燃料混合进入预燃室进行燃烧，在燃烧器正常运行 5min 后开启二次风机。燃烧产生的高温烟气进入换热锅炉，尾气经水幕除尘排空，排烟温度控制在 140℃ 以下。在

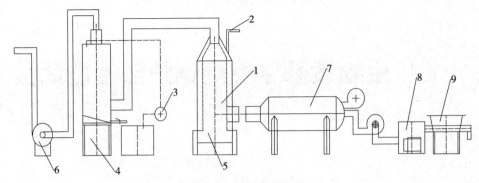

图 20-1　燃烧试验装置

1. 炉膛　2. 蒸汽出口　3. 循环水泵　4. 除尘器
5. 换热锅炉　6. 引风机　7. 预燃室　8. 料仓　9. 进料仓

试验过程中，由调频电机进行一、二次风量的调整以达到燃烧的最佳工况，实现粉体燃料燃烧完全，尾气清洁排放。

20.3　分析方法和仪器

根据 GB/T 10180—2017《工业锅炉热工性能试验规程》、GB 5468—1991《锅炉烟尘测试方法》及 GB 13271—2014《锅炉大气污染物排放标准》进行燃烧器热性能的测试。测量尾气成分用 KM9106 综合燃烧分析仪，其各指标的测量精度分别为：O_2 浓度-0.1%和$+0.2\%$，CO 浓度-20×10^{-6}，CO_2 浓度$\pm0.3\%$，排烟温度$\pm3℃$；尾气的林格曼黑度参照 HJ/T 398—2007《固定污染源排放 烟气黑度的测定 林格曼烟气黑度图法》测定。

20.4　试验步骤

首先保持秸秆粉体流量 120g/min，分析预燃室以及燃烧室温度与一次和二次进风量的关系，当进风调整到最佳值后，记录预燃室以及燃烧室温度随时间的变化情况。然后，一次风量保持不变，通过螺旋进料器调节粉体燃料的进料量，观察预燃室的喷口状况，同时记录预燃室以及燃烧室的温度。

试验具体步骤如下：

（1）开启点火装置。

（2）开启一次风机，同时开启控制粉体流量的螺旋进料器，由一次风口向预燃室吹入粉体并被点燃。

（3）燃烧稳定后，开启二次风机。

（4）调节一次风量和二次风量，记录测温系统的读数。

（5）在一次风量不变情况下，通过调整螺旋进料器改变进料量的大小，观察燃烧工况，并记录预燃室及燃烧室的温度。

（6）调节成最佳工况后，记录预燃室和燃烧室的温度。

20.5 试验结果

于 2015 年 10 月对研制出的生物质悬浮燃烧器进行了热性能及环保指标试验。试验燃烧的生物质粉体燃料取自郑州德润锅炉股份有限公司，3 种燃料分别为花生壳、麦秆、玉米秆，密度为 $0.27 \times 10^3 \, \text{kg/m}^3$，含水率为 3.8%。试验地点为河南农业大学机电工程学院三区试验工厂，试验日锅炉每天正常运行 6h，持续 7d。其各项计算依据如表 20 - 2 所示。

表 20 - 2 锅炉各项计算依据

序号	项目	符号	单位	计算依据
1	蒸汽焓值	h_{cs}	kJ/kg	查表
2	给水焓	h_{gs}	kJ/kg	查表
3	锅炉正平衡效率	η	%	$100D\,(h_{\text{cs}} - h_{\text{gs}})\,/BQ_{\text{net,ar}}$
4	固体未完全燃烧损失	q_4	%	$q_4 = \dfrac{328.66A_{\text{ar}}\left(a_{\text{hz}}\dfrac{C_{\text{hz}}}{100-C_{\text{hz}}} + a_{\text{lm}}\dfrac{C_{\text{lm}}}{100-C_{\text{lm}}} + a_{\text{fh}}\dfrac{C_{\text{fh}}}{100-C_{\text{fh}}}\right)}{Q_{\text{r}}} \times 100\%$
5	排烟处过剩空气系数	α_{py}		$21/\left\{21 - 79\left[\left(O_2 - 0.5CO\right)/\left(100 - RO_2 - O_2 - CO\right)\right]\right\}$
6	理论空气量	V^0	m³/kg	$0.088\,9C_{\text{ar}} - 0.265H_{\text{ar}} - 0.033\,3\,(O_{\text{ar}} - S_{\text{ar}})$
7	三原子气体容积	V_{RO_2}	m³/kg	$0.018\,66\,(C_{\text{ar}} + 0.375S_{\text{ar}})$
8	理论氮气容积	$V_{\text{N}_2}^0$	m³/kg	$0.79V^0 + 0.8N_{\text{ar}}/100$
9	理论水蒸气容积	$V_{\text{H}_2\text{O}}^0$	m³/kg	$0.111H_{\text{ar}} + 0.012\,4W_{\text{ar}} + 0.016\,1V^0$
10	干烟气容积	V_{gy}	m³/kg	$V_{\text{RO}_2} + V_{\text{N}_2}^0 + (\alpha_{\text{py}} - 1)\,V^0$
11	气体未完全燃烧损失	q_3	%	$q_3 = 3.2\alpha_{\text{py}}CO\,(\%)$
12	三原子气体比热容	$C_{\text{RO}_2}^{\text{p}}$	kJ/(m³·℃)	查表

（续）

序号	项目	符号	单位	计算依据
13	氮气比热容	$C_{N_2}^p$	kJ/ $(m^3 \cdot ℃)$	查表
14	氧气比热容	$C_{O_2}^p$	kJ/ $(m^3 \cdot ℃)$	查表
15	一氧化碳比热容	C_{CO}^p	kJ/ $(m^3 \cdot ℃)$	查表
16	排烟平均定压比热容	C_{gy}^p	kJ/ $(m^3 \cdot ℃)$	查表
17	水蒸气比热容	$C_{H_2O}^p$	kJ/ $(m^3 \cdot ℃)$	查表
18	排烟焓	I_{py}	kJ/kg	$I_y^0 + (\alpha_{py} - 1) I_k^0$
19	冷空气焓	I_{lk}	kJ/kg	$\alpha_{py} V^0 (ct)_{lk}$
20	排烟热损失	q_2	%	$q_2 = \dfrac{(h_{py} - \alpha_{py} h_{lk}^0) \times \frac{100 - q_4}{100}}{Q_r} \times 100\%$
21	散热损失	q_5	%	查表
22	灰渣焓	$(ct)_h$	kJ/kg	查表
23	灰渣物理热损失	q_6	%	$q_6 = \dfrac{a_{hz} A_{ar} (c\theta)_h}{Q_r}$
24	锅炉反平衡效率	η_f	%	$100 - (q_2 + q_3 + q_4 + q_5 + q_6)$
25	锅炉正反平衡效率偏差	$\Delta\eta$	%	$\eta - \eta_f$

利用试验过程中记录的相关数据，试验结果如表 20-3 所示。

表 20-3　生物质悬浮燃烧器热性能试验结果

	项目	数据来源	花生壳	麦秆	玉米秆
	收到基静发热量/（kJ/kg）	燃料分析	13 980	15 374	15 550
	热水流量/（kg/h）	实测	515	527	525
	热水温度/℃	实测	96.1	96.3	96.7
热效率	热水压力/bar	实测	1.0	1.0	1.0
	给水温度/℃	实测	25	25	25
	燃料消耗量/（kg/h）	实测	12.88	12.23	12.04
	热效率/%	计算	83.5	83.7	84.0

（续）

	项目	数据来源	花生壳	麦秆	玉米秆
燃烧效率	预燃室温度/℃	实测	192	214	221
	喷口温度/℃	实测	281	296	324
	排烟温度/℃	实测	110	119	115
	排烟处过剩空气系数	实测	1.45	1.36	1.35
	固体未完全燃烧损失（包括漏料及飞灰中的固体未完全燃烧损失）/%	计算	1.5	1.6	1.8
	气体未完全燃烧损失/%	计算	0.44	0.38	0.48
	燃烧效率/%	计算	98.11	98.26	98.17
污染物排放	排烟中 CO 含量/10^{-6}	实测	135	132	138
	排烟中 CO_2 含量/%	实测	13.8	13.9	13.85
	排烟中 NO_x 质量含量/（mg/m³）	实测	24.5	25.9	25.4
	排烟中 SO_2 质量含量/（mg/m³）	实测	32	45	36
	排烟中烟尘质量含量/（mg/m³）	计算	26.3	28.4	27.9
	烟气林格曼黑度/级	实测	<1	<1	<1

20.6 结果与讨论

20.6.1 粉体浓度与预燃室温度

粉体进料量由进料螺旋的速度来控制，而进料螺旋的速度由变速电机控制，变速电机速度越大，螺旋速度也越大，粉体进料量则增加。进料量与预燃室及燃烧室的最高温度的曲线关系见图 20-2，粉体浓度越大，预燃室及燃烧室温度越高，当粉体浓度为 260g/m³ 时，烟气呈现浅白色，接渣板上基本无粉

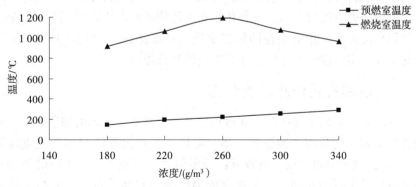

图 20-2 温度随粉体浓度变化曲线

体燃料，燃烧室温度达到1 150℃；当进料量为290g/m³时，烟气呈现黄色，接渣板上有些许粉体燃料，燃烧室温度为1 048℃；当进料量高于290g/m³时，烟气越来越浓，并且烟气颜色为深黄色，接渣板上基本上没有粉体燃料，预燃室温度继续升高，燃烧室温度持续降低。

粉体燃料与一次风混合后进入预燃室，在配合二次风的微调后，粉体燃料螺旋旋向喷口，又由于粉体粒径小，而且挥发分含量高，其燃烧类似于气体的旋流燃烧，因此进料量是非常重要的。粉体浓度较小时，粉体在预燃室中燃烧不稳定，容易形成断火，并且预燃室和燃烧室温度较低；粉体浓度过大，预燃室温度高而燃烧室温度比较低，这是由于粉体燃料进入预燃室后，挥发分析出量变大，粉体在预燃室内燃烧加剧，预燃室温度便升高，预燃室温度的升高又加快了挥发分的析出速度，使得燃料还未进入燃烧室已经燃烧一小半，燃烧室内温度因得不到热量维持便会降低。根据试验可得，进料量保持在260g/m³左右时燃烧工况最佳。

20.6.2　一二次风配比与预燃室温度

一次风机送入预燃室的混合物包括一次风与粉体燃料。在进料量一定的情况下，一次进风量与预燃室温度和燃烧室温度的关系在试验中得出。当一次进风量保持在24m³/h时，预燃室以及燃烧室温度最高，并且接渣板上粉体燃料基本上没有，燃烧比较充分，此时最适宜粉体燃料的燃烧；当进风量低于其值时，预燃室内及燃烧室温度较低，接渣板上粉体燃料较多，燃烧不完全；当进风量高于其值时，接渣板上粉体虽然较少，但预燃室及燃烧室温度很低，这是由于进风量过大、气流过强导致部分粉体燃料还未完全充分燃烧便已进入烟道。

二次风是对一次风与粉体燃料进行调节，主要作用有两个：①二次风促使空气与粉体燃料的进一步混合均匀；②二次风使空气与粉体燃料的混合物以螺旋形式奔向预燃室喷口，增加了粉体燃料的燃烧路程，使得燃烧充分完全。可见二次风是必需的，根据试验测得二次进风量维持在12.91m³/h时，预燃室温度保持在一定温度范围之内，燃烧室温度达到最高。

20.6.3　预燃室及炉膛温度分布

当进料量与进风量最佳时，通过预燃室与燃烧室温度场的测定，能首先得出粉体的空间燃烧状态。预燃室、喷口温度、炉膛温度随时间变化曲线如图20-3所示。预燃室内温度一直较低，说明预燃室主要是粉体燃料的预热并析出挥发分以及进行初步燃烧，燃烧室内温度越来越高，在25min时，燃烧室温度达到最高，这是因为在预燃室内粉体燃料刚刚初步受热，并析出大量挥发分但没有来得及完全燃烧便被吹进炉膛之中，而碳粒的燃烧更是在炉膛中进行，因此燃烧室主要是粉体燃料的进一步燃烧以及充分燃烧，虽然燃烧室内温升梯度依次增大，但是梯度差并不大，这表明粉体燃料在燃烧室内进行着悬浮燃烧。在 25min 之后，燃烧室以及预燃室温度基本保持在一定的范围之内，这表示粉体燃烧达到了稳定的工况。

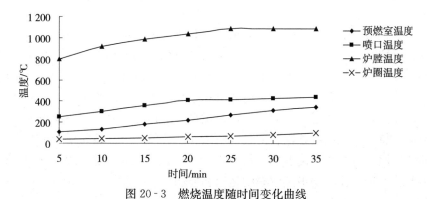

图 20-3　燃烧温度随时间变化曲线

20.6.4　燃烧尾气的分析

由本试验所用的为玉米秆粉体燃料，其中，可根据式（20-1）计算并得出尾气中二氧化碳、氮氧化物和二氧化硫的体积分数理论值，而二氧化碳的体积分数是不含灰分中的碳。

$$V_x = \frac{m_x Q \times 22.4}{W V_y} \tag{20-1}$$

式中　V_x——尾气中某种气体体积分数（%）；

　　　m_x——某元素的质量分数（%）；

　　　Q——燃料处理量（kg/h）；

　　　W——元素原子量；

　　　V_y——理论空气量（m³/h）。

根据式（20-1）计算的尾气中二氧化碳、二氧化硫和氮氧化物的体积分数分别为 15.55%、0.008%、0.075%。

实际检测燃烧所产生的尾气中二氧化碳、二氧化硫、一氧化氮分别是 13.15%、0.007%、0.08%。由此可知，这种生物质粉体燃料燃烧后，二氧化碳、二氧化硫和氮氧化物含量均不高，说明该燃料是一种值得推广的清洁燃料，其排放的尾气不会对环境造成污染。

20.6.5　灰渣分析

燃烧器在最佳工况下运行 3 次，每次运行 7h，观察结渣情况。试验结果表明，接渣板上既无块状结渣也无成颗粒结渣，说明该燃烧器结渣率低。生物质结渣主要和其成分有关，一般来说，硅含量越高越容易结渣。由于粉体燃料在燃烧器中进行旋流初步燃烧并在预燃室中进行悬浮燃烧，不仅增加了燃烧路程也增加了燃烧时间，使得挥发分析出完全，并且焦炭在燃烧室中进行悬浮燃烧，而不产生大量焦油，这样避免了与灰分混合形成结渣的现象。

锅炉的热平衡是输入锅炉的热量等于有效利用热量加各项热损失。热平衡计算是锅炉热力计算的一部分，它对生物质燃烧器以及锅炉的设计和运行都很重要。在锅炉的试验过程中，通过热平衡计算可以准确确定锅炉的有效利用热量，估计各项热损失，求得锅炉热效率和燃料消耗量，是衡量生物质燃烧器的重要标准。同时，对运行中的锅炉，通过热平衡计算可以确定各项热损失的大小和锅炉热效率，以检查锅炉的设计质量、制造质量、安装质量、生物质燃烧器的合理性、生物质燃烧器的运行水平，并由此分析造成热损失大小的原因，找出节约燃料、提高锅炉热效率的途径和办法。

20.6.6 燃烧热损失

在整个系统运行过程中，进入生物质燃烧器和炉膛的生物质粉体燃料不可能完全燃烧，未燃烧的可燃成分所折合的损失称为未完全燃烧热损失；燃烧器内燃料燃烧所放出的热量不可能被有效利用，炉内燃料燃烧所放出的热量也不可能全部被有效利用，有的热量被排出炉外的烟气、灰渣所带走，有的则经过炉墙、附件散失掉。由此可见，运行的系统中存在各种热损失。

(1) 排烟热损失。 排烟热损失是指离开锅炉末级受热面的烟气，由于其焓高于进入锅炉的空气的焓而造成的热损失。排烟热损失是锅炉的主要热损失之一，在生物质锅炉中，排烟热损失对锅炉效率影响很大。其计算公式如下：

$$q_2 = \frac{(h_{py} - \alpha_{py} h_{lk}^0) \times \dfrac{100 - q_4}{100}}{Q_r} \times 100 \% \tag{20-2}$$

式中 q_2——排烟热损失（%）；

q_4——固体未完全燃烧热损失（%）；

h_{py}——从锅炉末级受热面排出的烟气焓（kJ/kg）；

h_{lk}^0——锅炉空气预热器入口的理论空气焓（kJ/kg）；

α_{py}——锅炉末级受热面出口的过量空气系数；

Q_r——锅炉排烟中水蒸气的焓。

由表 20-3 可知，排烟温度较低，排烟热损失不是很大，说明锅炉运行时过量空气系数和漏风系数均正常，燃料中的水分也不高，燃料很干燥。

（2）气体未完全燃烧热损失。气体未完全燃烧热损失是指烟气中存在未燃尽的可燃气体 CO、H_2、CH_4 等，这部分热量未能被有效利用便随烟气排出，造成了热量损失。其计算一般用简化公式，如下：

$$q_3 = 3.2\alpha_{py}CO \tag{20-3}$$

式中　q_3——气体未完全燃烧热损失（%）；

　　　α_{py}——锅炉末级受热面出口的过量空气系数；

　　　CO——一氧化碳的体积分数（%）。

由表 20-3 可知，气体未完全燃烧热损失很小，可以证明火焰充满整个炉膛，炉膛内可以保持着高温，锅炉正常运行。

（3）固体未完全燃烧热损失。固体未完全燃烧热损失是由于燃料的可燃固体颗粒在炉内未燃烧或未能燃尽而直接排出炉外，由此而引起的热量损失，包括灰渣热损失、飞灰热损失、漏粉热损失。灰渣热损失是未燃烧或未燃尽的碳粒随灰渣排出炉外引起的热量损失，飞灰热损失是指未燃烧或未燃尽的碳粒随烟气排出炉外引起的热量损失，漏粉热损失是指未燃烧或未燃尽的碳粒经炉膛或者燃烧器缝隙而排出炉外引起的热量损失。

$$q_4 = \frac{328.66A_{ar}\left(a_{hz}\dfrac{C_{hz}}{100-C_{hz}} + a_{lm}\dfrac{C_{lm}}{100-C_{lm}} + a_{fh}\dfrac{C_{fh}}{100-C_{fh}}\right)}{Q_r} \times 100\% \tag{20-4}$$

式中　　　q_4——固体未完全燃烧热损失（%）；

a_{hz}、a_{lm}、a_{fh}——灰渣、漏粉、飞灰中的灰量占送入锅炉的粉体的总灰量的质量分数（%）；

C_{hz}、C_{lm}、C_{fh}——灰渣、漏粉、飞灰中碳的质量占其总质量的质量分数（%）；

　　328.66——碳的发热量（kJ/kg）；

　　　A_{ar}——接收基灰分含量；

　　　Q_r——锅炉排烟中水蒸气的焓（kJ/kg）。

由表 20-3 可知，灰渣热损失、飞灰热损失、漏粉热损失都很小，说明燃烧器和锅炉的工作状况良好。

（4）散热损失。散热损失是指锅炉或者燃烧器的介质和工质的热量通过燃烧器、炉墙、烟风道、构架及其附件的外表面向大气散发而造成的热量损失。准确计算运行锅炉的散热损失是非常困难的，因为锅炉与大气接触的表面面积难以准确测量，并且各外表面温度也不一样。测量的工作是大量而复杂的。一般对于低压或常压锅炉来说，散热损失可按表 20-4 中的经验数据选取。

表 20 - 4　锅炉的散热损失（％）

锅炉布置形式	锅炉蒸发量								
	1t/h	2t/h	4t/h	6t/h	10t/h	15t/h	20t/h	35t/h	65t/h
无尾部受热面	5	3	2.1	1.5					
有尾部受热面		3.5	2.9	2.4	1.7	1.5	1.3	1.0	0.8

（5）灰渣物理热损失。灰渣物理热损失是指燃烧产物灰渣从锅炉排出所带走的热损失。由于生物质粉体燃料灰分含量较少，但是低位发热量较低，为保证试验的严谨性，因此这项热损失还必须计算。其计算公式如下：

$$q_6 = \frac{a_{hz} A_{ar} (c\theta)_h}{Q_r} \tag{20-5}$$

式中　q_6——灰渣物理热损失（％）；

　　　a_{hz}——灰渣中灰量占送入锅炉的粉体总灰量的质量分数（％）；

　　　$(c\theta)_h$——1kg 灰渣在温度为 θ（℃）时的焓（kJ/kg）；

　　　Q_r——锅炉排烟中水蒸气的焓（kJ/kg）；

　　　A_{ar}——接收基灰分含量。

由表 20 - 3 可知，灰渣物理热损失为 0.12，说明预燃室、炉圈、喷口的设计还是很合理的。

20.6.7　燃烧效率

燃烧效率是指燃料燃烧后，实际放出的热量占其完全燃烧放出的热量的比值。由表 20 - 3 可知燃烧热效率能达到 98.26％。这说明生物质粉体燃料在燃烧器和锅炉中燃烧很充分，又由于其他各项指标很正常，燃烧器的设计非常合理，也是非常成功的，远远高于生物质成型燃料和生物质捆烧燃料的燃烧效率，也证实了燃烧器中的粉体燃料以螺旋前进的方式进入炉膛增加了燃烧路程和燃烧时间。

20.7　本章小结

本章对生物质燃烧器以及实验所用锅炉进行了热性能实验，并进行了燃烧器的合理分析与锅炉正反平衡实验，结果如下：

（1）在额定工况下，锅炉的实际运行参数均可满足设计目的，并且三种不同发热量的生物质粉体燃料，其热效率分别为 83.5％、83.7％、84％。

（2）在额定工况下，送风机和引风机的效率分别为 78.22％和 71.11％，并具有良好的运行负荷。

（3）在实验过程中，对锅炉的各项热损失做了计算或测定，并且，由于生物质粉体燃料在预燃室中进行悬浮燃烧，故炉圈上基本不存在结渣现象，保证了进料和燃烧的顺利进行。

（4）在最佳工况下，锅炉的热效率高达 84%，设计的燃烧器能够满足锅炉的整体运行水平，锅炉的实际运行达到了先进要求。

（5）燃烧尾气中 CO、NO_x、SO_2、烟尘含量分别为 13.2×10^{-5}、24.5、32、26.3mg/m³，优于相同规格的生物质颗粒燃烧器，符合国家工业锅炉大气污染物排放标准要求，具有较高的环保效益。

参 考 文 献

安郁滨，2014. 风能利用存在的问题及发展建议 [J]. 中国科技纵横 (2)：6-7.

奥克桑娜，2015. 中俄能源合作问题研究 [D]. 哈尔滨：哈尔滨工业大学.

白冰，2010. 玉米秸秆捆烧动力学特性研究 [D]. 郑州：河南农业大学.

白兆兴，2008. 生物质锅炉技术现状与存在问题 [J]. 工业锅炉 (2)：29-32.

柏静，2013. 典型生物质燃烧标识物及生物质排放的 VOCs 在大气中的降解机理及动力学研究 [D]. 济南：山东大学.

曹有为，2014. 生物质裂解制油热载体高速高效加热装置设计及理论研究 [D]. 哈尔滨：东北林业大学.

常兵，2007. 配风方式对层燃炉燃烧特性影响的试验研究 [D]. 上海：上海交通大学.

车得福，2008. 锅炉 [M]. 西安：西安交通大学出版社.

陈锋，2007. 大方捆打捆机压缩机构设计及压缩试验研究 [D]. 北京：中国农业机械化科学研究院.

陈洪林，2013. 生物质燃烧结渣特性的试验研究 [D]. 郑州：郑州大学.

陈俊，徐荻萍，2012. 流化床生物质锅炉燃料适应性分析与改进 [J]. 节能，31 (11)：32-34.

陈立勋，曹子栋，1990. 锅炉本体布置及计算 [M]. 西安：西安交通大学出版社.

陈学俊，陈听宽，1991. 锅炉原理 [M]. 北京：机械工业出版社.

丁崇功，寇广孝，2005. 工业锅炉设备 [M]. 北京：机械工业出版社.

丁利强，王德立，2011. 日本核泄漏事故对核电发展的影响 [J]. 科学时代 (月刊) (7)：322-323.

丁仁荣，1980. 链条炉炉拱设计的建议 [J]. 锅炉技术，Z1：17-18.

杜建强，潘东风，2006.9YFQ-1.9 型跨行式饲草压捆机简介 [J]. 内蒙古农业科技 (3)：57.

杜克铺，钟哲科，罗伯特·弗拉纳根，2017. 一种生物质能源燃烧器：102072482A [P]. 07-14.

费俊，2006. 层燃炉排上城市固体垃圾燃烧过程的数值模拟 [D]. 哈尔滨：哈尔滨工业大学.

冯莉，李天舒，徐凯宏，2015. 生物质燃料粉碎成型机螺旋运输装置设计 [J]. 森林工程 (3)：101-105.

高丽霞，袁隆基，周泽妮，等，2009. 确定最佳过量空气系数的新方法 [J]. 煤矿机械，30 (8)：31-33.

高文永，李景明，2015. 中国农业生物质能产业发展现状与效应评价研究 [J]. 中国沼气，

33 (1)：46-52.

工业锅炉房常用设备手册编写组，1993. 工业锅炉房常用手册 [M]. 北京：机械工业出版社.

宫鹏，2015. 保护星球健康：人类应对全球环境变化行动的终极目标 [J]. 科学通报 (30)：2801.

郭聪颖，袁巧霞，赵红，等，2011. 生物质燃烧技术的研究进展 [J]. 湖北农业科学，50 (21)：4326-4329.

郭献军，刘石明，肖波，等，2009. 生物质粉体燃烧炉实验研究 [J]. 环境科学与技术，32 (7)：54-56.

郭晓亚，颜涌捷，李庭琛，等，2004. 生物质油精制前后热稳定性和热分解动力学研究 [J]. 华东理工大学学报（自然科学版），30 (3)：270-274.

韩海燕，2012. 生物质层燃炉内燃烧特性的数值模拟研究 [D]. 哈尔滨：哈尔滨工业大学.

何万良，2013. 户用秸秆燃料成型技术及燃烧试验研究 [D]. 西安：西安建筑科技大学.

胡见义，2005. 东亚油气能源需求增长趋势和能源合作展望：今后20年东亚将成为世界油气供需矛盾比较突出的地区 [J]. 世界石油工业 (2)：18-19.

胡荣祖，史启祯，2001. 热分析动力学 [M]. 北京：科学出版社：127-131.

胡云岩，张瑞英，王军，等，2014. 中国太阳能光伏发电的发展现状及前景 [J]. 河北科技大学学报，35 (1)：69-72.

黄祥新，1999. 层燃炉中的推迟配风法及空气二次利用原理 [J]. 工业锅炉，60 (4)：33-35.

黄幼平，2015. 风力和太阳能光伏发电现状及发展趋势 [J]. 科技展望，25 (36)：72-73.

黄中，孙献斌，江建忠，等，2013. CFB锅炉温度场及氧量场测试与数值模拟 [J]. 中国电力，46 (9)：6-11.

霍丽丽，田宜水，孟海波，等，2010. 模辊式生物质颗粒燃料成型机性能试验 [J]. 农业机械学报，41 (12)：121-125.

吉恒松，王谦，郭泽宇，等，2013. 高效反烧式生物质成型燃料锅炉的设计与研究 [J]. 锅炉技术，44 (4)：33-36.

季俊杰，2008. 燃煤链条锅炉燃烧的数值建模及配风与炉拱的优化设计 [D]. 上海：上海交通大学.

蒋剑春，2007. 生物质能源转化技术与应用（I）[J]. 生物质化学工程，41 (3)：59-65.

蒋剑春，应浩，孙云娟，2006. 德国、瑞典林业生物质能源产业发展现状 [J]. 生物质化学工程，2006 (9)：31-36.

蒋绍坚，黄靓云，彭好义，等，2015. 生物质成型燃料的热重分析及动力学研究 [J]. 新能源进展，3 (2)：81-87.

焦斌，2009. 袋式除尘器在烟气除尘系统中的应用 [J]. 辽宁化工，38 (5)：345-347.

鞠占英，2002. 分段送风对链条炉燃烧的影响 [J]. 锅炉制造 (3)：57-58.

李保谦，张百良，夏祖璋，1997. PB-I型活塞式生物质成型机的研制 [J]. 河南农业大学学报 (2)：112-116.

李华，2012. 生物质粉体燃烧过程分析与试验研究 [D]. 南京：南京理工大学.

李静，2016. 联合国气候变化框架公约秘书处创建森林信息中心 [J]. 中国人造板 (1)：43-43.

李军，1995. 锅炉辅助装备 [M]. 西安：西安交通大学出版社.

李俊峰，时璟丽，2006. 国内外可再生能源政策综述与进一步促进我国可再生能源发展的建议 [J]. 可再生能源 (1)：1-6.

李俊峰，时璟丽，王仲颖，等，2007. 欧盟可再生能源发展的新政策及对我国的启示 [J]. 可再生能源，25 (3)：1-3.

李文华，2012. 世界石油供求变动对中国石油进口影响研究 [D]. 武汉：武汉大学.

李鑫华，2011. 生物质颗粒燃料燃烧炉的优化设计 [D]. 北京：北京工业大学.

李学林，陈霞，2014. 链条炉排锅炉炉拱对燃料着火的影响 [J]. 工业锅炉 (4)：27-30.

李源，张小辉，郎威，2009. 生物质压缩成型技术的研究进展 [J]. 沈阳工程学院学报（自然科学版），5 (4)：4.

李之光，范柏樟，1988. 工业锅炉手册 [M]. 天津：天津科学技术出版社.

林博群，沈炯，李益国，等，2015. 面向锅炉燃烧优化的炉膛动态建模 [J]. 东南大学学报（自然科学版）(5)：903-909.

林学虎，徐通模，1999. 实用锅炉手册 [M]. 北京：化学工业出版社.

刘建禹，翟国勋，陈荣耀，2001. 生物质燃料直接燃烧过程特性的分析 [J]. 东北农业大学学报，32 (3)：290-294.

刘林森，2005. 发展可再生能源乃未来国策之需 [J]. 经济前沿 (9)：8-10.

刘明浩，2014. 基于节能潜力的区域能源规划模型研究及应用 [D]. 北京：华北电力大学.

刘圣勇，2003. 生物质（秸秆）成型燃料燃烧设备研制及试验研究 [D]. 郑州：河南农业大学.

刘圣勇，白冰，刘小二，等，2010. 生物质捆烧锅炉的设计与研究 [J]. 太阳能学报，31 (12)：1527-1531.

刘圣勇，陈开碇，张百良，2008. 国内外生物质成型燃料及燃烧设备研究与开发现状 [J]. 可再生能源 (4)：14-15.

刘圣勇，刘小二，王森，2007. 不同形态生物质燃烧技术现状和展望 [J]. 农业工程技术，4：23-28.

刘圣勇，王艳玲，白冰，等，2011. 玉米秸秆致密成型燃料燃烧动力学分析 [J]. 农业工程学报，27 (9)：287-292.

刘小二，2008. 生物质捆烧锅炉的设计与研究 [D]. 郑州：河南农业大学.

刘小旭，王胜权，张劲，2011. 新能源开发的现状与存在的问题探究 [J]. 科技致富向导 (20)：71.

刘延春，张英楠，刘明，等，2008. 生物质固化成型技术研究进展 [J]. 世界林业研究，21 (4)：41-47.

卢鹤，王佳奇，2012. 对建筑节能几点思考 [J]. 中国工程咨询 (12)：34-35.

陆小荣，2005. 燃料燃烧计算的程序设计与应用（Ⅱ）：空气量、烟气量与燃烧温度的计算

[J]. 陶瓷科学与艺术，39（1）：16-21.

路学军，2013. 生物质燃料低位热值的估算与应用 [J]. 中国科技纵横（7）：129-130.

罗娟，侯书林，赵立欣，等，2010. 典型生物质颗粒燃料燃烧特性试验 [J]. 农业工程学报，26（5）：220-226.

罗思义，2007. 生物质粉体富氧燃烧的初步研究 [D]. 武汉：华中科技大学.

马孝琴，骆仲泱，余春江，2005. 秸秆成型燃料双胆反烧炉的设计 [J]. 动力工程（12）：800-804.

马孝琴，尤希凤，张百良，2006.HPB-I 型液压秸秆成型机的大型优化设计 [J]. 可再生能源（3）：33-36.

穆献中，余漱石，徐鹏，2018. 农村生物质能源化利用研究综述 [J]. 现代化工，38（3）：9-13：15.

屈庆武，2007. 锅炉燃料的燃烧过程与方式分析 [J]. 科技资讯（25）：26.

沈雅梅，2015. 国际能源形势新变化和中国的机遇与挑战 [J]. 当代世界（2）：60-62.

沈莹莹，2013. 农林生物质原料及炭成型燃料性能检测研究 [D]. 杭州：浙江大学.

盛国成，张雄，2012. 秸秆捡拾打捆机的选用 [J]. 农机质量与监督（8）：35-36.

宋贯华，2012.CXJ-Ⅲ 生物质燃料机械活塞式成型机的研制 [D]. 哈尔滨：哈尔滨工业大学.

宋贵良，1995. 锅炉计算手册 [M]. 沈阳：辽宁科学技术出版社.

苏超杰，2007. 生物质致密成型燃料微观结构分析及其燃烧机理研究 [D]. 郑州：河南农业大学.

苏俊林，王震坤，矫振伟，等，2009. 高效洁净生物质锅炉的开发及应用 [J]. 农机化研究，31（8）：202-204.

孙姣，2013. 经济快速发展条件下石油消费量对经济增长的影响 [D]. 成都：西南财经大学.

孙立明，2004. 工业锅炉国内外最新标准及其安全运行实用技术全书 [M]. 北京：中国友好出版社.

孙鹏，2012. 植物源生物质原料粉碎工艺研究 [D]. 北京：清华大学.

孙锐，费俊，张勇，等，2007. 城市固体垃圾床层内燃烧过程数值模拟 [J]. 中国电机工程学报（32）：1-6.

唐方平，2014. 锅炉正压燃烧原因分析与改进措施 [J]. 科技传播，1（40）：25.

唐秋霞，2012. 含水率和颗粒直径对生物质粉阴燃过程影响的实验研究 [D]. 淄博：山东理工大学.

陶辉，2006. 世界能源问题中的非国家行为体研究 [D]. 上海：华东师范大学.

田松峰，罗伟光，荆有印，等，2008. 玉米秸秆燃烧过程及燃烧动力学分析 [J]. 太阳能学报，12（12）：157-159.

田仲富，王述洋，曹有为，2014. 生物质燃料燃烧机理及影响其燃烧的因素分析 [J]. 安徽农业科学（2）：541-543.

同济大学，1986. 锅炉及锅炉房设备 [M].2 版. 北京：中国建筑出版社.

屠欣鑫，孙振波，邢璐，等，2015. 国内工业锅炉节能发展现状 [J]. 价值工程（28）：123-125.

万玉婷，江楠，简志良，等，2015. 中小型工业锅炉系统节能改造难度分析及对策 [J]. 工业安全与环保（2）：56-58.

王奔，2011. 生物质喷然技术的研究 [D]. 长春：吉林农业大学.

王淳，2015. 中国新能源汽车产业发展政策研究 [D]. 成都：西南石油大学.

王翠苹，李定凯，王凤印，等，2006. 生物质成型颗粒燃料燃烧特性的试验研究 [J]. 农业工程学报，22（10）：182-185.

王宏丁，王小英，洪庆宣，2013. 燃油炉灶的燃烧机：202973083 U [P]. 06-05.

王剑，2014. 低 NO_x 生物质粉体燃烧器数值模拟与实验研究 [D]. 武汉：华中科技大学.

王君，2011. 低碳经济视角下山西省新能源产业发展研究 [D]. 太原：山西大学.

王珂，2008. 旋风分离器对粒径分布较窄颗粒的分离效果的实验研究 [D]. 西安：西安石油大学.

王清成，蔡建军，王婷，等，2014. 生物质燃料综合应用技术研究进展 [J]. 上海节能（12）：29-35.

王瑞斌，2011. 工业锅炉节能实践与节能途径研究 [D]. 沈阳：东北大学.

王文明，2012. 弹齿滚筒式捡拾装置参数分析和改进设计研究 [D]. 呼和浩特：内蒙古农业大学.

王延申，2014. 浅析我国工业锅炉应用现状及节能对策 [J]. 中国机械（15）：101-102.

魏伟，张绪坤，2012. 生物质固体成型燃料的发展现状与前景展望 [J]. 广东农业科学（5）：30-35.

魏伟，张绪坤，祝树森，等，2013. 生物质能开发利用的概况及展望 [J]. 农机化研究（3）：7-11.

吴成宝，胡小芳，段百涛，2009. 粉体堆积密度的理论计算 [J]. 中国粉体技术，15（5）：76-81.

吴创之，周肇秋，阴秀丽，等，2009. 我国生物质能源发展现状与思考 [J]. 农业机械学报，40（1）：91-99.

吴汉靓，刘荣厚，邓春健，2009. 木屑快速热裂解生物油特性及其红外光谱分析 [J]. 农业工程学报，25（6）：219-223.

吴宏宇，2015. 光伏并网发电系统的相关技术分析 [J]. 大科技（31）：116-117.

伍强，2014. 一种无污染的利用废弃秸秆造纸制浆的方法：104141254A [P]. 07-09.

向衡，朱明，刘相东，等，2013. 生物质燃料脉动燃烧器的设计 [J]. 农机化研究（6）：202-205.

肖波，邹先枚，杨家宽，等，2007. 生物质粉体燃烧特性的研究 [J]. 可再生能源，25（1）：47-50.

邢献军，2015. 一种燃烧炉用的特种耐火材料及其制备方法：104844233A [P]. 08-19.

徐通模，惠世恩，刘仲军，等，1994. 关于防止火床炉炉膛冒正压的若干措施 [J]. 热能动力工程，9（1）：14-17.

徐旭常，周力行，2008. 燃烧技术手册［M］. 北京：化学工业出版社.

闫金定，2014. 我国生物质能源发展现状与战略思考［J］. 林产化学与工业，34（4）：151-158.

杨帅，杨树斌，甘云华，等，2010. 生物质成型燃料热解特性及动力学研究［J］. 节能技术，28（3）：199-205.

姚穆，孙润军，陈美玉，等，2009. 植物纤维素、木质素、半纤维素等的开发和利用［J］. 精细化工，26（10）：937-941.

姚向君，王革华，2006. 国外生物质能的政策与实践［M］. 北京：化学工业出版社.

姚宗路，孟海波，田宜水，等，2010. 抗结渣生物质固体颗粒燃料燃烧器研究［J］. 农业机械学报，41（11）：89-93.

佚名，2011. 全国农作物秸秆资源调查与评价报告［J］. 农业工程技术（新能源产业）（2）：2-5.

尤喆，成金华，杨雅心，等，2016. 国际能源市场变化趋势及中国应对策略研究［J］. 中国国土资源经济（2）：19-22.

张百良，任天宝，徐桂转，等，2010. 中国固体生物质成型燃料标准体系［J］. 农业工程学报，26（2）：257-262.

张波，杨艳丽，徐小宁，等，2015. 中国能源发展及其对经济与环境的影响［J］. 能源与环境（3）：7-10.

张浩，2010. 基于灰成分的生物质结渣特性研究［D］. 济南：山东大学.

张晶晶，2014. 棉花秸秆收获打捆机的数字化设计［D］. 石家庄：河北科技大学.

张久红，张萌，2012. 生物质能源电厂原材料供应分析［J］. 中国林业（9）：33.

张力军，2015. 全国污染源普查公报［R］. 北京：国家统计局.

张茉楠，2013. 未来十年全球及美国经济的增长图景［J］. 金融与经济（4）：50-51.

张霞，蔡宗寿，陈丽红，等，2014. 生物质成型燃料加工方法与设备研究［J］. 农机化研究（11）：214-217.

张翔，2012. 木质纤维素水解酸化菌系的筛选及应用［D］. 北京：中国科学院大学.

张永照，陈听宽，黄祥新，1993. 工业锅炉［M］. 2版. 北京：机械工业出版社.

张元忠，何若敏，徐开义，等，1983. 试论链条炉排配风问题［J］. 动力工程（5）：52-59.

张中波，田宜水，侯书林，等，2013. 生物质颗粒燃料储藏理化特性变化规律［J］. 农业工程学报，29（zl）：223-229.

章恬，2013. 中国生物质能开发利用的政策法律研究［D］. 北京：中国地质大学.

赵坚行，2002. 燃烧的数值模拟［M］. 北京：科学出版社.

赵军，王述洋，2008. 我国生物质能资源与利用［J］. 太阳能学报，29（1）：90-94.

赵祥雄，黄伟华，赵美娟，等，2013. YK-3型生物质成型机研究设计［J］. 中国农机化学报（4）：154-157.

赵迎芳，梁晓辉，徐桂转，等，2008. 生物质成型燃料热水锅炉的设计与试验研究［J］. 河南农业大学学报，42（1）：108-111.

赵志宽，贺东伟，2004. 链条炉燃烧合理配风［J］. 应用能源技术，86（2）：23-24.

郑凯轩，2013. 4t/h 生物质成型燃料机烧炉炉膛及炉排的设计与研究 [D]. 郑州：河南农业大学.

中国可再生能源规模化发展项目管理办公室，2008. 生物质有关技术装备及产业化应用调查报告 [R]. 北京：中国可再生能源规模发展项目管理办公室.

周春艳，马晓茜，毛恺，2003. 配风方式对垃圾焚烧炉燃烧效率的影响分析 [J]. 煤气与热力，23（7）：395-399.

朱传强，2014. 富氧富水蒸汽条件下流化床燃烧高氮燃料的 NO_x 排放特性 [D]. 北京：中国科学院大学.

朱文杰，2011. 生物质压缩成型工况研究 [D]. 保定：华北电力大学.

朱晓，2014. 风能发电的现状和发展 [J]. 科技致富向导（16）：153-154.

邹才能，赵群，张国生，等，2016. 能源革命：从化石能源到新能源 [J]. 天然气工业，36（1）：10.

Andersson K G, Fogh C L, Byrne M A, et al., 2002. Radiation dose implications of airborne contaminant deposition to humans [J]. Health Physics, 82 (2): 226-232.

Argo W B, Smith J M, 1953. Heat Transfer in Packed Beds [J]. Chemical Engineering Progress, 49 (8): 443-451.

Repic B S, Dakic D V, Eric A M, et al., 2013. Investigation of the cigar burner combustion system for baled biomass [J]. Biomass and Bioenergy, 58: 10-19.

Blasiak W, Yang W, Dong W, 2006. Combustion performance improvement of grate fired furnaces using Ecotube system [J]. Journal of the Energy Institute, 79 (2): 67-74.

Borman G L, Ragland K W, 1998. Combustion engineering [M]. New York: McGraw-Hill International Editions.

Bradbury A, Sakai Y, Shafizadeh F, 2010. A kinetic model for pyrolysis of cellulose [J]. Journal of Applied Polymer Science, 23 (11): 3271-3280.

Branca C, Di Blasi C, 2003. Global kinetics of wood char devolatilization and combustion [J]. Energy & Fuels, 17 (6): 1609-1615.

Branislav R, Dragoljub D, Dejan D, 2010. Development of a boiler for large straw bales combustion, paths to sustainable energy [M]. Croatia: InTech Europe.

Cao R, Naya S, Artiaga R, 2004. Logistic approach to polymer degradation in dynamic TGA [J]. Polymer Degradation and Stability, 85 (1): 667-674.

Cheng P, 1964. Two dimensional radiation gas flow by a moment method [J]. AIAA Journal, 2: 1662-1664.

Cliffe K R, Patumsawad S, 2001. Co-combustion of waste from olive oil production with coal in a fluidized bed [J]. Waste Management, 21 (1): 49-53.

Colomba D B, 2004. Modeling wood gasification in a countercurrent fixed-bed reactor [J]. Environmental and Energy Engineering, 50 (9): 2306-2319.

Cooper J, Hallett W L H, 2000. Numerical model for packed-bed combustion of char particles [J]. Chemical Engineering Science, 55 (20): 4451-4460.

Coppalle A, Vervisch P, 1983. The Total Emissivities of High-Temperature Flames [J]. Combustion and Flame, 49: 101-108.

Di B C, 1993. Modeling and simulation of combustion processes of charring and non-charring solid fuels [J]. Prog Energy Combust Sci, 19: 71-104.

Dixon A G, Cresswell D L, 1979. Theoretical Prediction of Effective Heat Transfer Parameters in Packed Beds [J]. AICh E Journal, 25 (4): 663-675.

Dong W, Blasiak W, 2001. CFD modeling of ecotube system in a coal and waste grate combustion [J]. Energy Conversion and Management, 42: 1887-1896.

Edwards M F, Richardson J F, 1968. Gas dispersion in packed beds [J]. Chemical Engineering Science, 23: 109-123.

Erik F K, Jens K K, 2004. Development and test of small-scale batch-fired straw boilers in Denmark [J]. Biomass and Bioenergy, 26: 561-569.

Faborode M O, Callaghan J R, 2004. Optimizing the compression Briquetting of Fibrous Agricultural Materials [J]. Journal of Agricultural Engineering Resear, 38 (4): 245-262.

Felfli F F, Mesap J M, Rocha J D, 2011. Biomass briquetting and its perspectives in Brazil [J]. Biomass and Bioenergy (1): 236-242.

Fjellerup J, Henriksen U, Jensen A D, et al., 2003. Heat transfer in a fixed bed of straw char [J]. Energy and Fuels, 17 (5): 1251-1258.

Franz T, Uzi M, 1981. Kinetic Investigation of Wood Pyrolysis [J]. Ind Eng Chem Process Des Dev, 20 (3): 482-488.

Gavalas G R, Wilks K A, 1980. Intraparticle mass transfer in coal pyrolysis [J]. AIChE, 26 (2): 201-212.

Gera D, Mathur M P, Freeman M C, et al., 2002. Effect of large aspect ratio of biomass particles on carbon burnout in a utility boiler [J]. Energy & Fuels, 16 (6): 1523-1532.

Guardo A, Coussirat M, Larrayoz M A, et al, 2005. Influence of the turbulence model in CFD modeling of wall-to-fluid heat transfer in packed beds [J]. Chemical Engineering Science, 60: 1733-1742.

Henrik, Thunman, et al., 2002. Modeling of the combustion front in a countercurrent fuel converter [J]. Proceedings of the Combustion Institute, 29: 511-518.

Johansson R, Thunman H, Leckner B, 2007. Influence of intraparticle gradients in modeling of fixed bed combustion [J]. Combustion and Flame, 149 (1-2): 49-62.

Johansson R, Thunman H, Leckner B, 2007. Sensitivity analysis of a fixed bed combustion model [J]. Energy and Fuels, 21 (3): 1493-1503.

Jones W P, Lindstedt R P, 1988. Global reaction schemes for hydrocarbon combustion [J]. Combustion and Flame, 73 (3): 233-249.

Jorgensen K, Meier E, Madsen H, 2000. First world conference on biomass for energy and industry: proceedings of the conference held in Sevilla, Spain, June 5-9, 2000 [C].

London: James & James Ltd.

Kaer S K, 2004. Numerical modelling of a straw-fired grate boiler [J]. Fuel, 83 (9): 1183-1190.

Kaer S K, 2005. Straw combustion on slow-moving grates: a comparison of model predictions with experimental data [J]. Biomass and Bioenergy, 28 (3): 307-320.

Klason T, Bai X S, 2006. Combustion process in a biomass grate fired industry furnace: a CFD study [J]. Progress in Computational Fluid Dynamics, an International Journal, 6 (4): 278-286.

Lans R, Pedersen L T, Jensen A, et al., 2000. Modeling and experiments of straw combustion in a grate furnace [J]. Biomass and Bioenergy, 19 (3): 199-208.

Nunn T R, Howard J B, Longwell J P, et al., 1985. Product compositions and kinetics in the rapid pyrolysis of sweet gum hardwood [J]. Industrial And Engineering Chemistry Research, 24 (3): 836-844.

Nussbaumer T, 2003. Combustion and Co-combustion of biomass: fundamentals, technologies, and primary measures for emission reduction [J]. Energy Fuels, 17 (6): 1510-1521.

Obernberger I, 1998. Decentralized biomass combustion: state of the art and future development [J]. Biomass Bioenergy, 14 (1): 33-56.

Rastko M, Dragoljub D, Aleksandar E, 2009. The boiler concept for combustion of large soya straw bales [J]. Enery, 34 (5): 715-723.

Ryu C, Shin D, Choi S, 2001. Effect of fuel layer mixing in waste bed combustion [J]. Advances in Environmental Research, 5 (3): 259-267.

Scharler R, Obernberger I, Günter Lngle, et al., 2000. CFD analysis of air staging and flue gas recirculation in biomass grate furnaces: proceedings of the 1st world conference on biomass for energy and industry [C]. London: James&James Ltd.

Senneca O, 2007. Kinetics of pyrolysis, combustion and gasification of three biomass fuels [J]. Fuel Processing Technology, 88 (1): 87-97.

Shafizadeh F, Chin P S, 1977. Thermal deterioration of wood [J]. ACS Sym Ser, 43: 57-81.

Shafizadeh F, Sarkanen K V, Tillman D A, 1976. Thermal uses and properties of carbohydrates and lignins [M]. New York: Academic Press.

Shin D, Ryu C K, Choi S, 1998. Computational fluid dynamics evaluation of good combustion performance in waste incinerators [J]. Journal of the Air and Waste Management Association, 1998, 48: 345-351.

Siegel R, Howell J R, 2002. Thermal radiation heat transfer [M]. 4th ed. New York: Taylor & Francis.

Smith T F, Shen Z F, Friedman J N, 1982. Evaluation of coefficients for the weighted sum of gray gases model [J]. Journal of Heat Transfer, ASME, 104 (4): 602-608.

Thring M W, 1952. Physics of fuel bed combustion [J]. Fuel, 31: 355-364.

Thunman H, Bo L, 2003. Co-current and counter-current fixed bed combustion of biofuel: a comparison [J]. Fuel, 82 (3): 275-283.

Tsotsas E, Schlünder E U, 1988. On axial dispersion in packed beds with fluid flow [J]. Chemical Engineering & Processing Process Intensification, 24: 15-31.

Turanjanin V, Dejan Djurovi, Dragoljub Daki, et al., 2010. Development of the boiler for combustion of agricultural biomass by products [J]. Thermal Science, 14 (3): 1-5.

Van der Lans R P, Pedersen L T, Jensen A, et al., 2000. Modeling and experiments of straw combustion in a grate furnace [J]. Biomass and Bioenergy, 19 (3): 199-208.

Van Loo S, Koppejan J, 2002. Handbook of biomass combustion and co-firing [M]. Netherland: Twente University Press.

Vanoverberghe K P, van Den Bulck E V, Tummers M J, 2003. Confined annular swirling jet combustion [J]. Combustion Science and Technology (3): 545-578.

Varhegyi G, Antal M J, Szekely T, et al., 1989. Kinetics of the thermal decomposition of cellulose, hemicellulose, and sugarcane bagasse [J]. Energy & Fuels, 3 (3): 329-335.

Visser B, Kruger P P, 2013. Ignition system: 2007252939Cl [P]. 09-05.

Wang X L, Tong S L, Guo Z, et al., 2011. Calculation method of gas temperature at furnace outlet of industrial shell type pulverized-coal boiler [J]. Clean Coal Technology, 17 (5): 59-61.

Watanabe H, Otaka M, 2006. Numerical simulation of coal gasification in entrained flow coal gasifier [J]. Fuel, 85 (12-13): 1935-1943.

Williams A, 2002. Combustion of pulverized coal and biomass [J]. Fuel and Energy Abstracts, 43 (4): 276.

Wurzenberger J C, Wallner S, Raupenstrauch H, et al., 2002. Thermal conversion of biomass: comprehensive reactor and particle modeling [J]. AICh E Journal, 48 (10): 2398-2411.

Yagi S, Kunii D, 1957. Studies on effective thermal conductivities in packed beds [J]. AICh E Journal, 3 (3): 373-381.

Yang Y B, Yamauchi H, Nasserzadeh V, et al., 2003. Effects of fuel devolatilisation on the combustion of wood chips and incineration of simulated municipal solid wastes in a packed bed [J]. Fuel, 82: 2205-2221.

Yang Y B, Sharifi V N, Swithenbank J, 2004. Effect of air flow rate and fuel moisture on the burning behaviours of biomass and simulated municipal solid wastes in packed beds [J]. Fuel, 83: 1553-1562.

Yang Y B, Sharifi V N, Swithenbank J, 2006. Substoichiometric conversion of biomass and solid wastes to energy in packed beds [J]. AICh E Journal, 52 (2): 809-817.

Yang Y B, Sharifi V N, Swithenbank J, 2007. Converting moving-grate incineration from combustion to gasification: Numerical simulation of the burning characteristics [J].

Waste Management，27：645-655.

Yang Y B，Goh Y R，Zakaria R，et al.，2002. Mathematical modelling of MSW incineration on a traveling bed [J]. Waste Management，22（4）：369-380.

Yang Y B，Ryu C，Khor A，et al.，2005. Fuel size effect on pinewood combustion in a packed bed [J]. Fuel，84（16）：2026-2038.

Yao B Y，Robert N，Vida S，et al.，2007. Mathematical modeling of straw combustion in a 38 MWe power plant furnace and effect of operating conditions [J]. Fuel，86：129-142.

Yin C，Rosendahl L，Kaer S K，et al.，2008. Mathematical modeling and experimental study of biomass combustion in a thermal 108 MW grate-fired boiler [J]. Energy & Fuels，22（2）：1380-1390.

Zhang Y H，Lu B P，2015. Prediction of global energy trend and analysis on energy technology innovation characteristics [J]. Natural Gas Industry，35（10）：1-10.

Zhou H，Jensen A D，Glarborg P，et al.，2005. Numerical modeling of straw combustion in a fixed bed [J]. Fuel，84（4）：389-403.

图书在版编目（CIP）数据

农林废弃物燃料燃烧设备设计与试验 / 刘圣勇等
著 . —北京：中国农业出版社，2023.8
ISBN 978-7-109-31018-6

Ⅰ.①农… Ⅱ.①刘… Ⅲ.①农业废物－燃烧设备－
设计－研究 Ⅳ.①X71

中国国家版本馆 CIP 数据核字（2023）第 159010 号

农林废弃物燃料燃烧设备设计与试验

NONGLIN FEIQIWU RANLIAO RANSHAO SHEBEI SHEJI YU SHIYAN

中国农业出版社出版

地址：北京市朝阳区麦子店街 18 号楼
邮编：100125
责任编辑：史佳丽　　文字编辑：李兴旺
版式设计：王　晨　　责任校对：周丽芳
印刷：三河市国英印务有限公司
版次：2023 年 8 月第 1 版
印次：2023 年 8 月河北第 1 次印刷
发行：新华书店北京发行所
开本：700mm×1000mm　1/16
印张：17.25
字数：323 千字
定价：88.00 元